水电站工程竣工验收技术鉴定详例

——可渡河泥猪河水电站

珠江水利委员会珠江水利科学研究院

吴树锋　李玉起　朱莎珊　罗德河　编著

U0253415

黄 河 水 利 出 版 社

·郑 州·

内 容 提 要

本书作者通过长期从事水利水电工程竣工验收技术鉴定工作实践,结合《水利水电建设工程验收技术鉴定导则》(SL 670—2015),以可渡河泥猪河水电站为例,从工程防洪度汛、工程地质、设计与施工、水力机械、金属结构与电气、劳动安全与工业卫生、监测、专项验收遗留问题落实情况及初期运行等方面进行检查与评价,为工程竣工验收提供技术支持,可供从事水利水电工程竣工验收技术鉴定工作的工程技术人员参考。

图书在版编目(CIP)数据

水电站工程竣工验收技术鉴定详例:可渡河泥猪河
水电站/吴树锋等编著. —郑州:黄河水利出版社,
2021.4
ISBN 978-7-5509-2962-3

Ⅰ.①水… Ⅱ.①吴… Ⅲ.①水力发电站-工程验收
-西南地区 Ⅳ.①TV74

中国版本图书馆 CIP 数据核字(2021)第 069112 号

策划编辑:李洪良 电话:0371-66026352 E-mail:hongliang0013@163.com

出 版 社:黄河水利出版社   网址:www.yrcp.com
    地址:河南省郑州市顺河路黄委会综合楼 14 层 邮政编码:450003
发行单位:黄河水利出版社
    发行部电话:0371-66026940、66020550、66028024、66022620(传真)
    E-mail:hhslcbs@126.com
承印单位:广东虎彩云印刷有限公司
开本:787 mm×1 092 mm 1/16
印张:13.25
字数:306 千字   印数:1—1 000
版次:2021 年 4 月第 1 版   印次:2021 年 4 月第 1 次印刷

定价:80.00 元

前　言

我国河流众多,水力资源丰富,这为水利水电工程的建设奠定了坚实的基础。随着近几年来,可持续发展战略和绿色能源建设的推动,我国的水电建设取得了非常大的发展。2015年以来,国务院确定的172项重大节水供水工程已陆续开工建设,仅2018年当年实施的水利水电工程建设项目近3万个,投资规模超过2.7万亿元,建设工程类型涉及水电站工程、水库工程、泵站工程、引(调)水工程、中小河流治理工程、水库除险加固工程、农村饮水工程、堤防达标工程、灌区工程、拦河闸坝工程、截污工程等,我国水利水电工程建设又迎来了新高潮。

水利水电工程验收是工程建设过程中的重要节点,标志着工程建设任务的结束,工程全面转入运营阶段,因此工程验收工作在整个工程建设中显得十分重要,项目法人、设计单位、监理单位和施工单位等参建各方历来都非常重视这项工作。为了加强水利工程建设项目的验收管理、明确验收责任、规范验收行为,水利部于2006年12月18日以水利部令第30号颁布了《水利工程建设项目验收管理规定》,明确规定:水利工程建设项目具备验收条件时,应当及时组织验收。未经验收或者验收不合格的,不得交付使用或者进行后续工程施工。同时,将水利工程建设项目验收,按验收主持单位性质不同分为法人验收和政府验收两类。其中,法人验收是指在项目建设过程中由项目法人组织进行的验收。法人验收是政府验收的基础,主要包括分部工程验收、单位工程验收、合同完工验收、水电站(泵站)机组启动验收等。政府验收是指由有关人民政府、水行政主管部门或者其他有关部门组织进行的验收,包括专项验收、阶段验收和竣工验收。

水利工程竣工验收技术鉴定工作属于工程竣工验收的内容之一,这在《水利工程建设项目验收管理规定》第三十三条进行了规定:大型水利工程在竣工技术预验收前,项目法人应当按照有关规定对工程建设情况进行竣工验收技术鉴定。中型水利工程在竣工技术预验收前,竣工验收主持单位可以根据需要决定是否进行竣工验收技术鉴定。通常情况下,在确定开展工程竣工验收技术鉴定工作前,项目法人会委托一家具备资质和能力的单位来承担这项任务。而工程竣工验收技术鉴定是一项专业性较强的工作,涉及水文、施工、工程地质、水工结构、金属结构、机电工程、安全监测、工程管理等多个专业。为了规范水利水电建设工程竣工验收技术鉴定工作,水利部于2015年8月发布了《水利水电建设工程验收技术鉴定导则》(SL 670—2015)。

本书以可渡河泥猪河水电站工程竣工验收技术鉴定为实例,严格按照《水利水电建设工程验收技术鉴定导则》(SL 670—2015)的要求编制,涵盖了鉴定工程概况、工程建设概况、工程防洪度汛、工程地质评价、工程设计、土建工程施工、水力机械、电气、金属结构、劳动安全与工业卫生、工程安全监测、专项验收遗留问题落实情况、工程初期运用评价和鉴定总体评价意见与建议共14个章节内容,内容翔实丰富,可为今后水利水电建设工程的竣工验收技术鉴定工作提供参考和借鉴。

可渡河泥猪河水电站工程竣工验收技术鉴定报告于2019年10月完成,报告在通过专家评审后,被诸多相关工程技术人员和专家索要范本。作者在长期从事水利水电工程竣工验收技术鉴定工作中,认为可渡河泥猪河水电站工程在工程建设中涵盖了水利工程大部分专业,作为大中型水利工程验收技术鉴定实例,具有指导作用,遂萌生了成书的想法。

可渡河泥猪河水电站工程项目建议书于2004年5月完成,2007年9月完成初步设计,2007年10月上级主管部门对初步设计进行了审查,提出审查意见;2008年2月上级主管部门对修改后的初步设计报告进行了审查,2008年6月召开核准咨询评估会,提出了核准意见,2008年10月,云南省和贵州省发改委根据专家核准意见用修改后的初步设计报告,核准该工程建设。工程于2012年4月全部完工,4月16日并网发电。由于工程完工至技术鉴定时,工程建设时间跨度较长,建设过程中所采用的规范、技术和标准,有的已废止或更新,以2012年12月为时间节点,工程建设过程中的鉴定工作仍采用原来相关的规范、技术和标准,有更新的用此节点后更新的规范、技术和标准进行校核,由此,书中所涉及的规范、技术和标准的描述仍采用建设过程中的文字描述或说明。

在本书的出版过程中,得到了珠江水利科学研究院石丙飞、杨帅东、刘力华、谢亮、冯蕊、刘巧红的帮助,在此,向他们表示由衷的感谢,也向所有支持和帮助过我们的领导及提供资料的朋友表示衷心的感谢!

由于作者水平和精力有限,书中错误疏漏之处在所难免,敬请广大读者不吝批评指正。

编　者
2020年10月

目　录

第 1 章 鉴定工作概况

1.1 工作任务

根据《水利工程建设项目验收管理规定》(中华人民共和国水利部令第 30 号)、《水利水电建设工程验收技术鉴定导则》(SL 670—2015)(简称技术鉴定导则),可渡河泥猪河水电站工程竣工验收技术鉴定的工作任务是:依据批复的初步设计报告和设计变更,检查项目法人、设计、施工、监理、运管和检测等相关单位是否完成工程建设任务;依据有关报告成果,对工程施工质量和工程初期运行情况进行评价;对各阶段验收遗留问题以及工程建设和初期运行涉及工程安全问题的落实处理情况进行评价;对建设征地与移民安置、环境保护工程、水土保持设施、消防设施、工程建设档案等专项验收情况及遗留问题的落实情况进行检查评价;检查工程建设和验收过程是否符合《水利水电建设工程验收规程》(SL 223—2008)和有关规范、规程的要求,对建设阶段的工程设计、工程施工质量和工程运行情况做出评价,提出工程竣工验收技术鉴定意见,明确工程是否具备竣工验收条件,为工程竣工验收提供技术支持。

1.2 工作范围

根据技术鉴定导则的规定,竣工验收技术鉴定的范围为批复的项目初步设计和设计变更内容,技术鉴定工作在各阶段验收和专项验收的基础上进行。

1.3 工作内容

本竣工验收技术鉴定的工作内容包括引水设施及配套的各类闸门和启闭机等金属结构,机电设备,工程安全,征地补偿和移民安置、环境保护、水土保持、消防设施、工程档案等专项工程验收和遗留问题处理情况,以及与工程验收有关的工程项目。

根据技术鉴定导则,技术鉴定工作在蓄水安全鉴定、各阶段验收和专项验收的基础上开展。对已经鉴定有明确结论并在初期运行中未出现新问题的,仍维持原结论;对蓄水安全鉴定中未包括的项目和安全鉴定后建成的项目给出安全评价意见;对原结论中所遗留的涉及工程安全的问题,以及初期运行过程中出现的可能影响工程安全的问题,根据工程运行情况、安全监测资料分析成果和设计复核成果进行评价。拟定可渡河泥猪河水电站工程技术鉴定工作内容,主要为以下内容。

(1)检查批复的项目初步设计及设计变更内容的建设完成情况;检查设计变更是否

按建设管理程序履行了有关审批程序;检查工程量完成情况,对工程量增减变化情况进行分析说明。

(2)复核设计洪水成果,评价工程防洪安全性。

(3)检查主要设计依据及工程建设标准强制性条文落实情况。

(4)检查施工图设计阶段的工程地质和水文地质条件变化情况,对施工地质、施工图设计成果进行检查。

(5)检查土建工程施工、机电和金属结构设备制造与安装及调试是否符合国家现行有关技术标准;检查工程施工质量是否满足国家现行的有关标准和设计要求;对工程建设过程中出现的质量缺陷和质量事故的处理情况进行重点评价。

(6)根据批复的初步设计,检查评价劳动安全设施及工业卫生措施建设完成情况。

(7)检查工程运行管理、工程调度运用方案是否符合批复的初步设计以及国家现行有关技术标准;检查调度运行规程编制完成情况。

(8)根据施工期、运行初期工程安全监测成果,对照有关设计成果,对工程初期运用的安全性进行评价。

(9)检查各阶段验收、专项验收完成情况,对遗留问题和处理情况进行检查评价。

(10)提出工程是否具备竣工验收条件的意见。

1.4　工作安排

根据工程竣工验收技术鉴定工作内容,竣工验收技术鉴定工作包括:工作大纲编制、竣工报告编制、现场鉴定和鉴定报告编写四个阶段。

1.4.1　工作大纲编制阶段

(1)珠江水利科学研究院组织相关专业的专家成立专家组,进行现场调研,听取项目法人、设计、监理、施工及检测等参建各方的情况介绍。收集工程建设有关文件和初步设计、设计变更、施工记录等相关资料。

(2)确定鉴定工作重点和要求,明确鉴定任务、工作范围和主要内容。

(3)分析设计、施工等方面可能存在的影响工程安全问题,编制技术鉴定工作大纲。

(4)确定参建各方应为鉴定工作所需准备的资料,以及应补充的计算复核工作任务,明确参建各方竣工报告编制内容。

1.4.2　竣工报告编制阶段

(1)项目法人、设计、监理、施工、设备制造、运行管理等单位根据竣工验收技术要求,分别编写竣工报告。

(2)竣工报告经各单位项目负责人审定,并加盖报告编制单位公章后,提交给技术鉴定单位。

1.4.3　现场鉴定阶段

（1）专家组赴工程现场进行调查,查阅各类资料,与参建各方座谈,听取项目法人、设计、施工、监理及检测等建设各方及运行单位的情况介绍,全面了解工程建设情况。

（2）根据国家现行有关技术标准的规定,对施工度汛、调度运行方案和土建工程的设计、施工,工程质量进行评价;对机电工程和金属结构的设计、施工、安装、调试及运行情况进行评价。

（3）对现场鉴定中发现的有关设计、施工质量问题,要求有关单位进行必要的补充复核和现场检查或检测。

1.4.4　鉴定报告编写阶段

（1）经专家组共同研究,编写竣工验收技术鉴定报告初稿。

（2）专家组在征询参建各方意见后,对报告初稿进行修改完善,并经专家组全体成员签字认可后送鉴定单位负责人。

（3）竣工验收技术鉴定报告经鉴定单位负责人审定后正式提交项目法人。

1.5　专家组组成

根据水电站枢纽工程实际情况,经与业主协商,报请珠江水利科学研究院有关部门和领导同意,本次竣工验收技术鉴定专家组共 10 人,包含水文规划、工程地质、岩土工程、水工、金属结构、水力机械、电气、安全监测等专业,专家组名单见表 1-1。

表 1-1　竣工验收技术鉴定专家组名单

序号	姓名	单位	职称/职务	专业
1				
2				
3				
4				
5				
6				
7				
8				
9				
10				

第 2 章　工程建设概况

2.1　工程概况

2.1.1　地理位置

可渡河泥猪河水电站为可渡河流域梯级开发的第 10 级引水式水电站,其上游有梨园、窝子箐、鱼王塘、可渡、大桥、杨家、石塔、阿都、河边等水电站。该水电站工程位于云南、贵州两省的界河——可渡河上,坝址在云南省宣威市普立乡泥猪河村与贵州省六盘水市水城县坪寨乡河边村之间,厂房在北盘江左岸,可渡河入北盘江汇口下游约 3.5 km 处,在都格乡响水电站厂房上游 400 m 斜对面。工程坝址、厂房与乡村、乡镇公路相连,坝址距六盘水市约 65 km,电站厂房距六盘水市约 52 km,交通较为便利。

2.1.2　工程概况

可渡河泥猪河水电站拦河坝为混凝土重力式闸坝,大坝坝体从左至右共分 8 个坝段,由两岸坡挡水坝段、平底闸泄水坝段和开敞式自由溢流坝段组成,轴线呈直线布置,坝顶高程 1 124.85 m(黄海高程,下同),坝轴线长 137.50 m,最大坝高 26.85 m。

电站采用 110 kV 电压接入系统。

大坝坝址位于可渡河峡谷进口上游 250 m、泥猪河村下游 400 m 的河道转弯处,该处河床宽 80 m,河底高程 1 109.20 m,河道右岸山体较陡,左岸为一滩地,滩地高程为 1 125~1 135 m。发电取水口位于大坝左岸上游,后接 7.58 km 的输水系统至都格乡邓家寨,电站厂房位于都格乡上游可渡河峡谷出口左岸。

发电引水系统包括进水口、引水隧洞、调压室、压力管道。

进水闸位于大坝左岸上游,底板高程 1 105 m,闸孔口尺寸 5.8 m×5.8 m,共 1 孔。闸基地层为 C_{1d} 黄色粉砂质泥岩,岩层产状平缓,岩体风化较强,闸基承载力及抗剪强度能够满足稳定要求。

隧洞全长 7 580 m,洞底高程为 1 104.95~1 075.65 m,洞断面为 ϕ 6.3 m,洞底坡度 5‰,为圆形有压隧洞。洞内围岩分类属 Ⅰ~Ⅴ 类。Ⅱ类围岩段采用挂网喷混凝土支护;Ⅲ~Ⅴ类围岩采用钢筋混凝土衬砌。

调压室坐落在邓家寨小山包,地面高程 1 130 m,地形开阔,开挖施建调压室在该小山包上,岩层为 $P_2\beta^3$ 灰绿色——黄褐色玄武岩,孔深 30 m 以下有一层厚约 6 m 的红褐色凝灰岩,岩体强风化,裂隙发育,岩体强度较低,36 m 以下为玄武岩,岩芯较完整,风化微弱,岩体透水率小于 10 Lu,强度能够满足要求。

厂房位于河左岸,自然边坡 30°左右,坡高近 200 m,表层有 0~20 m 不等的黏土及碎石覆盖层,下部地层为 $P_2\beta^3$ 灰绿色——黄褐色玄武岩,岩层产状 NE30°/SE∠30°,岩体较完整,风化微弱,无不良结构面切割,天然边坡稳定,基岩岩体透水性微弱,水文地质条件简单,厂房基础开挖至弱风化岩体,单轴抗压强度大于 40 MPa,允许承载力 2.5 MPa,能够满足地基强度要求。

2.1.3　工程建设任务及设计标准

2.1.3.1　工程任务

可渡河泥猪河水电站为可渡河干流的第 10 级(最后一级),为无调节引水式电站,工程无灌溉和防洪等任务。该水电站工程开发任务是以水力发电为主,兼顾生态环境用水和零散居民点的生活、生产用水。

2.1.3.2　设计标准

可渡河泥猪河水电站工程电站装机容量为 102 MW(3×34 MW),根据《防洪标准》(GB 50201—1994)和《水电枢纽工程等级划分及设计安全标准》(DL 5180—2003),本工程为Ⅲ等工程,工程规模为中型。工程主要建筑物拦河闸坝、电站进水口、引水发电建筑物和电站厂房等永久性主要建筑为 3 级建筑物,次要建筑物为 4 级建筑物。

挡水建筑物、泄水建筑物的正常运用洪水标准为洪水重现期 50 年,非常运用洪水标准为洪水重现期 500 年;泄水建筑物消能防冲建筑物的洪水设计标准为洪水重现期 30年;电站厂房正常运用洪水标准为洪水重现期 50 年,非常运用洪水标准为洪水重现期200 年。

工程所在区域的地震基本烈度为Ⅶ度,工程抗震设防烈度为Ⅶ度,工程抗震设计类别为乙类。

2.1.4　主要技术经济指标

可渡河泥猪河水电站为可渡河流域梯级开发的第 10 级引水式水电站,坝址以上集雨面积 2 975.8 km²,校核水位 1 122.85 m,设计水位 1 120.15 m,正常蓄水位 1 117.20 m,死水位 1 116.00 m,水库总库容 141.4 万 m³,调节库容 8 万 m³,死库容 18 万 m³,总装机容量 10.2 万 kW,最大发电引水流量 65.19 m³/s,年利用小时数 3 118 h,电站多年平均发电量 3.179 9 亿 kW·h。

本电站为中型径流式电站,设计保证率 80%,其相应的设计性能指标为:

装机容量:3×3.4 万 kW;多年平均发电量:3.179 9 亿 kW·h;枯水期 12 月至次年 5月多年平均电量:0.691 1 亿 kW·h;装机年利用时数:3 118 h;保证出力(P=80%):11.4MW;水量利用率:70.4%;最大水头:199 m;最小水头:178 m;加权平均水头:187.4 m。

2.1.5　主要建设内容

工程主要建设项目分为主体工程和临时工程两大部分,主体工程包括拦河坝、溢流坝、消力池、下游护岸及海漫、引水隧洞进口导墙、进水闸、发电厂房、调压井、压力管道、变电站、金结工程等;临时工程包括生产生活设施、厂内外交通、仓库管理设施、砂石骨料及混凝土生产等系统。

2.1.6　工程布置

根据枢纽布置和工程规模,地形地质条件,主体工程施工主要分 3 处布置:

(1)拦河坝附近坡地布置区,负责拦河坝、进水口、进口冲沙闸、隧洞前 3 km 洞段等建筑物施工,该场地地面高程在 1 124～1 135 m,主要布置砂石筛分系统、混凝土拌和系统、各类仓库、施工机械修理及停放场等。

(2)调压井附近施工布置区,负责上平洞后部分及调压井的施工,主要布置混凝土拌和系统、砂石料成品堆场、水泥仓库等,施工机械修理及停放场、砂石加工系统等结合弃渣布置于都格乡东部干沟两侧。

(3)电站厂房布置区,负责压力斜洞和下平洞、电站厂房、尾水渠及开关站等建筑物施工,主要布置混凝土拌和系统、钢筋加工厂、木材加工厂、各类仓库、施工机械修理及停放场等。

本工程的布置特点:由于本工程占线长,分布范围较广,所以采取就近分散布置的方式,同时又有一个集中统一管理的机构。

2.1.7　工程投资

项目竣工财务决算总价 422 392 710.87 元,其中:土建工程总造价 236 122 710.87 元,安装工程总造价 117 060 000 元,待摊投资实际发生额 69 210 000 元。

2.1.8　主要工程量和总工期

泥猪河水电站于 2007 年 5 月开工,2012 年 2 月 10 日完工,总工期 57 个月。

拦河坝工程主要工程量总计为土石方开挖 136 462.11 m^3、混凝土 37 138.87 m^3、钢筋 857.69 t、回填石渣 2 760.21 m^3、浆砌石砌筑 13 733 m^3。

厂房主体工程混凝土浇筑 13 360.32 m^3,乙型止水铜片安装 105.65 m,钢筋制安 696.17 t。进水闸门段工程:开挖 7 697.80 m^3、混凝土 5 865.61 m^3、钢筋 218.16 t。隧洞开挖及衬砌工程:开挖 228 763 m^3、混凝土 42 148 m^3、钢筋 1 339 t。压力钢管安装工程: 1 085 865.52 kg、混凝土 11 850.57 m^3。调压井开挖工程:开挖总方量 20 042 m^3。调压井固结灌浆及二期混凝土工程:固结灌浆 765.0 m,钢筋混凝土 C25 护壁混凝土 454.41 m^3,混凝土(底板、升管、顶板)6 531.70 m^3。

2.2　工程设计与审批过程

2003 年 10 月 28 日,上海汇通水利水电开发有限责任公司于贵州省六盘水市水城县在对外招商引资签约大会上与水城县人民政府签订了《投资开发贵州省六盘水市水城县可渡河干流泥猪河水电站项目协议书》。项目建议书由湖北省水利水电勘测设计院编制,2004 年 5 月完成。因本工程条件简单,根据《水利水电工程初步设计报告编制规程》(DL 5021—1993)规程第 1.0.2 条的规定,经请示主管部门批准,初步设计报告与可行性研究报告合并进行,2007 年 9 月,湖北省水利水电勘测设计院编制完成《可渡河泥猪河水电站工程初步设计报告(代可行性研究报告)》。2007 年 10 月,水利部珠江水利委员会在六盘水市对该报告进行了审查,提出了审查意见。根据该意见,湖北省水利水电勘测设计院对报告进行了修改和完善,于 2008 年 1 月提出了《可渡河泥猪河水电站工程初步设计报告(代可行性研究报告)(报批稿)》。2008 年 2 月,水利部珠江水利委员会以珠水技审函〔2008〕67 号《关于发送可渡河泥猪河水电站工程初步设计审查意见的函》对泥猪河水电站的初步设计报告(代可行性研究报告)进行了审查。受贵州省发展和改革委员会的委托,中国国际工程咨询有限公司于 2008 年 6 月 27~29 日在贵阳市主持召开了《可渡河泥猪河水电站工程项目申请报告》核准咨询评估会,与会专家提出了审查意见。根据该意见,湖北省水利水电勘测设计院对报告进行了修改和完善。2008 年 10 月,贵州省、云南省发展和改革委员会以黔发改能源〔2008〕1789 号文下发了《关于可渡河泥猪河水电站项目核准的通知》,对本项目进行了核准。

2.3　工程主要设计变更与审批情况

2.3.1　主要工程设计变更

2.3.1.1　拦河坝(重力式闸坝)

1. 拦河闸坝建基面变化

根据河床基础开挖揭露的基岩面的实际高程和相应地形、地质条件,河床建基面由原设计的 1 106.00 m 高程下挖至 1 098.00 m 高程,取消桩基,用埋石混凝土回填。

2. 泄水建筑物布置变更

初步设计采用的泄水建筑物布置为 45 m 宽自由溢流坝+2 孔 12 m 宽平底闸,施工图设计变更为 28.5 m 宽自由溢流坝及 3 孔 12 m 宽平底闸,增大了闸室段泄流能力,因此水库特征水位产生变化,相应坝顶高程由初设 1 125.5 m 变更为 1 124.85 m。

3. 闸坝建基面及基础处理设计变更

初步设计右岸溢流坝段的建基面高程为 1 104.5 m,左岸 3 孔泄洪闸坝段的建基面高程为 1 106.2 m。基础处理方案为采用灌注桩处理下覆泥岩。

2009 年 12 月,大坝左岸基坑开挖达到 EL1 106 m 高程时,揭露的地层情况为河床砂砾石层厚约为 3 m,泥岩厚度为 3~4 m,比以前预计的泥岩厚度约 8 m 有较大出入。下部灰岩、白云岩十分破碎,风化溶蚀强烈,多充填黄泥,性状较差。根据在坝基的探坑揭露,高程 EL1 098 m 以上岩石条件较差,建议建基面高程调整为 EL1 098 m,取消桩基方案。调整方案如下:

(1)闸坝及溢流坝建基面开挖高程更改为 EL1 098 m。

(2)上游按 1:0.5 的坡比,下游按 1:1 的坡比开挖边坡至设计高程。

(3)2# 和 7# 岸坡坝段按 1:0.5 的坡比开挖至 EL1 098 m 高程。

(4)保留 2# 和 7# 岸坡坝段的固结灌浆,取消其他坝段的固结灌浆。

4. 坝前铺盖变更

初步设计平底闸进口布置 15 m 长、0.60 m 厚的 C15 混凝土铺盖,施工图设计改为 3

m 厚黏土,护砌长度改为 30 m。黏土层间夹设土工布防渗,上部设置 1.0 m 厚格宾网护坦防冲刷。格宾网护坦石料粒径为 100~200 mm。

5. 消力池布置变更

初步设计消力池长 40 m,池深 3.50 m,消力池后布置 10 m 长、0.30 m 厚的浆砌石护坦。施工图设计变更为池深 0.5 m,水平段池长 33 m,消力池后布置 10 m 长、0.50 m 厚的浆砌石护坦。

2.3.1.2　引水建筑物(进水口)

发电洞进水口底板高程由 1 105 m 提高到 1 108 m;相应死水位由 1 115 m 抬高到 1 116 m。

原设计发电洞进水闸底板高程 1 105 m,开挖建基面高程 1 103.5 m。

2010 年 9 月,发电洞进水闸开挖到 1 108 m 时,揭露的地质条件已满足设计要求。在进水闸后 0+045 m 处混凝土涵洞的底板高程在施工时已实际提高到 1 108 m,与原设计的进口底板高程 1 105.0 m 不符,根据业主的意见,城门洞前的底板高程按 1 108 m 设计,因此设计单位发设计通知调整发电洞进水闸相关高程,进水闸底板高程调整为 1 108 m,开挖建基面高程为 1 106 m。据此,根据发电洞进口淹没深度的要求,进口闸门段的断面由 5.8 m×5.8 m 修改为 8.2 m×4 m(宽×高),闸室进口前缘的 2 块 5 m×10 m(宽×高)拦污栅尺寸修改为 6.2 m×8.5 m。

同时考虑底板抬高至 1 108 m 后,隧洞顶部高程为 1 114 m,距原设计死水位 1 115 m 仅 1.0 m,不满足《水工隧洞设计规范》(SL 279—2 002)中 4.1.2 的规定:有压隧洞严禁出现明满流交替运行的运行方式,在最不利运行条件下,洞顶以上应有不小于 2.0 m 的压力水头的要求,且该条为强制性条款。因此,本次复核要求将死水位提高至 1 116.0 m 以满足规范强制要求。死水位提高后,正常蓄水位不变,造成的不利影响是调节库容相应减少,但本工程为径流式电站,原设计调节库容为 14.8 万 m^3,如不考虑来水,仅靠调节库容,仅能满足 3 台机满发约 37 min,提高死水位至 1 116 m 后,仅能满足 3 台机满发约 20 min。因此,径流式电站主要靠径流发电,提高死水位对整体发电影响不大。同时死水位抬高后由于冲沙闸的泄流能力加大,更利于排沙。

进水闸位于坝左岸上游,底板高程 1 108 m,闸孔口尺寸 8.2 m×4 m,1 孔,闸长 22 m,设计修改后,满足发电洞进口进水条件的要求。

2.3.1.3　接入系统变更

接入系统由南郊 220 kV 变电站变为凤凰 110 kV 变电站。

泥猪河水电站 3×34 MW 工程接入系统设计工作已于 2007 年 6 月完成并通过贵州电网公司组织的专家审查。2007 年 8 月 4 日,贵州电网公司计划发展部以电计〔2007〕158 号文下达了《关于下达六盘水可渡河泥猪河水电站 3×34 MW 工程接入系统设计审查意见的通知》。明确泥猪河水电站出 110 kV 一种升高电压等级接入系统。最终出 110 kV 线路一回至六盘水南郊 220 kV 变电站 110 kV 母线,新建线路长度约 28 km,导线 LGJ-400 mm^2。

由于泥猪河水电站投产期滞后(原计划 2009 年投产),未按期接入,六盘水供电局负荷快速增长及电网规划不断更新;一批新建项目相继投产投运,南郊 220 kV 变电站地处六盘水市区,预留给泥猪河水电站接入的 110 kV 间隔出线走廊困难。按照水电站接入系统应遵循就近接入的原则,使得泥猪河水电站接入系统方案需要重新进行补充论证。

根据已审定的《六盘水电网"十一·五"规划》和泥猪河水电站在电力系统中的作用、送电方向、输电容量和输电距离。经过对接入系统补充方案论证,2009 年 7 月《可渡河泥猪河水电站工程接入系统补充方案论证》报告提供的接入系统的资料确定泥猪河水电站接入系统最终方案为:泥猪河水电站以 110 kV 一级电压接入电网,电站 3×34 MW 机组通过(1×40+1×80) MVA 两台三相双圈变压器接入水电站 110 kV 母线,110 kV 出线 1 回至拟建的凤凰 110 kV 变电站 110 kV 母线上。导线型号 LGJ-400 mm²,长度约 25 km。由于拟建的凤凰 110 kV 变电站电源是"Π"接于水城 220 kV 变至石龙 110 kV 变 110 kV 线路上,导线截面 185 mm² 偏小,需要对"Π"接点至水城 220 kV 变侧线路进行改造,将 185 mm² 导线截面改为 240 mm²。改造部分线路长度约 3 km。

2.3.2 主要工程设计变更审批情况

根据工程设计变更审批程序,设计变更应严格遵照《建设工程勘察设计管理条例》《建设工程质量管理条例》《水利工程设计变更管理暂行办法》(水规计〔2012〕93 号)等有关规定。

《水利工程设计变更管理暂行办法》第十一条:项目法人、施工单位、监理单位不得修改建设工程勘察、设计文件。根据建设过程中出现的问题,施工单位、监理单位及项目法人等单位可以提出变更设计建议。项目法人应当对变更设计建议及理由进行评估,必要时,可以组织勘察设计单位、施工单位、监理单位及有关专家对变更设计建议进行技术、经济论证。

《水利工程设计变更管理暂行办法》第十二条:工程勘察、设计文件的变更,应当委托原勘察、设计单位进行。经原勘察、设计单位书面同意,项目法人也可以委托其他具有相应资质的勘察、设计单位进行修改。修改单位对修改的勘察、设计文件承担相应责任。

《水利工程设计变更管理暂行办法》第十五条:工程设计变更审批采取分级管理制度。重大设计变更文件,由项目法人按原报审程序报原初步设计审批部门审批。一般设计变更由项目法人组织审查确认后实施,并报项目主管部门核备,必要时报项目主管部门审批。设计变更文件批准后,由项目法人负责组织实施。

经核实,本工程设计变更均已履行相关设计变更程序。

2.4 项目法人与参建单位

项目法人:水城汇通水电开发有限责任公司;
设计单位:湖北省水利水电勘测设计院;
监理单位:广西南宁西江工程建设监理有限责任公司;
大坝、厂房、调压井、变电站土建工程:四川省水利电力工程局;
引水隧洞开挖衬砌工程:四川省道隧集团华蓥隧道工程有限公司;
闸坝金属结构:湖北大禹水利水电建设有限责任公司;

压力钢管制作安装工程:首钢水城钢铁(集团)赛德建设有限公司;
水轮机及发电机:重庆水轮机厂有限责任公司;
主变压器:广西柳州特种变压器有限责任公司;
进水蝶阀:武汉阀门水处理机械股份有限公司;
大坝监测单位:重庆永渝检验检测技术有限公司;
运行管理单位:水城汇通水电开发有限责任公司。

2.5　工程建设过程

(1)闸坝工程开工日期为 2009 年 10 月 1 日,至 2011 年 7 月底全面完工。

(2)厂房边坡及基坑于 2007 年 5 月开始开挖,2008 年 9 月开挖完成。2008 年 9 月开始厂房浇筑,2010 年 5 月厂房主体混凝土浇筑全部完成。

(3)进水口及引水隧洞、调压井于 2007 年 5 月开挖,2010 年 10 月全部贯通。历时 3 年半。2010 年 10 月开始衬砌,2011 年 12 月衬砌全部完工。

(4)机电设备安装:1#、2#、3#水轮发电机组于 2010 年 10 月开始安装,2011 年 12 月机组全部安装完成。2012 年 1 月通水试发电,2 月 18 日正式试发电成功。2012 年 4 月 15 日通过电力系统初步验收,2012 年 4 月 16 日正式并网发电。

2.6　工程历次验收情况

2.6.1　单位工程验收

本水电站工程划分确认为 4 个单位工程,包含 17 个分部工程,各单位工程验收情况见表 2-1。

表 2-1　电站单位工程历次验收情况

序号	单位工程名称	验收工程范围内容	验收时间
1	大坝工程	重力坝基础、重力坝坝体工程、消力池工程、岸坡及海漫工程、金属结构及启闭机安装	2012 年 5 月 20 日
2	发电引水系统	进水闸门段工程、隧洞开挖及衬砌工程、压力钢管安装工程、调压室开挖工程、调压室灌浆及二期混凝土工程	2012 年 5 月 30 日
3	发电厂房工程	△地基与基础、△厂房主体工程、门窗装饰冷暖工程、△水轮机发电机安装	2011 年 12 月 20 日
4	变电站工程	△变压器及开关柜安装、断路器及隔离开关安装、△主感器及避雷设备安装	2012 年 2 月 20 日

2.6.2　专项验收

工程专项验收情况见表 2-2。

表 2-2　工程历次专项验收情况

序号	时间	事项
1	2012 年 2 月 21 日	消防设施通过验收
2	2015 年 6 月 19 日	征地补偿与移民安置专项通过验收
3	2016 年 9 月 6 日	环境保护专项通过验收
4	2015 年 8 月 28 日	水土保持设施专项通过验收
5	2017 年 11 月 10 日	完成蓄水安全鉴定,未组织验收
6	2018 年 3 月 10 日	完成大坝安全评价及鉴定
7	2019 年 7 月 1 日	工程档案专项通过验收

2.6.2.1　征地补偿和移民安置

泥猪河水电站 1 117.2 m 线下蓄水不涉及移民淹没搬迁,只有电站施工区有 7 户 22 人在可研设计中规划为直接搬迁安置,在电站工程建设施工过程中,因未涉及房屋搬迁,只占用了部分土地,经原设计部门出具的"关于《北盘江上游支流可渡河泥猪河水电站可行性研究报告建设征地和移民安置规划》中生产安置人口的说明",将原涉及搬迁的 22 个人改为采用组内调整生产资源安置方式进行安置,不做人口搬迁。其中,都格乡都格村坪寨组安置 15 人;坪寨乡箐马村河边组安置 7 人。经过县、乡政府和基层组织的共同努力,采取在本村内调整土地安置的安置方式,7 户 22 人的生产安置已于 2009 年 9 月全部安置完毕。2015 年 6 月 19 日,贵州省水库和生态移民局在贵阳召开会议;同意泥猪河水电站建设征地移民安置工作通过验收,详见黔移函〔2016〕6 号文。

2.6.2.2　环境保护工程

2005 年 1 月 14 日,泥猪河水电开发有限责任公司委托贵州省环境工程评估中心对《可渡河泥猪河水电站工程环境影响报告书》进行技术评估并出具了《评估意见》。2006 年 1 月 4 日,贵州省环境保护局对《可渡河泥猪河水电站工程环境影响报告书》批复如下:同意贵州省环境工程评估中心对该项目的评估意见。经修改、补充后的《可渡河泥猪河水电站工程环境影响报告书》内容较全面,评价结论明确,提出的各项生态保护和污染防治措施基本可行,可以作为该项目环保工程设计及环境管理依据,建设单位须予以落实,详见黔环函〔2006〕3 号。

2016 年 9 月 6 日,泥猪河水电站工程已完成竣工环境保护验收备案,备案号:520000(行政区域代码)—2016(年)—003(编号)。

2.6.2.3　水土保持设施

2005 年 4 月 6 日,贵州省水利厅以黔水保〔2005〕32 号文对《可渡河泥猪河水电站水土保持方案报告书》批复如下:建设单位编报水土保持方案符合我国水土保持法律法规的规定,对防治工程建设可能造成的水土流失,保护生态环境具有重要意义。该方案报告书编制依据充分,内容全面,基础资料较翔实,图标规范,水土流失防治目标和责任范围明确,水土保持措施总体布局及初选的分区防治措施基本可行,基本同意水土保持方案实施进度安排,可作为下阶段开展水土保持工作的依据。

2015 年 8 月 28 日,贵州省水利厅在水城县召开了可渡河泥猪河水电站水土保持设施竣工验收会议,形成以下意见:建设单位依法编报了水土保持方案,实施了方案确定的各项防治措施,基本完成建设期水土流失防治任务,建成的水土保持措施质量总体合格,具备正常运行条件;工程运行期间的水土保持实施管理维护责任基本落实,符合水土保持设施竣工验收的条件,同意该工程水土保持实施通过竣工验收。详见黔水保函〔2015〕124 号文。

2.6.2.4　消防设施

2012 年 2 月 21 日,水城公安消防大队以水公消(验)字〔2012〕第 01 号通过了该水电站的消防验收。

2.6.2.5　蓄水安全鉴定

2017 年 11 月,贵州省水利水电勘测设计研究院负责组织有关专家对水城县泥猪河水电站大坝蓄水的安全性进行鉴定,根据《水利水电建设工程验收技术鉴定导则》(SL 670—2015)要求,对两岸挡水坝段、泄水闸坝段、溢流坝段、发电进水口及各类闸门和启闭机等金属结构、安全监测设施、涉及蓄水安全的库岸边坡等有关项目进行蓄水安全鉴定,完成并编写了鉴定报告。

蓄水安全鉴定结论:可渡河泥猪河水库工程区域构造稳定性较差,但是工程地质条件基本满足本工程规模的水库成库建坝要求;防洪标准符合规范要求;坝区枢纽建筑物布置合理,各建筑物设计基本符合规范要求;建筑物土建施工质量及地基处理基本满足设计及规范要求;金属结构选型布置基本合理,制造安装质量合格;安全监测系统设计大致合适,已安装仪器质量基本合格。

本电站已编制完成了枢纽蓄水安全鉴定报告,但未组织蓄水安全鉴定验收。

2.6.2.6　大坝安全评价及鉴定

六盘水市水利水电勘测设计研究院按照水利部颁布的《水库大坝安全鉴定办法》要求,组织专家对电站水库大坝进行安全评价,对泥猪河水电站大坝进行了专业详细的安全评价分析,对大坝工程质量、运行管理、洪水复核和防洪安全、大坝渗流与结构安全、金属结构等进行分析评价,并完成相应报告。根据《水库大坝安全评价导则》(SL 258—2017)的要求,并结合大坝运行现状,对大坝安全性态进行综合评价,2018 年 3 月出具《水城县泥猪河水电站大坝安全评价报告》。

1. 安全评价结论

泥猪河水电站大坝安全评价六个专题详细评价情况如下:

(1)建筑质量评价:合格;

(2)运行管理评价:规范;

(3)防洪标准复核:A 级;

(4)结构安全评价:A 级;

(5)渗流安全评价:B 级;

(6)金属结构安全评价：A级。

综合大坝工程性状的各单项级别,六项中有三项A级,一项B级,一项规范,一项合格,根据《水库大坝安全评价导则》(SL 258—2017)规定,有一项或两项为B级的大坝,若工程质量合格、运行管理规范,可评为一类坝,但需对存在问题进行整改。最后,综合评定泥猪河水电站大坝安全类别为一类坝,但管理单位需在汛期前对本报告提出的问题整改好。

2. 大坝安全鉴定结论

2018年3月,六盘水市水利水电勘测设计研究院完成对泥猪河水电站大坝进行安全评价并对大坝安全进行鉴定,六盘水市水务局组织专家对鉴定成果进行审定,并出具《大坝安全鉴定报告书》。安全鉴定报告书结论的六个专题与安全评价一致,大坝安全类别被判定为一类坝。

3. 存在问题整改情况

水库管理单位泥猪河水电开发有限责任公司承诺在汛期前对评价报告提出的问题完成整改。

建议六盘水市水利水电勘测设计研究院应对水库管理单位整改情况进行检查,保证鉴定评价质量,并做相应的结论说明。

2.6.2.7　工程档案验收

泥猪河水电开发有限责任公司于2019年6月3日向贵州省档案局申请对可渡河泥猪河水电站项目档案进行验收。贵州省档案局委托六盘水市档案局组织对可渡河泥猪河水电站项目档案的专项验收。六盘水市档案局按照《贵州省〈重大建设项目档案验收办法〉实施细则》(〔2008〕46号文)的有关规定,由六盘水市档案局、水城县档案局及项目主管部门委派人员组成验收组对该工程档案进行专项验收。

2019年7月1日,验收组成员按照国家有关工程档案管理的要求,对本工程档案进行评议,一致同意通过项目档案验收,六盘水市档案局2019年7月2日出具《贵州省重大建设项目档案验收意见书》。

1. 项目档案基础管理工作情况评价

可渡河泥猪河水电站项目实施期间未将项目文件材料的收集、整理和归档工作纳入合同管理,项目单位建立的档案管理网络不完善,未建立"四参加"工作制度。工程完工于2012年,2018年度才开展项目材料的归档工作,项目实施期间未进行项目档案登记,档案管理人员较少同档案部门沟通联系,未将档案管理纳入有关人员岗位责任,造成项目文件完整性和系统性存在不足。

2. 项目档案的完整、准确、系统情况评价

可渡河泥猪河水电站项目档案依据《水电建设项目文件收集与档案整理规范》(DL/T 1396—2014)收集各类材料,项目档案前期管理、设计、施工、监理、设备、试运行、竣工验收等文件基本齐全且内容完整,主要归档材料为原件,签章手续齐全,竣工图清晰、图章签字手续完备,档案分类、组卷基本合理,排列有序,装订规范,档号编制规范。

前期管理文件中环境预测、移民材料较少,施工技术文件中无单独的施工许可证、设计交底、基础处理、预决算等材料,监理材料无监理周报和档案管理相关监理的内容,声像

材料收集不足。部分档案为复印件,有涂改痕迹,部分档案卷内目录和备考表填写不完整,部分案卷卷标题编制不规范。

3. 项目档案的安全保管情况评价

泥猪河水电站配置专门的档案室保管项目档案资料,安装了防盗门,防火、防尘配置6组档案柜,灭火器,遮光窗帘等,具备了防光、防霉、防虫、防盗等安全保障功能。

4. 项目档案工作遗留问题

该项目档案部分案卷目录、编号、备考表等还需进一步完善,待全部单项验收结束后,将全部单项验收工作材料以及项目总体验收材料补充进项目档案中。

5. 项目档案工作建议

该项目的后续维护及公司其他项目实施期间,做好项目档案登记管理工作,将档案管理纳入合同管理内容,同步做好项目档案管理工作。

第 3 章　工程防洪度汛

3.1　工程任务、规模和防洪标准

3.1.1　工程任务

泥猪河水电站为可渡河干流的第 10 级(最后一级),为无调节引水式电站,工程无灌溉和防洪等任务。泥猪河水电站工程开发任务是以水力发电为主,兼顾生态环境用水和零散居民点的生活、生产用水。

3.1.2　建设规模

泥猪河水电站工程电站装机容量 102 MW(3×34 MW),根据《防洪标准》(GB 50201—1994)和《水电枢纽工程等级划分及设计安全标准》(DL 5180—2003),本工程为Ⅲ等工程,工程规模为中型。

工程主要建筑物拦河闸坝、电站进水口、引水发电建筑物和电站厂房等永久性主要建筑为 3 级建筑物,次要建筑物为 4 级建筑物。

3.1.3　防洪标准

挡水建筑物、泄水建筑物的正常运用洪水标准为洪水重现期 50 年,非常运用洪水标准为洪水重现期 500 年;泄水建筑物消能防冲建筑物的洪水设计标准为洪水重现期 30 年;电站厂房正常运用洪水标准为洪水重现期 50 年,非常运用洪水标准为洪水重现期 200 年。

3.2　设计洪水复核

3.2.1　流域概况

3.2.1.1　北盘江流域

北盘江属珠江流域西江水系,是红水河上游左岸的最大支流,流域跨越云南、贵州两省。北盘江发源于云南省曲靖市马雄山西北坡,河源高程 2 228.7 m,河流由西南向东北流经云南省曲靖、宣威,在万家口子与由南而来的拖长江汇合后,继续流向东北,于贵州省水城县都格与由西北方向而来的可渡河汇合后,河流流向发生了一个大转折,河流流向改向东南方向,再流经贵州省的水城、晴隆、关岭、贞丰、望谟等县境内,于贵州省望谟县蔗香与西来的南盘江汇合,以下称红水河。以革香河为干流之河源至河口全长 441.9 km,其中云南境内 123.5 km(万家口子以上),云南、贵州两省界河 22.7 km(万家口子—可渡河口),贵州境内 295.7 km(可渡河口—双江口);天然落差 1 932 m,平均比降 4.37‰;全流域面积 26 557 km²。大渡口水文站以上集水面积 8 454 km²,该水文站距可渡河汇合口约 12 km。

北盘江流域位于北纬 24°50′～26°50′、东经 103°50′～106°15′,流域北邻金沙江支流牛栏江、横江和乌江上游三岔河,南接南盘江,地势西北高东南低,高差较大。上游宣威、威宁、六盘水一带高程在 1 800 m 以上;中、下游高程一般在 700～1 200 m,属云贵高原向广西丘陵过渡的斜坡地带。河谷深切,河口高程仅 300 m 左右。流域内多为孤零山丘,地表起伏大,山势散乱,土壤以红壤和黄壤为主,植被较差,森林覆盖率约 6%。山区占流域总面积的 85%,丘陵占 10%,平地占 5%。流域内河网较密,岩溶发育,伏流暗泉分布较广,地下水丰富,干流两岸支流分布较均匀。

北盘江上游流域目前已建有多座水库和水电站,其中在云南省境内的革香河上游有偏桥水库,该水库库容为 3 500 万 m³,新屯、东屯、钱屯等水库的库容均在 1 000 万 m³ 以上。在云贵交界的革香河下游已修建了响水水电站,该电站 1999 年建成,2003 年正式投产,电站一期装机规模为 100 MW,正常蓄水位 1 150.00 m,正常蓄水位以下库容为 454 万 m³,设计发电引用流量为 55.9 m³/s;2005 年贵州省水利水电勘测设计研究院完成了该工程的技术改造扩机可行性研究,并提出了《响水水电站技术改造工程可行性研究报告》,响水水电站技术改造扩机主要是在上游调节性能较好的万家口子水电站建成后,提高响水水电站的保证出力和发电量,改善电网条件,提高电能质量,利用响水水电站原有的大坝和水库,新建取水口、引水隧洞、调压井和厂房等,响水水电站技术改造扩机后的总装机规模为 244 MW,设计发电引用流量为 135.9 m³/s。目前在北盘江上游流域已修建的水库和水电站,由于库容均较小,且多数处在河源,对水流的调节作用不大。

北盘江流域由于植被较差,水土流失严重,特别是上游流域,是贵州省泥沙侵蚀模数高值区。北盘江上游建有几处化肥厂和多个大型煤矿,小型煤窑星罗棋布,致使河流污染严重,河水浑浊。

3.2.1.2　可渡河流域

可渡河为北盘江上游的一级支流,位于东经 103°52′～104°41′、北纬 22°20′～26°50′,横跨滇、黔两省,地处贵州省西部和云南省东北部,与金沙江水系相邻,流域面积 3 088 km²,其中贵州省境内面积 1 330 km²,云南省境内面积 1 758 km²。

可渡河位于云贵高原中部,山岭大致呈北西、北北东、北东向延伸,主要山脉有乌蒙山脉白马梁子(海拔 2 363 m)、在割大山和三尖山(海拔 2 161～2 715.9 m)。

可渡河流域呈扇形。地势由西北向东南缓缓倾斜,流域分水岭高程多在 2 460～2 150 m,山岭海拔多在 2 100 m 以上,其间夹有多条沟谷及多个小型山间盆地,西北部的文兴盆地海拔高程在 1 685～1 723 mm,中部可渡河蜿蜒穿行其间,河谷高程 1 120～1 500 m。区内最高点为南部的见水海梁子,高程 2 715.9 m,最低位于可渡河下游的可渡河汇入口,海拔高程 932 m,平均高程 1 800 m 左右。

地貌按成因类型可自西北向东南划分(地貌类型受主构造方向控制,基本与北东向构造线一致):西北部为脊状低中山、中部可渡河流域碳酸盐岩出露区为岩溶类型(其上往往发育有一级剥夷面)、岩溶化脊状山、东南部主要为脊状中、低山等。

可渡河中上游平缓,下游陡急,多系基岩构成 U 形河谷,宽 30~70 m。河谷幽深,岸坡陡直,地势陡峭,切深 600~800 m,为区内最低侵蚀基准面。特别是坝址至可渡河口河段,河谷深切,滩多流急,地势险峻,落差集中,两岸山崖耸立,河中乱石堆积,水流奔腾,响若雷鸣,为典型的高山峡谷地貌。由于河流切割强烈,形成群山起伏的高原景观。两岸有少量耕地,多分布在距河面 200~300 m 的高山上,河流两岸的山峰距河面相对高差可达 1 000 m 以上,地势极其险峻。

区域出露地层以石炭系、二叠系、三叠系为主,主要岩性为碳酸岩盐,次为碎屑岩、火成岩及新生界松散岩类。区内土层较薄,主要土壤有黏土、砂壤土。地下水类型以岩溶水为主,次为裂隙水和孔隙水,地下水均自地表分水岭向可渡河运移,以泉或散流的形式向可渡河排泄。

可渡河发源于云南省宣威市龙潭乡东南面山麓白马梁子,由南向东北流经龙潭、潘家湾(在潘家湾东北约 3.5 km 处成为云南、贵州两省界河,直至汇入北盘江),于黄泥地折为西东向,经围仗(威宁)、杨柳,在双河乡王家寨汇入抱树河后,复转为南—东北向,在黑白寨和小寨之间一个急湾后,流向折为西北—东南向,在阿都大寨纳入阿都河,经石塔,在谢家渡口纳入文兴河,再经普联、泥猪河,于腊笼汇入北盘江。可渡河全长 148.5 km(其中云南、贵州两省界河界,左岸属贵州省,右岸属云南省,河长 116 km),落差 1 280 m,比降 8.62‰。可渡河右岸支流较为发育,大的支流基本上分布于右岸,流域内 100 km² 以上的支流有底拉河、赶得河、泥依河、抱树河、迤那河、未名河共 6 条。

流域内植被稀少,覆盖率低,仅为 22.54%,以灌木丛居多,乔木多为零星的松柏或阔叶林,由于山高坡陡,水土流失严重。

流域内现无大的水利水电工程设施,人类活动影响较小。

3.2.2　水文气象

可渡河流域属亚热带云贵高原山地季风湿润气候区,年气温较低,夏季不热,冬季比较寒冷,夏秋多雨,冬春干旱。水汽主要来源于印度洋孟加拉湾的西南暖湿气流和太平洋东南季风带入的丰沛水汽。冬季受北来寒流影响,夏季受东南及西南来的热带海洋气流影响,四季分明。

由于地形起伏大,地形地势复杂,海拔悬殊,最高点与最低点高差达 1 558 m,气象特性差异很大,立体气候明显,有"山高一丈,大不一样""一山分四季,十里不同天"之说。

可渡河流域降雨量资料有 4 个雨量站,分别是陶家坟、么站、小寨、二道岩,另外有靠近流域边界的马房(属革香河流域)可供利用。

据水城气象站(海拔 1 812 m)1957~1982 年资料分析,多年平均气温 12.3 ℃,极端最高气温 31.6 ℃(1969 年 5 月 2 日),极端最低气温-11.7 ℃(1977 年 2 月 9 日),多年平均相对湿度 82%,日照时数 1 547.2 h。年均风速 2.5 m/s,最大风速 20 m/s;全年主导风向西北西(WNW),多年平均蒸发量 1 389.3 mm(20 cm 口径蒸发器)。

流域降水量由上游向下游递增,分水岭大于河谷。雨季每年大致从 5 月开始,10 月底基本结束,年均降水日数 125.2 d。可渡河流域多年平均降水量 1 063.5 mm,小寨水文站以上流域多年平均降水量 936.6 mm,最大年降水量 1 364.9 mm,最小年降水量 694.1 mm,年际变化较小。由于季风的影响,年内分配不均,变化较大。5~10 月降水量占全年降水量的 89.6%,11 月至次年 4 月仅占 10.4%。

3.2.3　水文参证站选择

泥猪河水电站坝址位于可渡河的坪寨乡河边村,集水面积 2 975.8 km²,为其上游小寨水文站集水面积的 1.43 倍;厂房位于北盘江,可渡河河口下游约 3.5 km,控制流域面积 8 013 km²,其下游即为大渡口水文站。这两个水文站,均为国家定点站网,测验符合规范,资料连续,系列长达 50 年以上,精度高,可作为泥猪河水电站水文分析的依据站。

3.2.3.1　大渡口水文站测站及水文资料情况

大渡口水文站位于北盘江中上游,距上游革香河与可渡河汇合口约 12 km。该水文站于 1962 年建站,1963 年开始观测水位、降水、水温,并施测流量等,1964 年增测泥沙,其后还增测了气温、风、蒸发等项目。

大渡口水文站测验河段顺直,顺直河段长约 600 m,河面由上至下逐渐增宽,左岸基本水尺断面上游约 70 m 有一小溪汇入,基本水尺下游约 120 m 处为 1966 年新建的发耳大桥(该桥 1970 年 5 月竣工),河道两岸整齐,为单一河床。高程(假定基面)11.5 m 以下两岸全为基岩,坚固稳定,左岸 12.0 m 以上有一缓慢性的滑坡,再往上为耕地,河床由细砂砾石组成,冲淤变化较频繁,河段上游约 500 m 微向右弯,下游约 500 m 有急滩,再下游约 500 m 河道向右弯,再下游约 1 500 m 河道变窄。

大渡口水文站水位采用假定基面高程系统,1965 年 3 月经与水盘西线公路建设时使用的水准点"盘水Ⅲ-11"接测,测得该站假定基面高程加 892.583 m 即为黄海基面高程,后"盘水Ⅲ-11"水准点被破坏,该水文站水位高程基面未改用黄海基面,一直沿用测站假定基面。

大渡口水文站水位观测用的水尺为直立水尺,后又修建了岸式水位测井,采用 SW40 型自记水位计进行自记水位观测记录。水位观测枯水期一般为 2 段制观测,汛期水位平稳时为 4 段制,汛期洪水涨落均匀缓慢期为 8 段制,遇大洪水时,增加测次,水位资料精度符合规范要求。实测到的最高水位为 15.00 m(2000 年),最低水位为 6.92 m(1973 年),水位变幅为 8.08 m。

大渡口水文站流量测验采用流速仪测流和浮标测流,流速仪主要采用了 55 型、251 型、25-1 型三种流速仪。中、低水流量测验一般采用流速仪精测法、常测法测流,中、高水一般采用流速仪简测法测流和浮标法测流。该站建站初的 15 年内的流量测验主要以精测法、常测法为主,其后的流量测验以简测法(0.6 简测法和 0.0 简测法)为主,浮标法主要在中、高水进行,浮标系数早期采用经验系数 0.85,1978 年后采用 0.90。流量测次每年一般在 100 次左右,最多达 188 次(1966 年),最少为 36 次(1963 年)。流速仪测流实测最高水位为 14.98 m,流量为 2 350 m³/s(2000 年),浮标测流实测最高水位为 14.65 m,流量为 2 480 m³/s(1968 年)。

大渡口水文站大断面测量一般每年 2~3 次,从实测的大断面成果看,断面河床有淤高的趋势。悬移质泥沙测验自 1964 年 5 月开始,其间 1970 年、1971 年、1984 年缺测,另有部分年份资料不完整(资料遗失或缺测等),所刊布的悬移质泥沙成果基本满足规范要求。

大渡口水文站自 1963 年设站观测以来,每年均有整编刊印资料,流量推求多采用临时曲线法和绳套曲线法,由于断面冲淤变化,造成历年水位流量关系曲线变化较大,水位流量关系曲线总的趋势在逐步抬高。

3.2.3.2　小寨水文站测站及水文资料情况

小寨站位于贵州省威宁县夸都乡,可渡河中游,控制流域面积 2 082 km²。该水文站1958 年 12 月由原贵州省水利电力厅勘测设计院设立,1960 年、1961 年停测流量,1962 年停测水位、流量,1961 年 10 月 21~25 日缺测水位,1963 年 1 月恢复水位、流量测验。

小寨水文站测验河段位于花园寨下游约 500 m,上下浮标断面各距基本水尺断面 40 m,中、高水时河段顺直段长约 250 m。左右两岸均为陡壁;右岸为岩石,左岸为红壤土。当水位(假定基面)在 89.5~90.3 m 时,左岸有约 40 m 宽的漫滩,低水时,因河段左岸系浅滩,上断面处河宽约 15 m,中断面宽约 23 m,呈瓶形,口朝上游;高水受下游 200 m 弯道控制,中低水时由下游 80 m 处浅滩控制,但此滩有变动,对水流有影响。该水文站河段冲淤变化严重。

小寨水文站水位采用假定基面高程系统,水位观测用的水尺为直立水尺,位于左岸。水位观测枯水期一般为 2 段制观测,汛期水位平稳时为 4 段制,遇大洪水时,增加测次,水位资料精度符合规范要求。实测到的最高水位为 95.01 m(1959 年,资料系列至 1984年),最低水位为 89.13 m(1964 年,资料系列至 1984 年)。

小寨水文站流量测验采用流速仪测流和浮标测流,中、低水流量测验以流速仪测验为主,中、高水流量测验以浮标法测验和流速仪简测法为主;该站早期以浮标法测流为主,浮标系数采用经验系数 0.85。流量测次每年一般在 160 次左右,最多为 314 次(1979 年),最少为 16 次(1961 年)。该站由于冲淤变化较为严重,测流次数逐渐增多,自 1971 年开始,流量测验次数均在 160 次以上。流速仪法测流实测最大流量为 646 m³/s,相应水位为93.60 m(1982 年);浮标法测流实测最大流量为 1 210 m³/s,相应水位为 94.70 m(1970年)。

小寨水文站大断面测量一般每年 2~3 次,从实测的大断面成果看,断面河床冲淤变化较大,总体呈淤高的趋势。该站无悬移质泥沙测验资料。

小寨水文站自 1959 年设站观测以来,除停测期间,其余时间每年均对资料进行了整编,流量推求多采用临时曲线法和绳套曲线法。由于河道冲淤变化较大,造成历年水位流量关系曲线变化较大,水位流量关系曲线总的趋势在逐步抬高。

3.2.4　径流

3.2.4.1　径流特性

北盘江流域的径流由降水形成,其时空变化特性与降水时空变化基本一致,径流年内分配不均匀,每年 6~11 月为汛期,据大渡口站实测资料统计,汛期径流量占年径流量的81.2%,12 月至次年 5 月为枯水期,径流量占年径流量的 18.8%,其中尤以 3~4 月最枯,径流量仅为年径流量的 4.5%。径流的年际变化也较大,丰水年、枯水年径流比为

3.62 倍。

3.2.4.2　小寨水文站径流

　　泥猪河水电站为径流式电站,坝址以上可渡河来水面积 2 975.8 km²,其上游小寨水文站具有 1959 年和 1963~2002 年共 41 年实测流量资料,连续系列长达 40 年,是本电站径流分析的依据站。小寨水文站多年平均流量 22.9 m³/s,多年平均径流量 7.23 亿 m³,多年平均径流深 347.3 mm(系列从 1963~2002 年),实测最大年平均流量 43.2 m³/s (1965 年),最小年平均流量 8.6 m³/s(1989 年)。

　　通过对小寨水文站 1963~2002 年共 40 年实测流量资料的统计分析,可渡河流域 6~11 月为汛期,12 月至次年 5 月为枯水期,来水量占全年的 18.5%。

3.2.4.3　坝址径流

　　可渡河流域现仅有小寨水文站,集水面积 2 082 km²,占泥猪河水电站坝址集水面积 2 975.8 km² 的 70%,因此坝址径流采用小寨站径流经面积修正和雨量修正推求。流域平均雨量采用算术平均法计算,其中小寨站以上流域采用马房、么站、陶家坟、小寨站计算,水电站坝址以上采用马房、么站、陶家坟、小寨、二道岩站计算。经计算,小寨站以上流域多年平均雨量 936.6 mm,水电站坝址以上 1 001.2 mm。

3.2.5　洪水特性

　　北盘江流域处在亚热带高原季风气候区,流域降水的年内变化与季风进退密切相关。流域内的暴雨主要由来源于印度洋孟加拉湾的水汽和南海的水汽,受地面冷锋、高空切变线、西南低涡气流冷暖交汇而形成,其中冷锋低槽和两高切变占 80% 以上,流域内暴雨多出现在 5~9 月,又以 6 月、7 月为最多,大多数暴雨是中小量级的暴雨,大暴雨不多。由于流域内地形复杂,全流域性的大暴雨很难形成,除中等量级的暴雨有可能笼罩全流域外,量级越大越是呈插花形分布。最大 24 h 暴雨的多年平均值在 80~100 mm,实测最大 24 h 暴雨在 120~200 mm。暴雨在地区上的分布与年降水基本一致,西北部为低值区,东南部为高值区。一次暴雨的历时一般在 12 h 以内,除淫雨和绵雨外,很少有超过 12 h 的长历时暴雨。大渡口水文站实测最大 1 d 雨量为 179.3 mm(1969 年 6 月 14 日)。

　　北盘江流域洪水主要由暴雨形成,流域位于乌蒙山东南斜坡迎风面上,气流受地形抬升影响极易产生降雨。大渡口水文站下游乌都河支流和上游拖长江的上游是贵州省著名的黔西南暴雨中心。暴雨一般发生在 5~9 月,雨型多为双峰型或多峰型,洪水主要由一日和三日暴雨形成。如大渡口水文站 1968 年最大洪水,洪峰出现在 7 月 3 日,洪峰流量为 2 540 m³/s,该站 7 月 1~3 日连续 3 d 降雨,每日均出现降雨峰值,且每日雨量在 15~35 mm 变化,7 月 6 日又发生大暴雨(122.4 mm),7 月 7 日再次出现较大洪水,洪峰流量 1 320 m³/s,同期的上游测站中,土城、小寨的降雨、洪水情况与大渡口基本相似。

　　北盘江流域洪水一般发生在每年的 4~10 月,大渡口站以上流域洪水一般发生在每年的 5~10 月,年最大洪峰流量多出现在 6 月、7 月,各占全年的 30% 以上,且发生的洪水量级一般较大,其他月份发生的洪水次数较少,洪水量级一般也较小。

　　小寨站洪水以单峰型洪水为主,占 85%,双峰型和多峰型洪水比例相当。双峰型洪水一般主峰在前,多峰型洪水的主峰出现在前、中、后的都有。洪水的涨洪历时平均约 13

h,总历时一般为 18～200 h,平均 72 h,单峰型洪水涨洪历时占总历时的 27% 左右,双峰型、多峰型占 8.4% 左右。

大渡口站洪水以双峰型或多峰型洪水为主,单峰型洪水只占 30% 左右,双峰型洪水一般主峰在后出现,多峰型洪水的变化较多,主峰位置有出现在次峰前的,也有在后的,或者居中的。洪水的涨洪历时约 18 h,总历时一般为 60～190 h,单峰型洪水涨洪历时占总历时的 15% 左右,多峰型占 20% 左右。

3.2.6 历史洪水

北盘江流域大部分河段,河谷深切,居住在河道两岸的人很少,这给历史洪水调查带来一定困难,北盘江是贵州省境内河流历史洪水调查成果相对较少的河流。北盘江大渡口以上流域仅在大渡口河段和土城河段进行过历史洪水调查,其他河段未进行历史洪水调查。

可渡河:泥猪河水电站地处云南、贵州两省交界的边远山区,两岸村庄多分布在距河面 200～300 m 的高山上,无法调查历史洪水,且电站坝址处无实测洪水资料,因此在此调查历史洪水意义不是太大。经查阅云南省和贵州省有关洪水调查资料,小寨站也没有历史洪水调查资料,经了解亦是由于建站时无法调查所致。

北盘江:大渡口河段曾先后进行过多次历史洪水调查。中国水电顾问集团贵阳勘测设计研究院在北盘江善泥坡水电站、石板寨水电站、毛家河水电站等工程设计中,对该河段历史洪水发生的年份、量级和重现期等进行了分析评价,已有明确的结论,并经审查(咨询)肯定,本工程采用其成果。

关于 1885 年洪水:从北盘江大渡口河段几次历史洪水调查成果和洪水调查访问记录看,大渡口河段 1885 年洪水与 1916 年洪水应只有其中的一年,根据分析,1885 年(或 1916 年)洪水为大渡口河段最大历史洪水,其年份为 1885 年更可靠。

大渡口河段历史洪水年份为 1885 年和 1954 年。1968 年洪水和 2000 年洪水为实测洪水。1968 年洪水和 2000 年洪水的洪峰流量值较调查到的 1885 年历史洪水和 1954 年历史洪水的洪峰流量值小较多,因此 1968 年洪水和 2000 年洪水不做特大值处理,仍作为实测洪水。

从北盘江大渡口河段历史洪水成果看,1885 年洪水最大,且时间最久远,由于更远时期无从考证,1885 年洪水的调查考证期从 1885～2014 年为 130 年,因此复核将 1885 年洪水重现期定为 1885 年以来的第 1 位,重现期为 130 年。1954 年洪水按 1885 年以来第 2 位处理,重现期为 65 年。北盘江大渡口河段历史洪水调查成果见表 3-1。

3.2.7 初设阶段设计洪水成果

泥猪河水电站坝址处无实测水文资料。可渡河中游有小寨水文站,出河口后北盘江上有大渡口水文站。

3.2.7.1 小寨水文站设计洪水

小寨站处于人迹稀少区,无历史洪水调查资料。该站自 1959 年开始有水文测验资料,其中 1962 年和 1961 年的 10 月最大洪水(该年最大洪水)因既无流量资料又无水位资料,无法进行插补,因此采用 1963 年及其以后的水文系统整编成果,本次资料收集到

2002年。

表3-1　北盘江大渡口河段历史洪水调查成果

洪水发生时间	调查单位	调查时间	水位（假定,m）	流量（m³/s）	可靠程度
1885 年	交通设计院	20 世纪 60 年代	18.22		较可靠
	六盘水市水文局	1980 年 3 月	18.54	4 980	较可靠
	采用值			4 980	
1916 年	六盘水市水文局	1980 年 3 月	18.54	4 980	较可靠,与1885 年同年,不采用
1951 年	六盘水市水文局	1980 年 3 月	17.72	4 530	较可靠,与1954 年同年,不采用
1954 年	交通设计院	20 世纪 60 年代	17.38		较可靠
	六盘水市水文局	2003 年 4 月	17.72	4 530	较可靠
	采用值			4 530	
1968 年	六盘水市水文局	1980 年 3 月	14.68	2 540	可靠（实测）
2000 年	六盘水市水文局	2003 年 4 月	15.00	2 400	可靠（实测）

1. 实测洪水系列频率分析

由小寨水文站 1963~2002 年共 40 年年最大洪峰流量系列可知,实测年最大洪峰流量的最大值为 1 290 m³/s(1986 年),最小值为 203 m³/s。小寨水文站设计洪峰流量成果见表3-2。小寨水文站年最大洪峰流量频率曲线如图 3-1、图 3-2 所示。

表3-2　小寨水文站设计洪峰流量成果

项目	均值	C_v	C_s/C_v	设计值(m³/s)								
				0.2	0.5	1	2	3.33	5	10	20	50
实测系列（采用）	606	0.65	3.5	2 770	2 380	2 080	1 780	1 570	1 400	1 110	827	473
加历史洪水	632	0.61	3.5	2 700	2 330	2 050	1 770	1 570	1 400	1 130	858	508
根据面积比指数0.63移用大渡口站洪水成果	620	0.60	4.0	2 720	2 330	2 040	1 750	1 540	1 370	1 090	819	490

2.考虑历史洪水后频率分析

小寨水文站虽没有直接的历史洪水调查成果,但北盘江上大渡口河段有洪调成果,可按面积比拟到小寨。

关于面积比指数,云南省、贵州省统计分析成果一般取 2/3,贵州省水利水电勘测设计研究院和云南省曲靖水利电力勘测设计院在 1989 年编制《北盘江响水电站初步可行性研究报告》时,由大渡口、小寨、土城、榕峰、草坪头、马岭、高车、牛吃水、茅台、对江、赤水河等水文站流量资料,用回归计算方法分析的面积比指数为 0.64,水规总院 1992 年审查通过的《响水电站初步设计补充报告》中调整为 0.63,从安全计,采用地区综合成果 0.63。由此求得小寨水文站 1885 年洪水为 2 060 m³/s,1954 年洪水为 1 870 m³/s,重现期采用大渡口成果,分别为 120 年和 60 年。

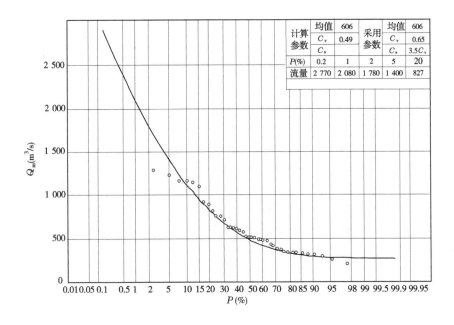

图 3-1　小寨水文站年最大洪峰流量频率曲线(实测系列)

3.成果采用

是否加入 1885 年、1954 年历史洪水,对小寨水文站设计洪峰流量成果影响不大,泥猪河水电站拦水坝 50 年一遇洪水设计,500 年一遇洪水校核,相应频率洪水比实测系列分析略大,列为采用成果,与由大渡口水文站设计洪水按面积比指数 0.63 移用到小寨的设计洪水相比,在设计频率范围内,差别不大,是偏于安全的。

3.2.7.2　大渡口水文站

大渡口水文站自 1963 年至今有较完整的洪水资料,洪峰系列采用 1963~1996 年 34 年实测洪水资料的实测系列和 1885 年、1954 年两场历史洪水组成的不连续系列,采用《响水电站初步设计补充报告》成果。

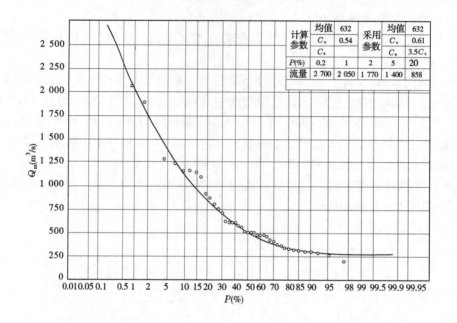

图 3-2　小寨水文站年最大洪峰流量频率曲线(加历史洪水)

3.2.7.3　初设设计洪水

泥猪河水电站厂、坝址处均无实测水文资料。可渡河中游有小寨水文站,出河口外有大渡口水文站,但大渡口水文站纳入了支流清水河,集水面积与坝址集水面积相差较大,不宜直接移用,而小寨站虽然集水面积与坝址相对较近,但因为处于人迹稀少区,无历史洪水调查资料,故坝址设计洪水宜根据两水文站的设计洪水和设计洪水地区分布规律确定。

泥猪河水电站厂房位于北盘江上,控制流域面积与大渡口水文站仅相差 5.2%(441 km²),其设计洪水可由大渡口水文站设计洪水按水文比拟法推求。

1. 坝址设计洪水

泥猪河水电站坝址控制流域面积 2 975.8 km²,其设计洪水分别由小寨水文站和大渡口水文站按下式推求:

$$Q_m = (F_m / F_参)^n \cdot Q_参$$

式中:Q_m、$Q_参$ 分别为设计断面及参证站洪峰流量;F_m、$F_参$ 分别为设计断面及参证站的集水面积;n 分别为面积影响指数。

关于面积比指数 n,云南省、贵州省统计分析成果一般取 2/3,贵州省水利水电勘测设计院和云南省曲靖水电勘测设计院在 1989 年编制《北盘江响水电站初步可行性研究报告》时,由大渡口、小寨、土城、榕峰、草坪头、马岭、高车、牛吃水、茅台、对江、赤水河等水文站流量资料,用回归计算方法分析的面积比指数为 0.64,水规总院 1992 年审查通过的《响水电站初步设计补充报告》中调整为 0.63,本次分别按 2/3 和 0.63 的面积比指数推求坝址设计洪水,成果见表 3-3。

表 3-3　坝址设计洪水

参证站	面积比指数	各级频率(%)设计值(m³/s)								
		0.2	0.5	1	2	3.33	5	10	20	50
小寨站	0.630	3 470	2 980	2 600	2 230	1 960	1 750	1 390	1 040	592
大渡口站		3 400	2 910	2 550	2 190	1 920	1 710	1 370	1 030	614
小寨站	0.667	3 520	3 020	2 640	2 260	1 990	1 770	1 410	1 050	600
大渡口站		3 270	2 800	2 450	2 100	1 850	1 650	1 310	987	591
采用成果		3 520	3 020	2 640	2 260	1 990	1 770	1 410	1 050	600

由表 3-3 可以看出,不同方式推求的坝址设计洪水相差不大,由小寨水文站按面积比指数 0.667 推求的设计洪水略大,列为采用成果。

2.厂房设计洪水

厂房设计洪峰流量由大渡口水文站设计洪水转换,面积比指数采用偏于安全的地区综合值 0.63。厂房设计洪水成果见表 3-4。

表 3-4　厂房设计洪水

均值	C_v	C_s/C_v	各级频率(%)设计值(m³/s)								
			0.2	0.5	1	2	3.33	5	10	20	33.3
1 450	0.6	4	6 350	5 440	4 760	4 080	3 590	3 200	2 550	1 920	1 470

3.2.8　蓄水安全鉴定洪水复核成果

初步设计阶段坝址设计洪水分别由小寨水文站和大渡口水文站推求,经分析,采用偏于安全的由小寨水文站按面积比指数 0.667 推求的设计洪水成果。

洪水复核仍采用原设计方法,初步设计阶段小寨水文站洪水系列采用至 2002 年,复核将其系列延长至 2013 年。

3.2.8.1　小寨水文站设计洪水复核

小寨水文站处于人迹稀少区,无历史洪水调查资料。该站自 1959 年开始有水文测验资料,其中 1962 年和 1961 年的 10 月最大洪水(该年最大洪水)因既无流量资料又无水位资料,无法进行插补,因此采用 1963 年及其以后的水文系统整编成果,本次资料收集到 2013 年,按理应延长至 2016 年,但从统计分析成果看,设计自检成果较原设计成果偏小约 10%,确定采用偏安全的原设计的洪水分析成果,资料系列只延长至 2013 年也基本可行,采用的设计洪水复核成果基本合理,见表 3-5。

1.实测洪水系列频率分析

由小寨水文站 1963~2013 年共 51 年年最大洪峰流量系列(见表 3-5)可知,实测年最大洪峰流量的最大值为 1 290 m³/s(1986 年),最小值为 182 m³/s(2011 年)。

表 3-5　小寨水文站设计洪峰流量成果

阶段	计算方法	均值	C_v	C_s/C_v	设计值(m^3/s)				
					0.2	0.5	2	3.33	50
本次复核	实测系列	565	0.64	3	2 420	2 100	1 610	1 430	458
	加历史洪水	594	0.63	3.5	2 626	2 258	1 706	1 505	470
	由大渡口站比拟	620	0.6	4	2 720	2 330	1 750	1 540	490
初设阶段	实测系列(采用)	606	0.65	3.5	2 770	2 380	1 780	1 570	473

小寨水文站年最大洪峰流量频率曲线(实测系列)见图 3-3。

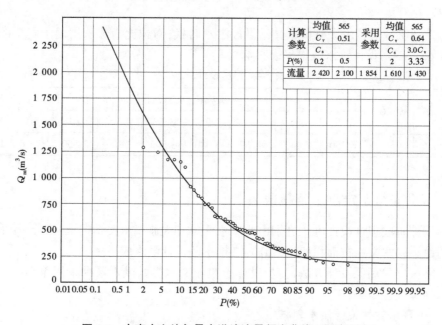

图 3-3　小寨水文站年最大洪峰流量频率曲线(实测系列)

2. 考虑历史洪水后频率分析

小寨水文站虽没有直接的历史洪水调查成果,但北盘江上大渡口河段有洪调成果,可按面积比拟到小寨水文站,求得小寨水文站 1885 年洪水为 2 060 m^3/s,1954 年洪水为 1 870 m^3/s,重现期采用大渡口成果,分别为 130 年和 65 年。加入 1885 年、1954 年历史洪水后,小寨水文站设计频率曲线(历史洪水)见图 3-4。

3. 成果采用

无论是否加入 1885 年、1954 年历史洪水,本次复核系列延长后,小寨水文站设计洪峰流量均较原设计小,加入历史洪水后,成果影响不大,不加入历史洪水时,因延长的 11 年系列中实测洪水明显偏小,复核成果较原初设成果偏小 10% 左右。原设计洪水是偏于安全的,故本次复核后采用原设计洪水成果是合适的。

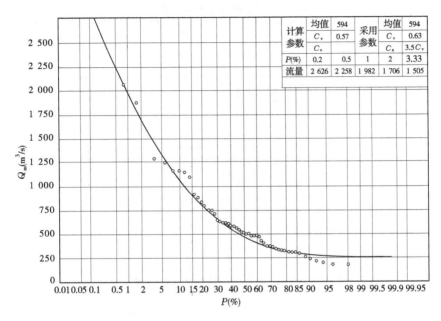

计算参数	均值	594	采用参数	均值	594
	C_v	0.57		C_v	0.63
	C_s			C_s	$3.5C_v$
P(%)	0.2	0.5	1	2	3.33
流量	2 626	2 258	1 982	1 706	1 505

图 3-4　小寨水文站年最大洪峰流量频率曲线(加历史洪水)

3.2.8.2　坝址设计洪水

泥猪河水电站坝址控制流域面积 2 975.8 km²,其设计洪水分别由小寨水文站按面积比指数 0.667 推求,与初设成果一致。因库容很小,电站水库调节计算不考虑水库调洪削峰作用,因此设计洪水不推求设计洪水过程线,是可行的。复核坝址设计洪水见表 3-6。

表 3-6　坝址设计洪水

频率 P	0.2%	5%	2%	3.33%	50%
洪峰流量(m³/s)	3 520	3 020	2 260	1 990	600

3.2.9　设计洪水复核

本次复核资料采用小寨水文站处 1963 年及其以后的水文系统整编成果,资料收集到 2013 年,延长至 2018 年,从统计分析成果看,复核成果较原设计成果偏小,确定采用偏安全的原设计的洪水分析成果。

坝址设计洪水:泥猪河水电站泄流设施采用溢流坝+泄洪冲沙闸的泄流方式,水库无调节能力,最大下泄流量等于洪峰流量。拦河坝 50 年一遇设计洪水位 1 120.15 m,500 年一遇校核洪水位 1 122.82 m。复核坝址设计洪水位和流量见表 3-7。

厂房设计洪水:泥猪河水电站厂房 50 年一遇设计洪水位 930.5 m,设计洪峰流量 4 080 m³/s;200 年一遇校核洪水位 932.5 m,设计洪峰流量 5 440 m³/s,厂房设计洪水见表 3-8。

表 3-7 坝址设计洪水位和流量

频率 P	0.2%	2%	3.33%	5%	20%
洪峰流量(m^3/s)	3 520	2 260	1 990	1 770	1 050
坝上洪水位(m)	1 122.82	1 120.15	1 119.50	1 118.96	1 116.89
坝下洪水位(m)	1 120.72	1 118.50	1 117.98	1 117.55	1 116.10

表 3-8 厂房设计洪水

频率	2%	0.5%
洪峰流量(m^3/s)	4 080	5 440
水位(m)	930.5	932.5

3.3 工程防洪能力复核

3.3.1 防洪标准复核

初步设计根据《水电枢纽工程等级划分及设计安全标准》(DL 5180—2003)的有关规定,根据水库库容、电站装机规模,枢纽工程等别属Ⅲ等,工程规模为中型。主要建筑物拦河闸坝、电站进水口、引水发电建筑物和电站厂房等永久性主要建筑为 3 级建筑物;次要建筑物为 4 级建筑物。

工程主要建筑物级别与《水利水电工程等级划分及洪水标准》(SL 252—2017)一致,其主要建筑物级别、次要建筑物级别、临时性建筑物级别符合相关标准和规范规定。

水库大坝和电站进水口按 50 年一遇洪水设计,500 年一遇洪水校核。厂房按 50 年一遇洪水设计,200 年一遇洪水校核。防冲消能按 30 年一遇洪水设计。本工程防洪标准设计符合相关标准和规范规定。

本工程于 2012 年 4 月完工并网运行,初步设计工程等别和建筑物等级采用《防洪标准》(GB 50201—1994)和《水电枢纽工程等级划分及设计安全标准》(DL 5180—2003)设计是合理的,本报告对工程竣工安全进行鉴定,工程完工至今时间跨度比较长,使用规范和标准已更新,本鉴定对该水电站的设计与新修订的规范和标准进行复核,现行标准为《防洪标准》(GB 50201—2014)、《水电枢纽工程等级划分及设计安全标准》(DL 5180—2018)和《水利水电工程等级划分及洪水标准》(SL 252—2017),通过复核,本工程的设计标准符合现行相关规范和标准的要求。

3.3.2 洪水调节计算复核

(1)泄洪设施。

泥猪河水电站以不淹泥猪河村为控制,确定正常蓄水位 1 117.2 m,死水位 1 115.0 m,坝址处河床高程 1 109.2 m。拦河坝为砌石混凝土重力坝,泄洪建筑物采用闸坝结合方案(溢流坝+泄洪闸)。

①溢流坝采用 WES 堰型,堰顶高程平正常蓄水位 1 117.20 m,溢流净宽 28.5 m(3×9.5 m),按堰流公式计算其泄流量是合适的。

②在左岸非溢流段设 3 m×12 m 宽的泄洪冲沙闸,底板高程 1 109.20 m。泄洪闸流量按《水闸设计规范》(SL 265—2001)附录 A 进行计算是合适的。

(2)设计洪水及库容曲线。

根据设计洪水复核成果,泥猪河水电站坝址 50 年一遇设计洪峰流量 2 260 m³/s,500 年一遇校核洪峰流量 3 520 m³/s。

(3)洪水调度原则。

泥猪河水电站起调水位平正常蓄水位 1 117.20 m,水库调洪能力较小,最大下泄流量 q_m 等于入库洪峰流量 Q_m。

(4)泄洪能力复核。

水库大坝坝顶高程为 1 124.85 m,水库允许蓄水的最高水位为 1 124.02 m,高于校核洪水位,即水库能安全下泄校核洪水的最大泄流量,泄洪能力满足规范要求。

(5)经设计自检复核,泥猪河水电站水库大坝坝顶高程满足规范要求,水库泄洪能力满足规范要求,即水库工程抗洪能力符合规范规定。

3.3.3　水库运行调度方案

泥猪河水电站为引水式电站,需常年下泄生态基流。

当来水流量小于生态流量 2.0 m³/s 时,需全部下泄,以满足河道生态环境要求;扣除生态流量后,当来水流量小于发电引用流量 65.2 m³/s 时,来水量全部用于电站发电;当来水量大于发电引用流量 65.2 m³/s 小于 653 m³/s(死水位时总泄流能力,含发电流量,下同)时,降低水位至排沙水位(死水位)1 115.0 m 运行,首先开启 2# 孔泄洪排沙(局开至全开),当来流量大于 340 m³/s 时,2# 孔全开时泄流能力仍将不足,此时需再逐步对称开启 1#、3# 孔,直至全开 3 孔闸泄洪,控制库水位 1 115.0 m;当洪水流量在 653 m³/s 小于 1 211 m³/s 时,除电站满发外,3 孔闸全开敞泄,库水位在死水位 1 115.0 m 至正常蓄水位 1 117.2 m 之间;当洪水流量在 1 211~3 520 m³/s 时,除电站满发外,3 孔闸全开敞泄,多余水量由滚水坝下泄,库水位在正常蓄水位 1 117.2 m 至校核洪水位 1 122.92 m 之间;当库水位降至 1 117.20 m 时,各闸门逐步关闭挡水发电。

3.4　评价与建议

(1)根据国家《防洪标准》(GB 50201—2014)和《水利水电工程等级划分及洪水标准》(SL 252—2017)的规定,经复核泥猪河水电站水库工程大坝的设计、校核洪水标准分别为 50 年一遇和 500 年一遇,消能防冲建筑物为 30 年一遇洪水设计,与原初设采用的标准一致,符合现行规范的防洪标准要求。

(2)将参证站小寨水文站水文资料延长至 2018 年,采用水文比拟法计算设计洪水,经复核,计算成果比初步设计阶段成果小,采用的设计洪水计算方法和成果基本合理。

（3）经调洪计算复核，设计洪水位与校核洪水位与原初设成果一致，采用的调洪计算成果是合理的。

（4）现状条件下的泄洪设施，允许泄洪的最高库水位高于校核洪水位，水库能安全下泄校核洪水的最大泄流量，泄洪能力满足规范要求。泥猪河水电站水库抗洪能力满足规范要求。

（5）经复核计算，电站水库建成后不会增加大坝下游河道的行洪压力。经采取相应的工程措施处理后，大坝下游河道基本能维持原有河道的防洪安全性。

第 4 章 工程地质评价

4.1 工程地质勘察工作简况

泥猪河引水式水电站工程位于云南、贵州两省的界河——可渡河泥猪河段,坝址在云南省宣威市普立乡泥猪河村与贵州省六盘水市水城县坪寨乡河边村之间,厂房在北盘江左岸,可渡河入北盘江汇口下游约 3.5 km 处,该电站为可渡河流域梯级开发的第 10 级引水式水电站,坝址以上集雨面积 2 975.8 km²,水库正常蓄水位 1 117.2 m,总装机容量 10.2 万 kW。地质勘察工作在收集区域地质资料、邻近工程响水电站工程地质勘察资料基础上,进行了初设现场地质勘察工作,2006 年 9 月完成了工程地质测绘、钻探、试验等工作,编制了初设地质报告及附图。2006 年 11 月至 2011 年,配合完成了施工详图设计阶段的施工地质工作。

4.2 区域构造及地震参数

4.2.1 区域构造地质概况

4.2.1.1 水系、地形、地貌

本区位于云贵高原中部,总地势由西北向东南缓缓倾斜。最高海拔为白龙山 2 394.3 m,最低海拔为可渡河都格段 918.8 m,平均海拔 1 800 m 左右。由于河流切割强烈,本区谷深崖陡,群山起伏,峰、谷延展方向受构造线控制。本区以溶蚀侵蚀的溶蚀地貌为主,侵蚀地貌次之,主要地貌形态有峰丛洼地、峰丛峡谷及峰丛谷地等。由于地壳的间歇性抬升,本区发育二级剥夷面和多级阶地,一级剥夷面高程为 2 000~2 300 m,二级剥夷面高程为 1 400~1 600 m。

本工程枢纽位于可渡河上,可渡河为北盘江上游的一级支流,位于东经 103°52′~104°41′,北纬 22°20′~26°50′,横跨滇黔两省,地处贵州西部和云南省东北部,与金沙江水系相邻,流域面积 3 088 km²,其中贵州省境内面积 1 330 km²,云南省境内面积 1 758 km²。本区河谷多呈 V 形或 U 形峡谷,河床比降大,陡滩、跌坎发育,两岸发育二级阶地,一级堆积阶地高程 925 m,高出河水面 5~10 m,有大量的沙砾石堆积;二级堆积阶地高程 968 m,高出河水面 50 m。

4.2.1.2 地层岩性

本区出露晚古生界、中生界的石炭系、二叠系、三叠系地层以及第四系地层,以海相沉积为主,多为碳酸盐岩地层,陆相沉积的砂页岩分布较为零星。由于历史上多次构造运动影响,导致了部分地层的缺失和出露了大量的岩浆喷发形成的玄武岩,以上二叠统的峨眉

山玄武岩分布广泛。现由老到新分述如下。

1.石炭系(C)

下统:岩关组(C_1y):与下伏泥盆系地层呈假整合,厚度91.3 m,下部灰色、深灰色中厚层灰岩、燧石灰岩夹白云质灰岩;中部黑色、深灰色薄层燧石层夹深灰色中厚层燧石灰岩;上部深灰色中厚层细晶灰岩,局部呈块状,间夹生物灰岩,灰岩含少量燧石结核。

大塘组(C_1d):厚度183.0 m,上部灰、深灰色中厚层至块状灰岩,含少量燧石结核,夹白云岩薄层和透镜体;下部以黄色页岩及黑色炭质页岩为主,含中厚层泥质灰岩、黑色硅质岩薄层。

摆佐组(C_1b):厚度130.8 m,上部灰白色厚层、块状含细晶白云质灰岩,夹鲕状灰岩、介壳灰岩;下部灰白色厚层细至中晶白云岩。

中统:黄龙群(C_2hn):厚度137 m,上部浅灰色中厚层细晶灰岩,含少量燧石团块,夹鲕状灰岩;下部灰白色厚层至块状中晶白云岩,夹灰岩薄层或透镜体。

上统:马平群(C_3mp):厚度243 m,上部为浅灰、灰白色中厚层至块状致密灰岩,具球状、豆状结构,局部含有白云质;下部为浅灰色中厚层至厚层不等晶灰岩夹生物灰岩,局部夹1~2层紫红色、灰色泥质瘤状灰岩。与下伏黄龙群连续沉积。

2.二叠系(P)

本区二叠系地层发育完整,出露广泛,下统以碳酸盐岩为主,上统下为玄武岩,上为碎屑岩。总厚度1 400~2 000 m。

下统:栖霞组(P_1q):厚度243~415 m,假整合于(C_3mp)灰岩之上,可分为一、二段。第一段:梁山段(P_1q^1)灰色、灰白色中厚层砂岩、石英砂岩,夹页岩、炭质页岩及煤层;第二段:灰岩段(P_1q^2)下部为灰色、浅灰色厚层灰岩,常含燧石结核,层间夹黑色页岩,中部为浅灰、灰色厚层状白云质斑块灰岩,即豹皮灰岩,上部浅灰或深灰色厚层、块状灰岩,偶含结核状、透镜状燧石。

茅口组(P_1m):厚度433~698 m,分为一、二段。第一段:灰岩段(P_1m^1)下部为浅灰色或灰色厚层至块状灰岩,具少量分布不均匀的白云质斑块,含有燧石结核及白云质条带;中部为浅灰色厚层、块状灰岩及白云质灰岩,偶具米粒状结构;上部为深灰、灰黑色厚层至块状灰岩。第二段:燧石灰岩段(P_1m^2)底部为深灰色中厚层燧石灰岩夹燧石层;中上部为浅灰、深灰色中厚层至块状灰岩、含燧石结核灰岩,夹生物灰岩和薄层状、条带状燧石。

上统:峨眉山玄武岩组($P_2\beta$):厚度609.35 m,与下伏岩层呈假整合接触,可分为三段。第一段($P_2\beta^1$):由深灰色玄武质熔岩集块岩或玄武质火山集块岩及深灰色拉斑玄武岩组成1~3个喷发韵律,3~10个喷发层;第二段($P_2\beta^2$):深灰色厚层块状拉斑玄武岩,夹少量玄武质熔岩角砾岩、凝灰岩等火山碎屑岩,顶部多为凝灰岩或红褐色、灰白色玄武岩,全段包括1~5个喷发韵律,3~7个喷发层;第三段($P_2\beta^3$):深灰色拉斑玄武岩,夹多层杂色凝灰岩或玄武土及少量玄武质熔岩集块岩、玄武质火山角砾岩、玄武质凝灰熔岩等,顶部夹玄武岩碎屑砂岩、黏土岩、煤层,包括2~8个喷发韵律,2~9个喷发层。

宣威群:龙潭、长兴、大隆组($P_2l\text{-}d$):厚度410 m,灰、黄灰色砂岩,含砾砂岩,粉砂岩,泥灰岩及煤层组成陆相含煤建造,包括 3 个含煤组,主要煤层集中于中上部。与下伏岩层呈假整合接触。

3. 三叠系(T)

本区仅出露三叠系下统飞仙关组(T_1f):厚度 684 m,与上覆和下伏岩层整合接触,可分为两段。第一段:灰绿、黄绿色中厚层状凝灰质长石粉砂岩、黏土质粉砂岩及粉砂质黏土岩,夹少量灰岩条带;第二段:上部为紫红、灰紫色粉砂质泥岩、泥岩夹少量钙质岩屑砂岩及凝灰质砂岩,偶夹灰岩条带,下部为灰绿色夹紫色泥岩、粉砂岩及岩屑砂岩夹少量粉砂岩条带。

4. 第四系(Q)

本区第四系分布零星,主要为残坡积及冲积堆积,厚度 0~15 m 岩性为褐红、黄色的黏土、碎石及砂卵石等。与下伏岩层呈角度不整合接触。

4.2.1.3　地质构造

本区经历多期构造运动,而燕山运动是一次很重要的造山运动,它使晚白垩系以前的地层普遍发生褶皱断裂,奠定了本区现今所见的构造格局和地貌发育的基础,形成了多种构造体系的复合和并存。

本区属黔西南褶断带东北部,位于发耳旋卷构造中心——发耳构造盆地的北侧,北部受北西向及北东向构造的影响,本区褶皱形态既有北西向又有北东向的痕迹,南部受发耳构造影响形成圆形褶曲。本区主体构造为布坑底背斜、发耳旋卷构造及银厂沟断裂。

布坑底短轴背斜:位于布坑底至银厂沟一线,轴向 300°,长约 31 km,核部地层为 C_1d-C_2hn,核部地层陡,向两翼部变缓,北东翼缓,南西翼陡:北东翼西段 8°~17°,中段 8°~35°,东段 5°~45°;南西翼西段 10°~35°,中段 20°~60°,东段 35°~50°,西北及东南端分别以 5°~20° 和 26° 倾伏。

发耳旋卷构造:坐落在本区以南,范围颇广,围绕都格、杨梅、顺场、兰花箐、老屋基至纸厂之外侧有一系列放射状弧形褶曲和冲断,它们共同组成一个巨大的旋卷构造,中心地为一旋涡—发耳构造盆地。盆地面积达 820 km²,内部构造复杂;盆地最低洼处并不在中心地带而在三屯(妥保屯、棋盘屯、马龙屯)附近,其中妥保屯下坳幅度最大,整个发耳构造盆地的最新残留地层也发育在此,为永宁组(T_1yn)。三屯之间有隆起不显著的鼻状构造隔开,三屯(即三个小盆)皆有向中心倾斜之势,发耳构造盆地的中心地带不但非为凹最深处,恰相反,正是哈箐地穹窿部位,其核心出露 C_3mp 地层,穹顶产状近于水平,四周倾角 10°左右,近似椭圆,长轴方向 325°。

银厂沟逆断层:走向 300°倾向 SW,倾角 40°,长约 9 km,断崖 500 m,为压性断裂,位于布坑底背斜轴部。

4.2.2　区域地质构造稳定性及地震动参数

工程区大地构造单元处于扬子准地台—六盘水断陷—威宁北西向构造变形区。根据 1/400 万《中国地震动峰值加速度区划图》(GB 18306—2015),本区地震动峰值加速度为 0.1g,地震动反应谱特征周期为 0.4 s,相应的地震基本烈度为Ⅶ度,区域构造稳定性较差。

4.3　工程地质条件及评价

　　水库正常蓄水位 1 117.20 m,坝前雍高水深约 8 m,回水长度 1 100 m,有效库容 14.8 万 m³。回水范围内河床宽 60~100 m,库盆两岸多分布一级阶地,阶地及河床普遍分布第四系冲洪积砂卵石层;河床岸陡坡脚一般分布较厚的崩积碎块石层,坡度平缓;下伏基岩为 C_1d 灰岩、白云质灰岩及粉砂质泥岩,在河流阶地之上的自然边坡,基岩多裸露,边坡陡峻,高于河床百米以上。

　　水库位于北西向布坑底背斜核部,岩层产状平缓,无大型断层构造发育,近 SN 和 EW 走向两组陡倾角裂隙较发育,分别与河流近于平行或直交。库区分布 C_1d 可溶性灰岩夹白云岩,地表溶沟溶槽较发育;经调查未见大型溶洞、暗河出口等岩溶形态发育。

4.4　主要建筑物工程地质条件及评价

4.4.1　坝址工程地质

4.4.1.1　地形、地貌

　　坝址位于泥猪河村下游河流拐弯处,河床高程 1 109 m,河床宽约 80 m,河流流向由 SW210° 变成 SE160°,枯水期河水面高程 1 110 m,河水面宽度约 40 m,设计正常蓄水位 1 117.20 m 时,河谷宽约 110 m,该段河谷为典型的 U 形峡谷,两岸坡度左缓右陡,左岸 30°,右岸 45°,略不对称,坝址区河床纵比降约 1.4%。河床砂卵覆盖层厚度约 8 m,左岸分布有崩积物,厚 5~10 m,河床左右岸分布有一级阶地,阶地高程 1 130 m 左右,阶地堆积物具二元结构,上部为黄色黏土,下部为砂砾石层,厚 3~5 m。

4.4.1.2　地层岩性

　　坝址区地层岩性为石炭系下统大塘组(C_1d)、摆佐组(C_1b)及第四系松散堆积层,具体岩性如下:

　　大塘组(C_1d):厚度 183 m,上部深灰色厚层灰岩、粉砂质泥岩、白云质灰岩、白云岩,下部黑色页岩夹石英砂岩、砂岩及燧石层,分布在坝址区。

　　摆佐组(C_1b):厚度 130.8 m,上部为灰白色厚层灰岩夹介壳灰岩,白云质灰岩,下部为块状白云岩,白云质灰岩,分布在坝址下游。

　　第四系河床砂卵石层(Q_4^{al}):卵砾石占 60%,粒径一般为 5~25 mm,砂以 0.5~1.0 mm 者居多,岩性成分为灰岩、白岩质灰岩和和玄武岩,厚度为 5~8 m。

　　崩坡积碎块石及黏土(Q_4^{dl+col}):左右岸崩坡积堆积碎块石约占 50%,块径 0.2~2 m,个别 5~10 m。黏土为黄色,零星分布,厚度 5~10 m。

4.4.1.3　坝区地质构造

　　坝址区位于布坑底背斜轴部,岩层近于水平,岩层产状 150°∠10°,倾向下游。裂隙较为发育,主要三组:N40°~60°W/SW∠60~80°,为剪切裂隙,面平直、光滑,擦痕近水平,一般长约 1 m;近 EW/N∠50~80°,为张性裂隙,面粗糙,局部有方解石脉或泥质充填,延伸长 1~3 m;另一组是 N50°~65°E/NW∠70~85°,为剪切裂隙,面平直、光滑,长约 1 m。坝址区未见断层分布。

4.4.1.4　物理地质现象

坝址左岩岸边坡高陡,坡高达数百米,左岸为顺向坡,由于岩层倾角仅 10°,裂隙切割多为陡倾角裂隙,无大断裂破碎带切割,边坡总体稳定,右岸为逆向坡,无不良结构面切割,边坡稳定,但由于左右岸边坡高陡,风化破碎,崩塌和小的滑塌在所难免,左右岸分布较多的崩坡积堆积物即是长期岩体崩塌所形成,崩塌堆积物所形成的局部边坡一般较缓,厚度不大,故边坡基本稳定。

坝址区碳酸盐岩 C_1d 为弱岩溶化岩组,灰岩成分不纯,含较多的白云岩及碎屑岩,岩溶不甚发育,地表仅见小的溶沟溶槽,未见溶洞及岩溶大泉出露。

坝址区岩石风化:岸坡风化较河床风化深,河床岩体为弱风化,深度 10~20 m,微风化深度 20~30 m;两岸强风化深度 15 m 左右,弱风化深度 25~35 m,微风化深度 30~40 m。

4.4.1.5　水文地质条件

坝址区水文地质条件相对较复杂,表层地下水主要类型为第四系孔隙水,下部为溶蚀裂隙水。溶蚀裂隙水主要赋存在大塘组(C_1d)灰岩白云岩地层中,由于岩溶较发育,地下水埋藏较深,由于上布有粉砂质泥岩相对隔水层阻水,孔隙潜水与溶蚀裂隙水无水力联系。根据钻孔揭露,本区岩体透水性较强,钻探失水严重,岩体透水率范围多在 10~100 Lu,为中等透水层。

第四系河床及两岸崩坡积冲积孔隙含水层,其渗透系数达 100~200 m/d,与河水相通的孔隙含水层富水性较好,分布在河床附近。

本区溶蚀裂隙水地下水接受大气降水补给,向下游河床径流及排泄,地下水位变幅较大,泉为季节性泉水,流量为 0~10 L/s,可渡河为本区最低侵蚀排泄基准面。

本区地下水的物理性质为无色、无味、无臭,水温一般在 16 ℃ 左右,化学类型为低矿化度 HCO_3-Ca 型水,对混凝土无侵蚀性。

4.4.2　主体建筑物工程地质条件

主体建筑物有拦河闸坝工程、发电引水系统进水口工程和消能防冲构筑物。

4.4.2.1　拦河闸坝工程地质

设计溢流坝段为混凝土重力坝,非溢流坝坝段为 C15 埋石混凝土重力坝,坝高 26.85 m。坝址地形平缓开阔,河床高程 1 109 m,水面宽约 40 m,河床砂卵石层厚 3~5 m,水深 1~2 m。

钻孔揭露及开挖出露本坝址地层结构较为简单,自上而下主要有碎石土(Q^{dl}),砾石层(Q^{al}),粉砂质泥岩(C_1d^1)、灰岩(C_1d^2)等,现分述如下:

(1)碎石土(Q^{dl}):褐黄色,稍湿、可塑状,主要由碎石、块石夹黏土组成,厚 0~5.50 m,分布于左岸坡脚。

(2)砾石层(Q^{al}):杂色—褐黄色,稍湿—饱和,结构较为松散,粒径一般为 5~10 mm,含量 60%~80%,浑圆状,磨圆度好。主要分布于漫滩及两岸一级阶地,厚 0~3.6 m 局部缺失。漫滩相砾石层几乎不含黏粒,阶地上卵石层中含较多的壤土。

（3）粉砂质泥岩（C_1d^1）：褐色、黑褐色，层理发育，裂隙发育，粉砂质颗粒间胶结较差，质软，强度低，完整性差，遇水软化，钻进时堵水，易缩径。本层钻孔揭露分布连续，厚5.40~22.90 m，揭露标高1 109.30~1 131.80 m，河床部位被冲刷切割变薄，推测勘探线下游不远处尖灭，局部出露地表，强—弱风化。

（4）灰岩（C_1d^2）：灰色、白云岩，中厚层，层状结构，块状构造，节理裂隙发育，方解石脉充填，部分胶结较好。钻进时漏水，岩芯破碎，有掉块及塌孔现象，未发现溶洞。根据岩芯破碎情况及透水性，将该层分为强风化及弱风化两个等级，微风化岩石埋藏较深，钻孔未揭露。钻孔揭露该层埋深8.30~32.00 m，标高1 100.6~1 110.65 m。开挖揭露岩体风化强烈，裂隙发育，有溶蚀现象，溶蚀裂隙充填黄色黏土，宽20~100 cm。裂隙主要有两组，即顺河向及垂直河向陡倾角或垂直裂隙，延伸较长。

坝址区未发现断裂构造，坝址区均出露粉砂质泥岩及白云岩，产状平缓，岩性单一，地质构造简单。坝基岩体左右岸为泥岩，岩性较软。

大坝开挖建基面经开挖到1 098 m后，坝基础为C_1d^2灰岩，岩层产状近于水平，岩体弱风化，力学强度中等，由于坝高仅26.85 m，推力不大，坝基承载力及抗剪强度能满足建混凝土低坝要求。

本坝基压力不大，坝基岩体为灰岩，允许承载力4 MPa，弹性模量12 GPa，强度和刚度能够满足要求，不会产生大的变形稳定问题。

左右岸坝肩由于坝不高，开挖边坡不高，最大开挖边坡20~30 m，无不良结构面切割，岩体风化较强，开挖边坡基本稳定，局部存在小规模的滑塌，但坡高不大，影响不大。

坝址区由于受粉砂质泥岩相对隔水层阻隔，钻孔施工时粉砂质泥岩以上未见地下水，隔水层以上水文地质条件简单。穿过粉砂质泥岩隔水层遇下伏灰岩时漏水，观测稳定地下水位埋深26.50~42.40 m，标高1 083.40~1 100.75 m，低于河水位标高且低于粉砂质泥岩底板标高，为悬托型地下水，隔水层以下水文地质条件较复杂，但与本工程关系不大。推测下层地下水的补充来自隔水层以外的大气降水补给，并向下游河水排泄。

坝基表层岩体透水性较小，水文地质条件较简单，由于上部泥岩隔水层较薄，且被河谷冲刷切割，加上下部灰岩岩体透水性较强，地下水位低，坝体上游回填黏土与泥岩相接形成整体，在其上铺织物布，并覆盖1 m厚钢筋混凝土面板与坝体相连，形成防渗体系。

坝下游消力池基础为石碳系下统大唐组下段白云岩，弱风化，裂隙发育，溶蚀充填黄泥，强度中等，能够满足消力池基础要求。

4.4.2.2　发电进水口工程地质

进水口位于坝左岸上游，经清除覆盖层及强风化层，地层为C_1d黄色粉砂质泥岩，岩层产状平缓，岩体弱风化。地基承载力及抗剪强度能够满足稳定要求。经施工处理后，边坡稳定。

4.4.2.3　消能防冲构筑物工程地质

大坝下游覆盖层及风化层抗冲刷能力低，为防止溢洪道及泄洪闸泄流冲蚀淘刷河床，影响大坝安全，大坝下游设泄流导墙及消力池等对冲刷段河床进行保护。

4.4.3　发电引水系统工程地质条件

发电引水系统包括进水口、引水隧洞、调压室、压力管道及发电厂房,隧洞全长 7 580 m。

4.4.3.1　进水闸

进水闸位于坝左岸上游,底板高程 1 105 m,闸孔口尺寸 5.8 m×5.8 m,1 孔,闸长 22 m,闸基地层为 C_1d 黄色粉砂质泥岩,岩层产状平缓,岩体风化较强,闸基承载力及抗剪强度能够满足稳定要求。

4.4.3.2　引水隧洞(Ⅰ段)

0+000~0+113.89 为引水隧洞(Ⅰ段),为 5.8 m×5.8 m 城门洞形有压隧洞,在 0+101.89~0+113.89 处变为直径 5.5 m,坐落在一级阶地之上,地面高程 1 125~1 140 m,开挖边坡高 15~25 m,表现为第四系松散堆积,上部为粉质黏土,厚约 5.5 m,下部为卵石夹黏土,厚 3.60 m。基岩为 C_1d 黄色粉砂质泥岩,强风化,岩层产状平缓,进口处松散堆积边坡可采用 1:2,岩石边坡可采用 1:1.0。

4.4.3.3　引水隧洞(Ⅱ段)

桩号 0+113.89 ~ 7+156.332 m 为引水隧洞段,长 7 042.442 m,洞底高程为 1 104.95~1 075.65 m,洞断面为 ϕ 5.5 m,至 3+615 m 为马蹄形有压隧洞,3+630 ~ 7+156.332 m 为圆形有压隧洞。

1.进口边坡

据 ZK5 号钻孔揭露表明:进洞口位于一阶地边缘,进口边坡为第四系崩滑堆积物,下部以块石堆积为主,整体完整性较好,堆积物(Q_4^{col+dl}),厚 10~35 m,浅部 0~10.30 m 为碎石土层,结构松散。下部为 C_1d 灰岩,弱风化。进洞口边坡松散堆积物应进行削坡处理,开挖边坡 1:1.2,岩质边坡 1:0.5。

2.进口段(0+113.89~0+310.145 m)

该段洞身穿越 C_1d 灰岩地层,地形标高 1 148.8~1 555.4 m,隧洞埋深 37~443.70 m;本段大部分顶板厚度较薄,卸荷裂隙发育,岩层产状平缓,岩层走向与洞轴向交角较大,主要结构面为层面及节理裂隙面,主节理以 NWW 大部分顶向陡倾角节理及 NNE 角节理及向缓倾角节理较为发育。断裂不发育,且规模较小。地下水主要为基岩裂隙水,水文地质条件较简单。围岩为Ⅲ类缓倾围岩,为稳定性较差、稳定性差类。进口由于岩体风化稳定性较差,需进行衬砌。

3.0+310.145~0+800 m 段

该洞段为浅埋段,围岩为 C_1d 灰岩、白云岩,为Ⅱ类围岩,基本稳定,岩体弱风化,裂隙发育,局部须进行喷锚支护。

4.0+800~3+615 m 段

该洞段地形标高 1 555.4~1 310 m,隧洞埋深在 196~443.70 m,顶板厚度较大。先后穿越地层为大塘组 C_1d、摆佑组 C_1d、黄龙群 C_2hn、马平群(C_3mp),岩层为灰岩、白云岩。隧道围岩埋藏较深,除构造及岩溶发育部位外,深部岩体受物理地质作用小,岩体新鲜完整,强度较高,单轴湿抗压强度大于 60 MPa,单位弹性抗力系数 50~60 MPa/cm,坚固系数

$f=4 \sim 6$，弹性模量 15 GPa，围岩分类属 I 类围岩，加上洞轴线与岩层走向交角较大，围岩稳定性好。

本段可溶岩部位，各种岩溶形态如溶蚀洼地，落水洞、溶洞、岩溶管道、溶沟溶槽等均可见到，岩溶发育有如下规律：①岩溶发育与岩性关系密切，其中 C_2hn、C_3mp、P_1q 及 P_1m 灰岩较纯，岩层较厚，岩溶十分发育。②岩溶形态发育多沿构造结构面发育，如溶沟溶槽及溶洞多沿层面发育。③岩溶发育受地形地貌控制，分水岭部位以垂直岩溶为主，排泄区以水平岩溶为主。

岩溶洞穴及岩溶泉出露高程多在 1 000 ~ 1 200 m，岩溶泉流量 1 ~ 300 L/s。岩溶裂隙水及岩溶水接受大气降水补给，向河床方向径流及排泄，地下水位坡降较大，为 5% ~ 10%。

由于岩溶发育，该洞段应注意岩溶涌水问题，应加强施工排水措施及岩溶水的监测预报工作。

本区地应场根据响水电站施工情况初步分析，以自重应力为主，构造应力不大，地应力水平中等。由于围岩强度较高、埋深大、局部地段地应力较大，可能发生岩爆等现象，可进行必要的防护。

5. 3+615 ~ 4+850 m 段

隧洞穿过马平群（C_3mp）灰岩、梁山组（P_{11}）石英砂岩、砂岩、页岩及碳质页岩及煤线，岩性较软，围岩稳定性差，应加强支护。还可能含有有害气体，应加强有害气体的监测和通风排烟措施。

本段 3+615 ~ 4+115 穿越一断裂构造（F_1 断层），断层走向 30° ~ 50°，倾角 85°，与隧洞走向大角度斜交。断层性质为逆断层，断层破碎带影响宽度约 40 m，施工穿越断层破碎带时，围岩稳定性较差，应加强防水及施工支护等必要的防护措施。

6. 4+850 ~ 6+200 m 段

该洞段为栖霞、茅口组（P_1q-m）灰岩、白云岩段，含燧石结核，埋深大，岩体新鲜完整，属 II 类围岩，基本稳定。岩溶发育，水文地质条件复杂，应加强预报和排水措施。由于埋深大，岩石坚硬，可能产生岩爆现象，应坚强支护。

7. 6+200 ~ 7+156. 332 m 段

该段地形标高 1 450 ~ 1 158 m，洞体埋深 380 ~ 88 m，穿越地层为 P_2 越地、P_2 越地拉斑玄武岩及火山凝灰岩，玄武岩岩体新鲜完整，岩石质地坚硬、强度较高、渗透性微弱，岩体透水率小于 10 Lu。单轴湿抗压强度 100 MPa，坚固系数 $f=8 \sim 12$，单位弹性抗力系数 100 MPa/cm，弹性模量 15 MPa，围岩属 II 类围岩，基本稳定。火山凝灰岩强度较低，易风化，属 III 类围岩，稳定性较差。受区域构造影响，岩体中两组剪切结构面最为发育：①NW20 稳 ~ 4020 稳定 ∠402 ~ 502；②NE50 稳 ~ 7050 稳定 ∠705 ~ 805。受节理裂隙及物理地质作用影响，洞体浅埋部位，风化破坏强烈，围岩稳定性较差，需进行衬砌。

4.4.3.4　调压室

调压室坐落在邓家寨小山包，地面高程 1 132 m，地形开阔，可在该小山包上开挖建调压室，岩层为 $P_2\beta^3$ 灰绿色-黄褐色玄武岩，孔深 30 m 以下有一层厚约 6 m 的红褐色凝灰岩，岩体强风化，裂隙发育，岩体强度较低，36 m 以下为玄武岩，岩芯较完整，风化微弱，岩体透水率小于 10 Lu,强度能够满足要求。

4.4.3.5 压力管道

压力管道有明管方案和地下暗管方案,两种方案的比较如下所述。

(1)压力明管位于小山脊上,长约 420 m,边坡坡度约 35°,岩层为 $P_2\beta^3$ 灰绿色-黄褐色玄武岩及凝灰岩,岩层倾角 30°,岩体强风化或弱风化,强风化深度 10~20 m,弱风化深度 20~30 m。压力明管基础边坡稳定,无大的断裂发育,支墩基础挖至强风化层,镇墩基础挖至弱风化岩石强度能够满足要求,岩石与混凝土抗剪强度:$f' = 0.45$,$C' = 0.1$ MPa,水文地质条件简单,岩体透水率小于 10 Lu。

(2)压力暗管位于调压室下部山体内,岩体为 $P_2\beta^3$ 灰绿色-黄褐色玄武岩及凝灰岩,孔深 36 m 以上岩体风化强烈,36 m 以下风化微弱,岩体较完整,岩体透水性弱,由于上部压力较小,虽然岩体较差,但可满足要求,下部岩体较好,属Ⅱ类围岩,但压力大,须进行钢衬,基本可满足要求,但对于凝灰岩,强度较低,属Ⅲ类围岩,需进行加固处理。玄武岩(新鲜):单位弹性抗力系数 100 MPa/cm,弹性模量 15 GPa,坚固系数 $f = 8~10$;凝灰岩:单位弹性抗力系数 15 MPa/cm,弹性模量 2 GPa,坚固系数 $f = 2~3$。

4.4.3.6 厂房

厂房位于河左岸,自然边坡 30°左右,坡高近 200 m,表层有 0~20 m 不等的黏土及碎石覆盖层,下部地层为 $P_2\beta^3$ 灰绿色-黄褐色玄武岩,岩层产状 NE30°/SE∠30°,岩体较完整,风化微弱,无不良结构面切割,边坡稳定。

厂房自然边坡 30°左右,天然边坡基本稳定,基岩岩体透水性微弱,水文地质条件简单,厂房基础开挖至弱风化岩体,单轴抗压强度大于 40 MPa,允许承载力 2.5 MPa,能够满足地基强度要求,人工边坡为顺向坡,加上裂隙切割,厂房后缘可能产生顺层滑坡,应注意开挖边坡不宜过陡,必要时须进行加固处理。

4.5 天然建筑材料

本工程天然建筑材料用量不大,土料及砂砾石骨料等均可就近开采,亦可采用隧洞灰岩开挖料作混凝土人工骨料,质量和储量能够满足要求,开采运输方便。

4.5.1 砂料

坝址上游河床分布有较多砂卵石河漫滩,储量大于 20 万 m³,质量较好,由于本工程所需混凝土骨料不多,能够满足要求,开采方便,运输较近,大坝混凝土骨料亦可采用隧洞开挖料,质量和数量能够满足要求。厂房混凝土骨料可采用都格大桥下游左岸河漫滩砂卵石料,质量和数量能够满足要求。

4.5.2 土料

本工程坝址上游泥猪河村一带为河谷一级阶地,分布较多的黏土,围堰所需土料量不大,可就近采泥猪河村一带的黏土,质量较好,储量大于 1 万 m³,开采运输方便。厂房围堰所需土料可就近开采厂房下游左岸一级阶地上部黏土,质量和数量能够满足要求。

4.5.3　石料

坝址附近及引水隧洞分布较多的灰岩,可作为混凝土人工骨料,质量、储量均能满足要求。引水隧洞灰岩开挖料可以利用。

4.6　评价与建议

(1)工程所处区域地震动峰值加速度为 0.10g,地震动反应谱特征周期 0.40 s,相应地震基本烈度为Ⅶ度,区域构造稳定性较差。水库抬高水头小,无活动性断层分布,水库诱发地震的可能性很小。

(2)坝址基岩工程地质条件能满足建低坝地质要求。施工阶段,根据开挖揭露地质条件,做了适当建基面调整处理,满足建低坝设计要求;大坝下游设置了消能防冲工程措施,起到了对坝基下游的抗冲保护作用。取水口及大坝两岸边坡稳定。

(3)坝址区岩溶弱发育,坝基岩体透水性受岩体的风化及层面控制,已经适当开挖将坝基置于弱风化岩体,基本满足低水头防渗及渗流要求。

第 5 章　工程设计

5.1　初步设计主要成果简述

可渡河泥猪河水电站工程初步设计主要成果为:水电站为可渡河流域梯级开发的第 10 级引水式水电站,坝址以上集雨面积 2 975.8 km²,正常蓄水位 1 117.20 m,装机容量 10.2 万 kW,最大发电引水流量 65.19 m³/s,年利用小时数 3 118 h,电站多年平均发电量 3.179 9 亿 kW·h。经坝址和坝线技术经济比较,推荐上坝址上坝线为工程选定坝线。工程枢纽布置由拦河闸坝、左岸岸坡式进水口、发电引水隧洞、调压室、压力钢管、主副厂房、开关站等建筑物组成。拦河闸坝由左岸河床段 2 孔冲沙闸、右岸河床段自由溢流坝及两岸非溢流坝段等组成。

5.2　主要建筑物设计

大坝坝址位于可渡河狭谷进口上游 250 m、泥猪河村下游 400 m 的河道转弯处,该处河床宽 80 m,河底面高程 1 109.2 m,河道右岸山体较陡,左岸为一滩地,滩地高程 1 125~1 135 m。发电取水口位于大坝左岸上游,后接 7.58 km 的输水系统至都格乡邓家寨,电站厂房位于都格乡上游可渡河峡谷出口左岸。

从左至右共分 8 个坝段,1#、2#、7#、8# 坝段为岸坡挡水坝段,3#、4# 坝段为平底闸泄水坝段,5#~6# 坝段为溢流滚水坝段。

5.2.1　挡水建筑物

1#、2#、7#、8# 挡水坝段采用常规混凝土重力坝型断面,为使工程经济合理,并减小温度控制方面投资,主体建筑材料参考类似工程采用 C15 埋石混凝土,埋石比例为 15%。

按校核洪水位 1 122.82 m、安全超高、风浪高所计算的坝顶高程结合最高水面线不触及平底闸门机轨道梁的要求确定坝顶高程 1 124.85 m。

挡水坝段迎水面为直墙面,背水坡面坡比为 1:0.75。

由于闸坝泄水建筑物只保证 20 年一遇洪水不淹没泥猪河村,但村庄临河侧需设置防洪墙。防洪墙的设计防洪水位 1 122.82 m,墙顶高程 1 123.85 m,墙底高程 1 119~1 124.0 m。防洪墙采用 M10 浆砌石砌筑,墙顶宽 0.8 m,墙背坡 1:0.4,墙体高度超过 3.0 m 时,墙背应回填石渣土以保证墙体稳定。

5.2.2　泄水建筑物

依据《水电水利工程泥沙设计规范》(DL/T 5089—1999)的规定"排沙水位的泄洪能

力,应不小于二年一遇洪峰流量"。

根据规划:二年一遇的洪峰流量 600 m³/s,死水位(或称排沙水位)1 115.0 m,进水口满发引用流量 65.19 m³/s。

根据水力计算对应死水位 1 115.0 m 工况:1 孔净宽 12 m,坝后水位 1 113.25 m,单孔闸的泄洪能力为 274.6 m³/s;2 孔净宽 24 m,坝后水位 1 114.20 m,2 孔闸的泄洪能力为 497.1 m³/s;3 孔净宽 36 m,坝后水位 1 114.65 m,3 孔闸的泄洪能力为 587.6 m³/s;故依据规范对排沙的要求及水力计算拟定泄洪冲沙闸的闸孔宽度为 3 孔净宽 36 m,对应死水位时 3 孔闸的泄流能力(加发电流量)为 653 m³/s,大于二年一遇洪峰流量 600 m³/s。

由水位流量关系推求确定滚水坝堰顶高程为 1 117.2 m,溢流面宽 30.5 m;平底闸底板高程 1 109.2 m,闸孔总宽 36 m。

考虑发电进水口位于闸坝左岸,故将 3 孔 12 m 宽孔口的平底闸靠左岸布置,以解决发电洞进口的排淤、排沙问题。3 孔平底闸坝段横向长度 45.0 m,其边墩、中墩厚度分别为 2.0 m 和 2.5 m;闸顶高程 1 124.85 m,水闸建基面高程为 1 106.2 m,承台底板厚 3.0 m;顺河床纵向依据稳定和弧门结构布置确定其底宽 23.0 m。

5#、6# 滚水坝段横向长度 30.5 m,其边墩、中墩厚度为 1.0~2.0 m;坝顶高程 1 124.85 m;顺河床纵向依据稳定和结构布置确定其底宽 23.0 m。滚水坝建基面高程为 1 104.5 m,承台底板厚 2.5 m。大坝上游面垂直,坝顶宽 6.0 m,下游坡 1:0.75;无闸门控制的溢流坝段,堰顶高程为 1 117.2 m,溢流面采用 WES 堰型,堰面曲线方程 $Y = 0.133\ 665\ 5X^{1.85}$。

考虑抗冲耐磨,冲沙闸底板和滚水坝面层 1.5 m 采用 C25 混凝土。

为维持河道的生态基流,靠左岸 3# 坝段 1 109.5 m 高程设置一根内径为 70 cm 的钢管。

泄洪排沙闸闸门运行管理方式如下:

当来水流量小于发电引用流量 65.2 m³/s 时,来水量全部用于电站发电,当来水量大于发电引用流量 65.2 m³/s 小于 653 m³/s 时,降低水位至排沙水位(死水位)1 115.0 m 运行,首先开启 2# 中孔泄洪排沙(局开至全开),当来流量大于 340 m³/s 时,2# 中孔全开时泄流能力仍将不足,此时需再逐步对称开启 1#、3# 边孔,直至全开 3 孔闸泄洪,控制库水位 1 115.0 m。

当洪水流量大于 653 m³/s 小于 1 211 m³/s 时,除电站满发外,3 孔闸全开敞泄,库水位在死水位 1 115.0 m 至正常蓄水位 1 117.2 m。

当洪水流量在 1 211~3 520 m³/s 时,除电站满发外,3 孔闸全开敞泄,多余水量由滚水坝下泄,库水位在正常蓄水位 1 117.2 m 至校核洪水位 1 122.82 m。

当库水位降至 1 117.20 m 时,各闸门逐步关闭挡水发电。

5.2.3　消能防冲构筑物

依据闸坝 30 年一遇设计洪水标准及常年洪水的消能防冲设计,消力池长 45 m、深 3.5 m。考虑抗浮需要确定前块池底板厚度 2.0 m,后块池底板厚度 1.5 m。考虑抗冲耐磨,池底板采用 C25 混凝土,底板设置 ϕ5 cm 底@2.5 m 排水孔,池底板下覆 10 cm 厚 C10

混凝土垫层和 60 cm 厚三级反滤砂石料层。

平底闸进口布置 15 m 长 60 cm 厚 C15 混凝土板防止水流淘刷河床,消力池后布置 10 m 长、50 cm 厚浆砌石护坦。

鉴于坝址基础及两岸覆盖层较厚、地基承载力较低的特点,为保证泄水导墙的稳定,导墙高度不宜太高,岸坡防护方式应采用砌石护坡型式为主。具体护岸采用 30~50 cm 厚 M10 浆砌石护坡,下覆砂石垫层 10 cm,护坡坡比 1:2。

5.2.4 引水建筑物

有压引水洞线总长 7.58 km,主要由进水闸、输水暗涵、压力隧洞、调压室(含检修门槽)和压力(含钢内衬)管道等组成。

5.2.4.1 进水闸

1. 发电进水塔

进水塔布置在溢流坝段左侧非溢流坝段前,进口段暗涵为城门洞形,城门洞形断面尺寸 5.8 m×5.8 m(宽×高),根据闸室结构布置和稳定要求确定闸室总长 22 m;根据规范淹没深度的要求复核闸底板高程为 1 105.0 m;根据计算的坝顶高程,结合现场左岸坝头地形和交通等综合拟定进水闸顶高程 1 124.50 m。闸室内设置进口事故工作闸门,工作门 1 块,单块尺寸 5.8 m×5.8 m(宽×高)。闸室进口前缘设置 2 块 5 m×10 m(宽×高)拦污栅,倾角 80°,设计过栅流速 0.97 m/s,工作平台 1 124.5 m 高程设置有抓斗式清污机和工作门启闭排架。

2. 闸前引水渠

拦砂坎顶高程 1 112.5 m,坎顶过流宽度 40 m,计算表明拦砂坎过流能力均大于发电引用流量。

泄洪闸底板高程 1 109.2 m 与右岸河床平齐,可有效地减小右岸进水口前淤积。

为防止大颗粒泥沙进入发电机组,并拦截河床的推移质,类似的工程设计是拦砂坎的高度通常比河床底高 2~3 m。本工程河床高程 1 109.2 m,坎顶高程 1 112.5 m,符合拦砂坎的常规设计。

发电引水时,坎顶流速值在 0.18~0.40 m/s,查《水力计算手册》可知:该范围内流速值,对直径 0.25 mm 以下细砂可以过坎,中砂、粗砂、卵石等大颗粒径泥沙大都不会过坎而进入发电引水隧洞。为减小粗颗粒泥沙进入机组,洪水期间,运行极限最低水位不宜低于 1 115.0 m。

由于拦砂坎顶 1 112.5 m 高出进水塔底板高程 1 105.0 m,进口引渠底板拟采用 40 cm 厚 C15 混凝土按 1:3 坡比护砌至进水闸。两侧边坡按 1:2 坡比采用 40 cm 厚浆砌石护岸,下覆砂石垫层 10 cm。

5.2.4.2 引水暗涵及压力隧洞

1. 压力引水暗涵(桩号 0+022~0+102 m)

进水口后接长约 80 m 的输水暗涵。由 10 m 长的方形断面渐变为 5.8 m×5.8 m 的城门洞形断面。暗涵均采用 C25 钢筋混凝土结构,壁厚 1.1~1.5 m。

引水暗涵穿过可渡河一级阶地,阶地地面高程 1 125~1 135 m,浅部地层为第四系松散堆积,厚5~10 m,下部为C_{1d}褐黄色粉砂质泥岩及灰岩,强—弱风化,岩层产状平缓,地基承载力可满足要求,但成洞条件较差,拟自上而下开挖至设计高程,待引水暗涵钢筋混凝土工程施工完毕后,回填至原地面高程。松散堆积临时开挖边坡采用1:1.2。

2.压力引水隧洞(桩号0+102~7+581.5 m)

暗涵后接引水压力隧洞,进口处洞中心高程1 104.95 m,调压室处洞底高程1 075.65 m。平面上共由六段折线段组成,洞线转折处以中心半径50 m和25 m的圆弧段连接。隧洞第一段桩号为0+102~0+269.7,第二段桩号为0+310.1~6+673.9,第三段桩号为6+705.5~6+948.9,第四段桩号为6+965.0~7+120.9,第五段桩号为7+154.5~7+436.8,第六段桩号为7+452.3~7+581.5。

隧洞施工方案为两端头进洞,分别为大坝坝头处和上平洞的邓家寨支洞7+006.9处。由于洞线较长,为方便施工期排水,沿洞线共设两种纵坡,桩号0+102~3+615段洞底纵坡较缓,以方便施工期自流排水为控制,采用2/1 000;3+615至6+965段洞底纵坡0.659/1 000。

上平洞有压洞洞径选取ϕ5.5 m洞径为混凝土衬砌洞段的设计洞径,鉴于锚喷洞段糙率值较大,为减小水头损失,调整设计洞径为6.0 m。为方便施工交通,桩号0+113.89~3+615.0 m段有压洞断面等截面换算为马蹄形断面,马蹄形断面的最大承压水头仅为25.0 m左右,故该段采用马蹄形断面可行;桩号3+615至调压井段断面结合揭露的地质条件采用ϕ调压井~ϕ6.0 m的过流断面。

下平洞最大水头218.54 m(含水击水头),钢内衬直径5.0 m,设计流量63.0 m³/s,设计流速3.21 m/s,符合压力钢管经济流速(3~5.0 m/s)的经验值。

引水压力隧洞采用圆形隧洞,本工程引水压力隧洞长约7.08 km。总体来说,引水压力隧洞工程地质条件较好,多属深埋的Ⅱ类围岩,覆盖层厚度能满足规范要求,围岩稳定性好,局部为Ⅲ类围岩。岩层产状平缓,走向与洞轴向交角较大,成洞条件较好。为节约投资,同时考虑到洞长很长,仅以现有的地勘资料,难以准确判断隧洞的成洞条件。因此,依据现场开挖揭露的地质条件确定隧洞开挖断面和衬砌厚度。

进洞口0+102~0+310 m,围岩类别Ⅲ~Ⅳ,隧洞设计净断面ϕ5.5 m,C20钢筋混凝土衬砌厚度为0.6~0.4 m,以衬砌厚度0.4 m为主。

桩号3+615~4+850段,覆盖层厚,围岩类别Ⅲ~Ⅳ类(穿越F1断层,可能夹有碳质页岩及煤线,岩性较软,围岩稳定性差),隧洞设计净断面ϕ5.5 m,C20钢筋混凝土衬砌厚度0.4 m。

桩号0+310~3+615、4+850~6+673.9段,覆盖层较厚,围岩类别Ⅰ~Ⅱ类(岩层以灰岩、白云岩为主,为强岩溶化地层,围岩稳定性好),故主体隧洞设计净断面ϕ5.5 m,喷7.5 cm厚C20聚丙烯纤维混凝土,表面抹光(局部需挂网洞段锚喷厚度10 cm);如地质揭露地质条件较差,则采用C20钢筋混凝土衬砌厚度0.4 m,根据现场专业人员建议适时调整开挖断面。

邓家寨6+673.9~7+581.5段侧向覆盖层厚度100 m左右,且围岩类别多为Ⅲ~Ⅳ类(灰绿色-黄褐色玄武岩及凝灰岩);故采用6+673.9~7+175.532(调压井),隧洞设计净断面ϕ5.5 m(含渐变段),采用C20钢筋混凝土衬砌厚度0.4 m;7+175.532(调压井)~7+

520.6(岔管起点)段隧洞设计净断面ϕ5.0 m,采用 C25 钢筋混凝土衬砌厚度 0.8 m(主体含 20 mm 厚钢内衬);7+520.6(岔管)至厂房 7+581.5,隧洞设计净断面ϕ5.0~2.2 m,采用 C25 钢筋混凝土衬砌厚度 1.0 m(含 18~36 mm 厚钢内衬)。

依据规范和岔管部位水头,初拟岔管结构型式为"月牙肋"。依据岔管钢衬的结构分析计算:岔管部位钢内衬 36 mm 左右,需在做好周围灌浆的同时,配制足够的径向钢筋。考虑钢管锈蚀厚度,钢管壁厚取 36 mm。混凝土衬砌钢筋较密,岔管段采用 C30 纤维混凝土,以减小钢筋用量,方便混凝土振捣。

岩洞的钢筋混凝土衬砌时宜沿洞线间隔 10~15 m 左右设置一道环向变形缝,缝宽 2 mm,嵌设止水铜片,并采用沥青油毡贴缝面处理。

下平洞地表高程 1 120.0~970.0 m,则剔除地表覆盖土层后的岩石盖层厚度 D 为 193~43 m;下平洞最大水头 $H=218.84$ m(含水击),则下弯段洞线以上 $D<0.4H=87.4$ m,故按规范调压井以后应采用钢衬处理。

为减小高压管道的外水压力,沿"泥-初-厂-水工-01#"图所定洞线向在 948.0 m、1 013 m、1 093 m 高程附近设 3 个排水平洞,平洞高程可结合现场交通情况适当调整。

为确保调压井后压力管道的抗内压和外压的稳定,将对调压井后特别是钢岔管段的钢衬厚度及钢管稳定等按规范做进一步复核。

初步进行压力隧洞衬砌统计:进口暗涵段长约 80 m,钢筋混凝土衬砌段长 2 136 m,锚喷段长度 5 210 m,钢内衬段长 315 m,锚喷段长度约占洞线总长的 68.7%。

本工程洞线较长,为方便检修排水等需要,上平洞邓家寨 1# 支洞堵头内布置ϕ0.8 m 放空钢管,进人门尺寸ϕ0.8 m。依据管口出流公式采用ϕ0.8 m 放空钢管初步推算管道检修的放空时间为 9.83 h。靠厂房的下平洞施工支洞堵头内设置进人孔。另依据规范规定在喷锚段末端设置 2~3 个集渣坑,坑槽平面尺寸 2 m×2.0 m,坑深 1.5 m。

3. 调压室

调压室中心位于桩号 7+175.532 处,距厂房 407 m 左右,位于都格乡邓家寨背侧的山坡上,所处地表高程 1 132 m 左右,调压室所在地形相对平缓开阔,第四系残积土层较薄,局部基岩裸露,钻孔揭露地层为 $P_2\beta^3$ 玄武岩夹火山角砾熔岩,岩体强风化—弱风化,岩体强度能够满足要求,边坡稳定。距离交通道路较近,管理维修较方便。

调压室为 C25 钢筋混凝土结构,壁厚 0.8 m。围岩进行固结灌浆处理,孔距、排距都为 3.0 m,孔深 3.0~5.0 m,布置随机锚杆。

4. 压力管道

调压室后接压力管道,平面为两段缓夹角的折线形布置,压力管道采用三机单管分岔引水布置方式。采用主管集中引水,主洞内径 5.0 m,至厂房附近再分岔供水至 3 台机组,支洞内径 2.2 m,洞中心轴线距同机组间距,为 11.0 m,至高程 917 m 后水平与厂房连接。主体采用 C25 钢筋混凝土联合钢管衬砌,混凝土衬砌厚 1.0 m,钢衬厚度 18~30 mm。

5.2.5　电站厂房及开关站

调压室布置在都格乡邓家寨背侧的山坡上,地表高程 1 132 m 左右。该处坡度较缓,交通方便,适宜布置调压室。

发电厂房位于可渡河峡谷出口左岸,距都格乡 600 m 的可渡河左岸,为地面式厂房。其下游 500 m 的河对岸为已建响水电站。

5.2.5.1 电站厂房

厂区地面高程为 930~940 m。由主厂房、副厂房、尾水渠、变电站等建筑物组成,沿北盘江一字形布置。安装间位于主厂房左侧,副厂房位于主厂房靠上游侧,主变、变电站位于厂房左侧。

主、副厂房及安装间轮廓尺寸总长 50.5 m,宽 23.8 m(不含尾水闸墩),高 38.3 m。主厂房内装 3 台单机容量 34 MW 水轮发电机组,1 台桥式起重机。进水管内径 $\phi 2.2$ m,管中心高程 917.0 m。蝶阀层高程 913.9 m,水轮机层高程 919.0 m,发电机层高程 926.1 m,地面安装间层高程 933.3 m。

主厂房建基面高程为 909.3 m。

安装间位于主厂房的左侧,自下而上分三层,第一层与水轮机层同高,为 919.0 m,第二层楼面高程为 926.1 m,第三层为安装场层,楼面高程 933.3 m,安装间平面尺寸为 23.8 m×13.5 m(长×宽)。

主厂房与安装间之间设伸缩缝,缝内设止水铜片和止水橡皮止水。为了满足主要设备起吊,确定吊车轨道高程为 943.3 m。根据桥式吊车运行需要确定主机间、安装间屋顶大梁底面高程为 947.60 m。

稳定计算表明:主厂房抗滑、抗浮安全系数均满足规范要求,基础岩石强度较高,承载力满足建筑物需要,为使基础不产生拉应力,建议厂房基础的尾水管底板采用分离式底板。

根据厂房地形实测河道断面底宽 38.5 m,两岸边坡平均坡比为 0.75,河道糙率取 0.035,复核厂址处设计特征水位下河道的行洪流量均略大于设计洪量,故厂址处的河道行洪能力满足设计洪水的下泄。

5.2.5.2 开关站

为减小厂房开挖,两台主变布置在安装间右后角,地面高程为 933.1 m。

开关站布置在主厂房下游地形较平坦开阔地,距主变约 115 m,平面尺寸为 28 m×48.4 m,开关站地面高程为 958.00 m,周围设置砖石围墙。

5.2.5.3 进厂交通

电站厂房下游 600 m 即为都格乡政府所在地,地面高程为 935 m,可沿河左岸往上游修挖一条至厂内公路,路宽 8 m,进厂公路地面高程不低于 933.3 m。

5.3 设计变更和重大技术问题处理

5.3.1 设计变更

在工程实施阶段,针对外部边界条件、现场地形地质条件变化以及参建单位提出需要修改的内容等。

5.3.1.1　拦河坝(重力式闸坝)

1. 拦河闸坝建基面变化

根据河床基础开挖揭露的基岩面的实际高程和相应地形、地质条件,河床建基面由原设计的 1 106.00 m 高程下挖至 1 098.00 m 高程,取消桩基,用埋石混凝土回填。

2. 泄水建筑物布置变更

初步设计采用的泄水建筑物布置为 45 m 宽自由溢流坝+2 孔 12 m 宽平底闸,施工图设计变更为 28.5 m 宽自由溢流坝及 3 孔 12 m 宽平底闸,增大了闸室段的泄流能力,因此水库特征水位产生变化,相应坝顶高程由初设 1 125.5 m 变更为 1 124.85 m。

3. 闸坝建基面及基础处理设计变更

初步设计右岸溢流坝段的建基面高程为 1 104.5 m,左岸 3 孔泄洪闸坝段的建基面高程为 1 106.2 m。基础处理方案为采用灌注桩处理下覆泥岩。

2009 年 12 月,大坝左岸基坑开挖达到高程 1 106 m 时,揭露的地层情况为河床砂砾石层厚约为 3 m,泥岩厚度 3~4 m,比以前预计的泥岩厚度约 8 m 有较大出入。下部灰岩、白云岩十分破碎,风化溶蚀强烈,多充填黄泥,性状较差。根据在坝基的探坑揭露,高程 1 098 m 以上岩石条件较差,建议建基面高程调整为 1 098 m,取消桩基方案。调整方案如下:

(1)闸坝及溢流坝建基面开挖高程更改为 1 098 m。

(2)上游按 1:0.5 的坡比,下游按 1:1 的坡比开挖边坡至设计高程。

(3)2# 和 7# 岸坡坝段按 1:0.5 的坡比开挖至 1 098 m 高程。

(4)保留 2# 和 7# 岸坡坝段的固结灌浆,取消其他坝段的固结灌浆。

4. 坝前铺盖变更

初步设计平底闸进口布置 15 m 长、0.60 m 厚的 C15 混凝土铺盖,施工图设计改为 3 m 厚黏土,护砌长度改为 30 m。黏土层间夹设土工布防渗,上部设置 1.0 m 厚格宾网护坦防冲刷。格宾网护坦石料粒径为 100~200 mm。

5. 消力池布置变更

初步设计消力池长 40 m,池深 3.50 m,消力池后布置 10 m 长、0.30 m 厚的浆砌石护坦。施工图设计变更为池深 0.5 m,水平段池长 33 m,消力池后布置 10 m 长、0.50 m 厚的浆砌石护坦。

5.3.1.2　引水建筑物(进水口)

发电洞进水口底板高程由 1 105 m 提高到 1 108 m;相应死水位由 1 115 m 抬高到 1 116 m。

原设计发电洞进水闸底板高程 1 105 m,开挖建基面高程 1 103.5 m。

2010 年 9 月,发电洞进水闸开挖到 1 108 m 时,揭露的地质条件已满足设计要求。在进水闸后 0+045 m 处混凝土涵洞的底板高程在施工时已实际提高到 1 108 m,与原设计的进口底板高程 1 105.0 m 不符,根据业主的意见,城门洞前的底板高程按 1 108 m 设计,因此设计单位发设计通知调整发电洞进水闸相关高程,进水闸底板高程调整为 1 108.0 m,开挖建基面高程 1 106 m。据此,根据发电洞进口淹没深度的要求,进口闸门段的断面由 5.8 m×5.8 m 修改为 8.2 m×4 m(宽×高),闸室进口前缘的 2 块 5 m×10 m(宽×高)拦污栅尺寸修改为 6.2 m×8.5 m。

同时考虑底板抬高至 1 108 m 后,隧洞顶部高程为 1 114.0 m,距原设计死水位 1 115 m 仅 1.0 m,不满足《水工隧洞设计规范》(SL 279—2002):4.1.2　有压隧洞严禁出现明满流交替运行的运行方式,在最不利运行条件下,洞顶以上应有不小于 2.0 m 的压力水头的要求。且该条为强制性条款。因此,本次复核要求将死水位提高至 1 116.0 m 以满足规范强制要求。死水位提高后,正常蓄水位不变,造成的不利影响是调节库容相应减少,但本工程为径流式电站,原设计调节库容为 14.8 万 m^3,如不考虑来水,仅靠调节库容,仅能满足 3 台机满发约 37 min,提高死水位至 1 116 m 后,仅能满足 3 台机满发约 20 min。因此,径流式电站主要靠径流发电,提高死水位对整体发电影响不大。同时死水位抬高后由于冲沙闸的泄流能力加大,更利于排沙。

进水闸位于坝左岸上游,底板高程 1 108 m,闸孔口尺寸 8.2 m×4 m,1 孔,闸长 22 m,设计修改后,满足发电洞进口进水条件的要求。

5.3.1.3　接入系统变更

接入系统由南郊 220 kV 变电站变为凤凰 110 kV 变电站。

泥猪河水电站 3×34 MW 工程接入系统设计工作已于 2007 年 6 月完成并通过贵州电网公司组织的专家审查。2007 年 8 月 4 日贵州电网公司计划发展部以电计〔2007〕158 号文下达了《关于下达六盘水可渡河泥猪河水电站 3×34 MW 工程接入系统设计审查意见的通知》。明确泥猪河水电站出 110 kV 一种升高电压等级接入系统。最终出 110 kV 线路一回至六盘水南郊 220 kV 变电站 110 kV 母线,新建线路长度约 28 km,导线 LGJ-400 mm^2。

由于泥猪河水电站投产期滞后(原计划 2009 年投产)未按期接入,六盘水供电局负荷快速增长及电网规划不断更新;一批新建项目相继投产投运,南郊 220 kV 变电站地处六盘水市区,预留给泥猪河水电站接入的 110 kV 间隔出线走廊困难。而且,按照水电站接入系统应遵循就近接入的原则,使得泥猪河水电站接入系统方案需要重新进行补充论证。

根据已审定的《六盘水电网"十一·五"规划》和泥猪河水电站在电力系统中的作用、送电方向、输电容量和输电距离。经过对接入系统补充方案论证,2009 年 7 月《可渡河泥猪河水电站工程接入系统补充方案论证》报告提供的接入系统的资料确定泥猪河水电站接入系统最终方案为:泥猪河水电站以 110 kV 一级电压接入电网,电站 3×34 MW 机组通过(1×40+1×80)MVA 2 台三相双圈变压器接入水电站 110 kV 母线,110 kV 出线 1 回至拟建的凤凰 110 kV 变电站 110 kV 母线上。导线型号 LGJ-400 mm^2,长度约 25 km。由于拟建的凤凰 110 kV 变电站电源是"Ⅱ"接于水城 220 kV 变至石龙 110 kV 变 110 kV 线路上,导线截面 185 mm^2 偏小,需要对"Ⅱ"接点至水城 220 kV 变侧线路进行改造,将 185 mm^2 导线截面改为 240 mm^2。改造部分线路长度约 3 km。

5.3.2　重大技术问题处理

5.3.2.1　闸坝基础处理

1. 闸坝桩基础

坝轴线部位河床宽 80 m,河底面高程 1 109.2 m。

由于闸坝基础坐落在粉砂质泥岩上,而泥岩覆盖层厚,承载力仅为 130 kPa,由稳定计算复核闸坝基础承载力和抗滑均难以满足规范要求,故建基面采用 1~3 m 厚 C25 钢筋混凝土承台底板,底板下布设 ϕ90 cm 间排距 4.0~5.0 m 的 C25 混凝土挖孔桩基,设计桩长 7~22 m。桩基布设后,闸坝水平推力、压应力将由基础桩基承担。

2. 闸坝基础灌浆

泥猪河水电站坝体较矮,坝基上覆砂砾、泥岩厚度约 9.2 m,下覆石炭系下统大塘组 (C_1d) 粉砂质泥岩,厚 22.9 m,其下部为大塘组 (C_1d) 灰岩及白云岩,厚度大于 20 m。基础处理后的桩基础承载力满足建筑物的承载要求。但对闸坝基础存在与泥岩接触面渗漏的可能;故在闸坝前后各采用 3 排 3~6 m 深的固结灌浆孔兼帷幕灌浆一并处理。

具体灌浆孔布置在闸坝的坝踵和坝趾部位,帷幕孔间排距 2.5 m,孔深 3~6.0 m。为加强坝基防渗效果,坝前回填黏土,形成封闭的防渗体系。

为防止绕坝渗漏,帷幕线向左岸坝头内延伸 16 m,向右岸坝头内延伸 20 m。

5.3.2.2 发电引水系统基础处理

1. 进水塔基础处理

由于闸基为泥岩,地表高程在 1 125~1 130 m,岩石基面高程 1 098 m 左右,覆盖层深厚、抗滑及稳定应力计算表明应进行基础处理。进水塔及其边墙基础底板下采用 ϕ90 cm 间隔 3.0 m 的 C25 混凝土挖孔桩基,桩长 7.0 m 左右。

2. 发电引水隧洞

发电引水隧洞开挖宜采用光面爆破或预裂爆破。

发电洞洞壁处理结合地质建议对进出口、断层、溶洞、破碎带、覆盖层不满足规范要求、Ⅲ~Ⅳ类围岩、转弯段等部位采用 C20~C25 钢筋混凝土衬砌,其余洞段喷 7.5 cm 厚(挂网洞段 10 cm 厚)C20 聚丙烯纤维混凝土并抹平减糙。对破碎带视其宽度进行全断面混凝土衬砌或挂网喷锚支护处理,并视具体地质条件,布设随机锚杆。

Ⅰ~Ⅲ类围岩,一般素喷 7.5 cm 厚 C20 聚丙烯纤维混凝土并抹平减糙。

挂钢筋网:环向筋直径一般 ϕ8~12 mm,纵向筋直径一般 ϕ6~10 mm,网格间距 15~20 cm,喷混凝土保护层厚 4 cm。钢筋网宜与锚杆焊接固定。

随机锚杆:局部不稳定岩块可采用水泥砂浆锚杆加固,锚杆应根据地质人员建议按最优方向布置,锚杆直径 D 为 ϕ22~25 mm,锚入稳定围岩的长度不小于 45D;出露长度为 20D,根据衬砌厚度,将出露段弧形直角弯折成 L 形。

整体稳定性较差的围岩宜采用系统锚杆,锚杆布置根据地质条件确定,锚杆锚入稳定岩块深度一般不小于 50D,锚杆直径 D 为 25 mm,锚杆宜垂直主结构面布置,岩面锚杆布置宜为菱形或梅花形,锚杆间距 1.0~2.0 m。锚杆砂浆等级 M20。

为充填衬砌与围岩的缝隙,改善传力条件,采用钢筋混凝土衬砌后,顶拱 90°~120° 范围应布置间、排距 3 m 左右的回填灌浆孔。灌浆压力:0.3~0.5 MPa,孔深入围岩 5 cm。

为提高围岩的整体性和承载力,并减小渗漏,对钢筋混凝土衬砌段,宜采用间排距 2.5~3.0 m 的固结灌浆孔,灌浆压力及孔深:0+106.89~6+705.2 为 1.0~1.5 倍内水压力,孔深入围岩 3.0 m;6+705.2 以后洞段为 1.50 倍左右的内水压力,孔深入围岩 3.0~6.0 m。

对下弯段和下平洞段钢内衬,根据相关规范要求,还应进行必要的接缝灌浆处理。

5.3.2.3 厂房基础处理

根据地质建议厂后开挖边坡:强风化岩体 1:1,弱风化岩体 1:0.5,微风化、新鲜岩体 1:0.3。

厂房自然边坡 30°左右,天然边坡基本稳定,基岩岩体透水性微弱,水文地质条件简单,厂房基础开挖至弱风化岩体,单轴抗压强度大于 40 MPa,允许承载力 2.5 MPa,能够满足地基强度要求。厂房后人工边坡为顺向坡高约 30 m,加上裂隙切割,厂房后缘可能产生顺层滑坡,必要时须进行加固处理。

为防止厂房后边坡开挖岩石的风化,初拟采用喷 7.5 cm 厚 C20 混凝土护坡;对浅层裂隙切割的岩石先行采用混凝土的锚杆支护;对深层裂隙切割的危岩块体初拟采用 1 000 kN 的预应力锚索联合钢筋混凝土网格支护。

厂房区基岩大面积裸露,风化破碎基础面部位宜采用固结灌浆,如开挖面岩石较完整新鲜,可不进行基础处理。

5.4 评价与建议

(1)本工程挡水、泄水建筑物设计布置和结构型式合理。水工建筑物结构强度、稳定、变形、渗流安全等基本符合相关规定。

(2)拦河闸坝消能防冲构筑物型式基本合理,基本能满足枢纽泄流能力和相应消能要求。

(3)引水建筑物型式基本合理,基本能满足电厂发电引水设计要求。

(4)电站厂房布置和结构型式合理。结构强度、稳定安全等基本符合规范规定。

(5)根据《水利水电工程合理使用年限及耐久性设计规范》(SL 654—2014),工程设计存在以下问题:

①工程设计未明确设计合理使用年限。

②闸室底板和滚水坝过流表面混凝土采用 C25,强度等级偏低,不符合抗冲耐磨要求,不满足《水利水电工程合理使用年限及耐久性设计规范》(SL 654—2014)4.3.7 中"过流表面混凝土强度等级不应低于 C30"的要求。

第 6 章　土建工程施工

6.1　工程主要建设内容及完成情况

6.1.1　工程主要建设内容

工程枢纽布置由拦河闸坝、左岸岸坡式进水口、发电引水隧洞、调压室、压力钢管、主副厂房、开关站等建筑物组成。拦河闸坝由左岸河床段 2 孔冲沙闸、右岸河床段自由溢流坝及两岸非溢流坝段等组成。

6.1.2　完成情况

工程均已按工程初步设计审查的建设内容和设计变更全部建成。

6.2　施工概况

6.2.1　挡水建筑物

电站主要的建筑物拦河坝,顶高程为 1 124.85 m,坝轴线长 137.5 m,最大坝高 26.85 m。从左至右共分 8 个坝段,由挡水坝段、泄水闸坝段及开敞式自由溢流坝段组成。

6.2.1.1　坝顶交通桥

坝顶跨河交通桥为钢筋混凝土结构,总长 137.5 m,2# 坝段坝顶宽 5.6 m,向上悬挑 2 m,桥面总宽 6.7 m,其余坝段顶宽 4 m,向上悬挑 2 m,桥面总宽 6 m,桥面板厚 1.5 m,其下部支承结构为溢流坝段和泄洪闸坝段的边墩和中墩,宽度 1~2.5 m。坝顶两侧均设有钢栏杆,桥面上游侧有 9 个大坝变形监测墩。

6.2.1.2　挡水坝段

1#、2#、7#、8# 坝段为岸坡挡水坝段,长度分别为 10.65 m、20 m、21 m 及 9.35 m,总长 61 m,埋石混凝土重力坝结构型式,坝顶高程 1 124.85 m,迎水面为直墙面,背水坡面坡比 1:0.75,坝底建基面高程 1 098.00 m,坝底部为 C25 钢筋混凝土底板,1#、7# 坝段底板厚 1 m,2#、6# 坝段底板厚 2 m,上游面为 1 m 厚 C25 钢筋混凝土防渗面板,大坝主体为 C15 埋石混凝土,埋石率 15%。由于此坝段基础较破碎,采用固结灌浆处理,灌浆孔间距排距均为 3 m,梅花形布置,灌浆深度至 1 096.00 m。

为维持河道的生态基流,靠左岸 2# 坝段 1 109.5 m 高程设置一根内径 φ70 cm 的钢管,以便生态放水管用。

6.2.1.3　泄洪闸坝段

3#、4#坝段为平底闸泄水坝段,主要起泄水和冲沙作用,坝段长45 m,分3孔,单孔宽度12 m,边墩厚2 m,中墩厚2.5 m,冲沙闸底板高程1 109.20 m,顺河向长度为27 m,以1:4坡比与消力池底板连接。每孔安装弧形闸门调节水库水位,闸门尺寸12 m×8.5 m(宽×高),坝顶下游侧设有吊装设备,便于闸门的安装和检修,泄洪闸孔边墩和中墩顶部有钢栏杆,其下游端顶部有液压泵房,共3个,控制弧形闸门的启闭。坝段最底部结构为C25钢筋混凝土底板,厚度为1.5 m,顶部为3 m厚C25钢筋混凝土承台,承台上安装弧形闸门,上游面为1 m厚C25混凝土防渗面板,坝身主体为C15埋石混凝土,埋石率15%。

6.2.1.4　溢流坝段

5#、6#坝段为溢流坝段,总长31.5 m,分3孔,溢流单孔宽度9.5 m,右侧边墩厚2 m,其余边墩和中墩厚1 m,无闸门控制,开敞式自由溢流,滚水坝型式,上游面垂直,下游坝坡1:0.75,溢流堰顶高程为1 117.20 m,建基面高程1 098.00 m,溢流堰面采用WES堰型,堰面曲线方程$Y = 0.133\ 665\ 5X^{1.85}$,C25钢筋混凝土结构,后接半径10 m,中心角53.13°的圆弧段,并采用两圆弧与消力池底板连接,顺河向长度20.14 m。溢流坝底部为2 m厚C25钢筋混凝土承台,上游面为1 m厚C25钢筋混凝土防渗面板,坝体内部主体为C15埋石混凝土,埋石率15%,堰体上部为跨河交通桥。

6.2.1.5　消力池及边坡

为保护大坝下游河床,在3#、4#、5#、6#坝段下游设置消力池。消力池长45 m,宽度为河床宽度,池深0.50 m,池底板高程1 105.50 m,池体材料为C25混凝土,厚1.5~2 m。池体下游接0.30 m厚浆砌石铺设海漫。

坝址处河床较宽,大坝上游侧边坡较低,坡度陡,采用钢筋混凝土护坡;下游侧边坡较高,平均开挖坡度1:1.5,采用M7.5浆砌石分级护坡,护坡厚度0.50 m。

6.2.2　引水建筑物

电站引水建筑物位于大坝左岸,主要由进水闸、输水暗涵、压力隧洞、调压室和压力(含钢内衬)管道等组成。

6.2.2.1　进水闸

1. 发电进水塔

进水塔布置在溢流坝段左侧非溢流坝段前,闸孔尺寸5.8 m×5.8 m(宽×高),闸孔上部为启闭机室,启闭机室总长22 m,闸底板高程为1 108.0 m,闸顶高程1 124.5 m。闸室内设置进口事故工作闸门,闸室进口前缘设置2块5 m×10 m(宽×高)拦污栅,倾角80°,设计过栅流速0.97 m/s,工作平台1 124.5 m高程设置有抓斗式清污机和工作门启闭排架。

2. 闸前引水渠

闸前拦砂坎顶部高程1 112.5 m,坎顶过流宽度40 m,计算表明拦砂坎过流能力均大于发电引用流量。泄洪闸底板高程1 109.20 m与右岸河床平齐,可有效减小右岸进水口前淤积。

拦砂坎后为进口引渠,进口引渠为喇叭口型式。由于拦砂坎顶1 112.5 m高出进水塔底板高程1 105.0 m,进口引渠底板拟采用0.40 m厚C15混凝土按1:3坡比护砌至进水闸。两侧边坡按 1:2 坡比采用 0.30 m 厚浆砌石护岸,下覆砂石垫层 0.10 m。

3. 引水暗涵

进水口后接长约 80 m 的输水暗涵。由 10 m×10 m 的方形断面渐变为 5.8 m×5.8 m 的城门洞形断面。暗涵均采用 C25 钢筋混凝土结构,壁厚 1.1~1.5 m。引水暗涵后接引水压力隧洞、调压室。

6.2.2.2 引水建筑物

1. 有压直线隧洞

暗涵后接引水压力隧洞,进口处洞中心高程 1 104.95 m,调压室处洞底高程 1 075.65 m。平面上共由六段折线段组成,洞线转折处以中心半径 50 m 和 25 m 的圆弧段连接。隧洞全长 7 580 m,洞底高程为 1 104.95~1 075.65 m,洞断面为 ϕ6.3 m,洞底坡度 5‰,为圆形有压隧洞。

2. 调压井、斜洞和下平洞

调压井距厂房 407 m 左右,位于都格乡邓家寨背侧的山坡上,调压井高程 1 115~1 126 m。最大开挖断面为 ϕ13.6 m,衬砌厚 1.2~0.8 m,自下而上分 1.2 m、1.0 m、0.8 m 三个模数变厚。

调压井后接压力管道,平面为两段缓夹角的折线形布置,压力管道采用三机单管分岔引水布置方式。压力斜洞及下平洞,压力管道由 50°斜坡斜向下游布置,管道埋深 30~119 m。采用主管集中引水,主洞内径 5.0 m,至厂房附近再分岔供水至 3 台机组,支洞内径 2.2 m,洞中心轴线距离为 11.0 m,至高程 917 m 后水平与厂房连接。

6.2.3 厂房及开关站

调压室布置在都格乡邓家寨背侧的山坡上,地表高程 1 132 m 左右。该处坡度较缓,交通方便,适宜布置调压室。

发电厂房位于可渡河狭谷出口左岸,距都格乡 600 m 的可渡河左岸,为地面式厂房。其下游 500 m 的河对岸为已建响水电站。

6.2.3.1 电站厂房

厂区地面高程为 930~940 m。由主厂房、副厂房、尾水渠、变电站等建筑物组成,沿北盘江一字形布置。安装间位于主厂房左侧,副厂房位于主厂房靠上游侧,主变、变电站位于厂房左侧。

主、副厂房及安装间轮廓尺寸总长 50.5 m、宽 23.8 m(不含尾水闸墩)、高 38.3 m。主厂房内装 3 台单机容量 34 MW 的水轮发电机组,1 台桥式起重机。进水管内径 ϕ2.2 m,管中心高程 917.0 m。蝶阀层高程 913.9 m,水轮机层高程 919.0 m,发电机层高程 926.1 m,地面安装间层高程 933.3 m。

安装间位于主厂房的左侧,自下而上分三层,第一层与水轮机层同高,为 919.0 m,第二层楼面高程为 926.1 m,第三层为安装场层,楼面高程 933.3 m,安装间平面尺寸为 23.8 m×13.5 m(长×宽)。

6.2.3.2 开关站

为减小厂房开挖,2 台主变布置在安装间右后角,地面高程为 933.1 m。

开关站布置在主厂房下游地形为较平坦开阔地,距主变约 115 m,平面尺寸为 28 m×48.4 m,开关站地面高程为 958.00 m,周围设置砖石围墙。

6.3　工程原材料及中间产品检测

6.3.1　施工试验检测

本工程水泥供应商主要为:贵州水城瑞安水泥有限公司宣威宇恒水泥厂(生产的 P·O32.5R、P·O42.5R 普通硅酸盐水泥)。每批水泥发货时均附有出厂合格证和复检资料。

钢筋主要使用水钢集团、攀钢等生产的钢筋。每批钢筋发货时均有出厂合格证及出厂试验报告,使用前本施工单位均按程序进行抽检检验合格。

粉煤灰、外加剂、砂石骨料等所有原材料在进点及使用前,按相应的规程规定进行取样检验,经检验合格后才使用。

6.3.2　金属结构质量控制与检测

6.3.2.1　施工质量方法自检

金属结构安装施工单位项目部在对金属结构制造及安装中对施工质量严格要求依照质量保证体系及施工质量管理制度与控制措施执行,在对质量管理过程中建立了健全的质量检测责任制,各工序严格按照施工设计图纸及《水电水利工程钢闸门制造安装及验收规范》(DL/T 5018—2004)进行,以每一孔埋件、每一孔门体、拦污栅栅体分别划分单元。在对每一单元安装验收时,各工序采用"个人自检,班组互检,质检部门复检"的内部三级验收,然后由现场监理工程师或业主代表现场检测签字验收,待闸门止水及附件安装完毕后,将闸门门体与启闭设备相联做相应启闭止水试验,直到闸门在门槽内启闭运行正常,止水效果符合设计及规范要求。

在对门槽的安装过程中,先由土建单位提供准确可靠的闸门门槽基准线、基准点,包括高程、里程及孔口中心线等,然后由施工测量员对其进行复核校正后即可运用。在测量中主要测量工具仪表有用自动安平水准仪、J3 型经纬仪、各种直钢卷尺、直角钢尺、宽座尺、粗糙度仪、测厚仪、空气湿度表、超声波无损探伤仪等。

测量放线工序:先复核校正土建提供的基准→放孔口中心线→放各门槽里程线→放各高程基准线,反复校核;闸门焊接采用超声波无损探伤仪施工现场测量,对每条焊缝采用抽检的方式,尤其是闸门上的一、二类焊缝,在测量的过程中要求每条抽检测合格率达到 85%~90%以上,否则将对其做返工处理,金属结构防腐在制造防腐车间采用粗糙度仪、测厚仪等仪表测量。闸门启闭试验采用现场做无水、动(静)水启闭机试验并做好现场签证记录。每一单元质量评定依据《水利水电基本建设工程单元工程质量等级评定标准》执行,分部工程验收按照《水利水电建设工程验收规程》(SL 223—2008)执行。

6.3.2.2　施工质量自检结果

原材料及产品按规范要求的检测范围和频率、中间产品及焊缝检测均由施工单位自检,自检结果合格。

6.3.2.3　焊缝外观、内部探伤自检结果

1. 外观尺寸检测情况

闸门门叶及栅体共检测 252 项,合格 229 项,合格率 90.9%。

2. 焊缝自检检测

焊缝外观情况未发现裂纹等危害性大的缺陷,发现等咬边缺陷均基本在规范许可范围内;一类焊缝、二类焊缝共检测长度及合格率,缺陷焊缝返工后全部合格,具体的有超声波探伤报告。

拦污栅及闸门制造外观尺寸符合图纸及相关规范要求,质量合格;焊缝外观质量合格;焊缝内部质量抽检合格。

6.3.2.4　防腐自检结果

闸门、拦污栅及埋件外漏部分防腐设计采用热喷锌防腐,涂层总厚度为 280~300 μm。对外观、涂层厚度及结合性能进行检测,所有闸门、拦污栅及埋件外漏部分防腐,表面颜色均基本一致,表面光滑,无皱皮、孔洞、掉块及裂纹等缺陷,外观良好。

6.3.2.5　金属结构抽查检测

2010 年 1 月 19 日,由业主会同湖北省水利水电规划勘测设计院专家及监理联合组去湖北大禹水利水电建设有限责任公司新沟厂对大坝溢流坝弧形工作门埋件及支铰 3 孔、溢流坝检修闸门及埋件 3 孔、调压室检修闸门及埋件 1 孔、厂房尾水检修闸门拉杆 12 节的制造进行了现场出厂验收合格,其抽检结果均达到了设计要求,制造质量合格,并对两处吊装变形的埋件(非工作面)要求应整形处理合格后出厂。于 2009 年 4 月 27 日、2010 年 1 月 20 日、2011 年 12 月 26 日、2012 年 1 月 10 日相继完成了各种闸门、拦污栅及埋件设备工地交接验收。

2010 年 8 月至 2012 年 12 月,在大坝弧形工作闸门、溢流坝检修门、液压启闭机、单向门机及轨道、进水口拦污栅等安装、调试过程中,业主、设计、监理随时对现场防腐及安装进行了现场检查和测量,并对安装进行了评定验收,验收合格。

6.3.3　水力机械质量控制与检测

各部件的安装严格执行项目部内部"三检制",各级检验人员对自己检验的质量结果负责,工序未按质量要求和缺陷未处理完善前不得移交下道检验。内部三检合格后,将检验资料报现场监理工程师进行检查验收。施工班组在完成各部件的安装调整后,进入三检及验收程序:施工班组自检→技术人员复检→项目部质检部门终检→报请监理验收检验。

6.4　主要工程施工方法及工艺

6.4.1　施工导流

6.4.1.1　导流标准

本工程属电站装机容量 10.2 万 kW,属Ⅲ等中型工程,发电引水建筑物及电站厂房等永久建筑物为 3 级建筑物;水库总库容 108 万 m^3,拦河坝最大高程 27.5 m,挡水建筑

物、泄水建筑物为 4 级建筑物。根据相关标准规定,导流工程级别为 5 级,导流建筑物设计洪水标准为洪水重现期混凝土类为 5~3 年,结合本工程实际,导流标准均采用下限,分别为 5 年和 3 年一遇洪水设计。

拦河坝坝体规模较小,计划在 2008 年 3 月底前,坝体混凝土浇筑到 1 118.20 m 高程以上,4 月底前完成检修槽埋件安装并进行二期混凝土浇筑,之后利用坝体溢流面和冲砂底孔度汛,两侧非溢流坝段继续上升。施工度汛设计洪水标准,根据工程实际情况综合考虑,采用下限标准即 $P=10\%$ 作为度汛标准,相应洪水洪峰流量为 1 410 m^3/s。

6.4.1.2　导流建筑物设计

本工程采用分期导流方式,一期先围断右岸,利用左岸河床导流,施工右坝段溢流坝及冲沙孔及发电取水口。为增大导流能力,对河道预先进行疏挖,保证过水宽度在 12 m 以上。一期导流束窄了原河床,枯水期河床最大流速为 0.66 m/s,汛期最大流速为 2.30 m/s,均不会对河床造成冲刷破坏。

二期围断左岸,利用 1 孔冲沙闸导流,下游利用左岸的消力池泄洪,在其末端采用宽度为 14 m 的明渠将洪水导至下游河床。

上游围堰布置在坝轴线上游 50 m 处,该处河宽约 90 m,河床砂卵石覆盖层 2~3 m,下部为厚约 6.5 m 的石炭系下统大塘组(C1 d)泥质粉砂岩,再下部为大塘组(C1 d)灰岩及白云岩,厚度大于 20 m。对覆盖层采用掏槽回填袋装黏土防渗,上部与黏土层相接,形成封闭防渗体。

根据所选施工时段及相应施工洪水,一期纵向围堰采用袋装土结构型式,上游围堰顶宽 3.0 m,两侧边坡 1:1.0,最大堰高 5.5 m;下游围堰顶宽 2.0 m,两侧边坡 1:0.5,最大堰高 2.0 m。二期围堰结合冲沙闸的过流能力,上游围堰顶部高程 1 111.70 m,上游围堰顶宽 3.0 m,两侧边坡 1:0.5,最大堰高 4.7 m;下游围堰结构与一期围堰相同。

6.4.1.3　围堰拆除

一期围堰为袋装土围堰型式,主要采用人工推胶轮斗车运输,堆码而成。实施二期围堰工程时,将一期围堰的上下游围堰及纵向围堰拆除。

二期围堰除基础和上游部分堰段采用浆砌石外,其他也采用袋装土围堰型式,上游导水墙兼纵向围堰及其基础为浆砌石。待左岸坝体工程施工结束后,将上游围堰及下游围堰和一期纵向围堰相继拆除。

6.4.1.4　评价及建议

(1)导流标准选择合适。

(2)选择分区导流方式及导流建筑物设计合理。

(3)随大坝枢纽建筑物的施工完建,导流建筑物已经拆除。

6.4.2　挡水建筑物的施工

6.4.2.1　土石方工程

闸坝工程开挖工程量 13 万 m^3,开挖分块按施工顺序分三块:左岸重力挡水坝、泄洪闸坝段、右岸重力挡水坝段及溢流坝段。

两坝肩及坡面根据开挖结构特点进行分层开挖,开挖自上而下进行,高度较大的边坡,分梯段开挖,河床部位开挖深度较大时,采用分层开挖方法。

开挖边坡的支护在分层开挖过程中逐层进行,未完成上一层的支护时,严禁进行下一层的开挖。开挖前做好开挖区植被清理、上部周边截排水沟施工。

开挖施工程序:原始地面测量→场地清理→安全检查→出渣→地层描述→质量评定。

坝基防渗部位和岸坡岩面开挖时优先采用预裂爆破法,在接近建基岩面时,避免大药量爆破,使用机具或人工挖除或用小孔径、浅孔火炮爆破等方式。

邻近水平建基面,预留岩体保护层,其保护层的厚度由现场爆破试验确定,并采用小炮分层爆破的开挖方法。

基础开挖后表面因爆破震松的岩石,表面呈薄片状和尖角状突出的岩石,均需采用人工清理,如单块过大,采用单孔小炮和火雷管爆破。

建基面的泥土、锈斑、钙膜、破碎和松动岩以及不符合质量要求的岩体等均采用人工清除。施工测量放样→场地清理→临时排水系统→反铲分层开挖→自卸汽车出渣→人工修整→验收。

6.4.2.2 混凝土工程

1. 混凝土浇筑施工准备

(1)基础处理时采用人工进行清理、高压水冲毛凿毛和冲洗干净。

(2)在开挖完成后 24 h 内做好岩石开挖面的处理准备工作。岩石已挖到开挖支护线后不在岩面上再进行钻孔、爆破和松动作业。

(3)建筑物基础验收合格后才进行混凝土浇筑。

(4)基岩面浇筑仓,在浇筑第一层混凝土前,先铺一层 2~3 cm 厚的水泥砂浆,砂浆水灰比与混凝土的浇筑强度相适应,保证混凝土与基岩接合良好。

2. 混凝土铺料与入仓

(1)混凝土浇筑保持连续性,浇筑混凝土允许间歇时间按试验确定,若超过允许间歇时间,按工作缝处理。

(2)混凝土浇筑层厚度,根据搅拌、运输和浇筑能力、振捣器性能、气温因素确定。

(3)混凝土入仓。

混凝土在拌和楼拌制好后,由塔机、罐车或输送泵运到施工现场入仓。

3. 模板工程

本工程所使用钢模板均购买工厂生产的标准模板。坝区内由装载机和挖掘机吊入仓内,安装时利用机械提升并配合人工安装,模板采用螺杆固定,局部边角采用标准钢模板拼装。板梁、楼梯等结构模板选用小块标准钢模拼装,满堂钢管承重架支承,对口撑或拉筋加固。

4. 施工缝面处理

施工缝面处理包括工作缝和冷缝,处理方法:使用压力风、水冲毛,局部辅以人工打毛加工成毛面。缝面冲毛的压力 4~6 kg/cm²,冲毛时间在混凝土初凝至终凝前进行,冲毛达到的标准为冲去乳皮和灰浆,直到混凝土表面积水由浑变清,露出粗砂粒或小石。缝面冲毛后,清洗干净,保持清洁、湿润。在浇筑上一层混凝土前,将层面松动物及积水清除干净后均匀铺设一层 2~3 cm 的水泥砂浆,砂浆标号比同部位混凝土标号高一级,铺设砂浆后 30 min 内被新浇混凝土覆盖,确保新浇混凝土与老混凝土接合良好。

5. 止水安装

(1)伸缩缝止水材料的尺寸及品种规格等,均符合施工详图规定。

(2)橡胶止水带、止水铜片的型式、尺寸、型号都满足设计要求,其拉伸强度、伸长率、硬度等均符合有关规定。

(3)伸缩缝止水安装。

①止水铜片衔接按其不同厚度分别根据施工详图的规定,采用折叠、搭接长度不小于 5 cm,焊接用铜焊,焊缝宽度不小于 2 cm。

②塑料止水片的搭接不小于 10 cm。同类材料的衔接均采用与母体相同的材料。

③铜片止水与塑料止水接头采用铆接,搭接长度不小于 10 cm。

④上、下游止水片埋入基岩内 50 cm 深,基座混凝土振捣密实。仓内伸缩缝止水片在混凝土浇筑前架设在预定位置上,并用钢筋或角钢将其固定。在混凝土浇筑时,清除止水片周围混凝土料中的大粒径骨料,并用小振捣器细心振捣,确保浇筑质量。

⑤止水铜片的凹槽部位用沥青麻丝填实,安装时严格保证凹槽部位伸缩缝位置一致,骑缝布置,止水铜片的固定在模板校正后进行。

(4)施工缝止水安装。

施工缝止水片用塑料止水片。塑料止水的搭接方式采用对接,连接方法用熔化焊接或碳火焰黏结。塑料止水片按其 1/2 宽度骑缝布置,塑料止水片的固定,在模板校正后进行。

6. 养护

混凝土浇筑终凝后,6~18 h 内及时进行养护,保持混凝土表面湿润,其养护时间不少于 28 d。

6.4.2.3　灌浆施工

1. 原材料

灌浆水泥采用贵州水城瑞安水泥有限公司宣威宇恒水泥厂。灌浆水泥品种采用普通硅酸盐水泥,水泥标号 P·O32.5R,对水泥细度的要求为通过 80 μm 方孔筛的筛余量不大于 5%,灌浆前对所用水泥进行送检。

2. 帷幕线钻孔

帷幕线前后、采用 3~6 m 左右深度的固结灌浆孔兼帷幕灌浆,灌浆孔布置距坝轴线 3.0 m 布置一排帷幕孔,帷幕孔间距 2.5 m,帷幕上游 2.5 m 布置一排深 6 m 固结孔;帷幕线下游侧 2.5 m 平行布设第二排固结灌浆孔,固结孔间距 2.5 m,固结孔深 3 m。钻孔的孔位、深度、孔径、钻孔顺序和孔斜等严格按施工图纸和监理工程师要求施工,帷幕灌浆孔的开孔孔位与设计位置的偏差不大于 10 cm。

钻机安装平整稳固,钻孔前按监理工程师指示并埋设孔口管,钻孔时确保孔向准确。在钻孔过程中进行孔斜测量,控制孔斜在允许的范围内,按照灌浆程序分序、分段进行钻进。

3. 冲洗

钻孔结束,经监理工程师验收合格的孔,在灌浆前进行钻孔冲洗。钻孔冲洗采用风水联合冲洗或导管通入大流量水流,从孔底向孔外冲洗的方法进行冲洗。

冲洗水压采用灌浆压力的 80%,压力超过 1.0 MPa 时,采用 1.0 MPa,冲洗风压采用 50%的灌浆压力,压力超过 0.5 MPa 时,采用 0.5 MPa。

裂隙冲洗至回水澄清 10 min 后结束。总的时间单孔不少于 30 min,串通孔不少于 2 h。对于回水达不到澄清的孔段,继续冲洗,孔内残存的沉积物厚度不大于 20 cm。

当邻近有正在灌浆的孔或邻近灌浆孔结束不足 24 h 时,不进行裂隙冲洗。灌浆孔裂隙冲洗后,该孔立即连续进行灌浆作业,因故中断时间间隔超过 24 h 时,在灌浆前重新进行裂隙冲洗。

4. 压水试验

灌浆孔钻孔冲洗完成后,进行压水试验,采用单点法进行。简易压水试验在裂隙冲洗后进行,压力为灌浆压力的 80%,超过 1 MPa 时,采用 1 MPa。通水后待压力达到要求,压水 20 min,每 5 min 测读一次压水流量,取最后的流量值为计算流量。

5. 制浆

1)制浆材料的称重

制浆的各种材料必须称重,称量误差小于 5%。

2)浆液搅拌

各类浆液搅拌均匀,测定浆液密度和黏滞度等参数,并做好记录。纯水泥浆液的搅拌时间;使用普通搅拌机不少于 3 min。浆液在使用前过筛,从开始制备至用完的时间小于 4 h。

拌制细水泥浆液和稳定浆液,加入减水剂和采用高速搅拌机,高速搅拌机搅拌转速大于 1 200 r/min,搅拌时间通过试验确定。细水泥浆液的搅拌,从制备至用完的时间小于 2 h。

6. 灌浆压力和灌浆方法

灌浆压力按施工图纸确定,灌浆压力尽快达到设计值,接触段和注入率大的孔段分段升压。

灌浆按分段加密的原则进行施工。帷幕灌浆采用分序、分段施工。

灌浆施工选用自上而下分段灌浆法,灌浆时钻进一段,灌注一段,而后再接续钻进下一段,灌注下一段,直至孔底最后一段灌完。灌浆塞塞在已灌段段底以上 0.5 m 处,以防漏灌;孔口无涌水的孔段,灌浆结束后可不待凝。但在断层、破碎带等地质条件复杂地区则待凝,待凝时间根据地质条件和工程要求确定。

进行帷幕灌浆时,坝体混凝土和基岩的接触段先行单独灌浆并待凝,接触段在岩石中的长度不大于 2 m。

7. 灌浆结束标准

在规定压力下,当注入率不大于 1 L/min,继续灌注 90 min,或注入率不大于 0.4 L/min,继续灌注 60 min,灌浆才可结束。

8. 灌浆孔封孔

每个帷幕灌浆孔全孔灌浆结束后,监理工程师及时进行验收,验收合格的灌浆孔进行封孔。灌浆孔封孔采用分段压力灌浆封孔法。

6.4.3 泄水建筑物施工

6.4.3.1 土石方开挖

开挖程序:测量放线→风钻钻孔→人工装药爆破→挖掘机装车→自卸汽车运渣弃料至指定地点→装载机平整。

坝基石方开挖采用手风钻钻孔,浅孔小药量爆破,1 m³ 的反铲配 5~10 t 的自卸汽车运输,基础覆盖层运输与爆破后的石渣运输方式相同。坝基开挖时按要求进行分区、分层爆破,做好施工排水,并预留基坑保护层。对不良地质条件部位和需保留的不稳岩体,采取控制爆破,边开挖,边清理,确保边坡稳定。为减少爆破对边坡岩体的破坏,其轮廓线采取光面爆破方法,在局部位置设置缓冲爆破孔。

6.4.3.2 混凝土浇筑

根据施工进度安排,坝区混凝土最高浇筑强度为 50 m³/h,采用 3 台 JS 500 的混凝土强拌机拌制混凝土,分别向大坝、引水隧洞进水口、引水暗涵和引水平洞上半段供应成品混凝土熟料,该拌和系统单机生产能力为 20~30 m³/h,拌好的混凝土采用 10 t 的自卸汽车运输至浇筑仓面或采用溜槽送混凝土入仓,插入式振捣器振捣。

6.4.3.3 浆砌石施工

浆砌石施工包括浆砌石坝和护底工程。浆砌石施工工艺流程如下:设立桩位、拉线→铺浆→砌石→勾缝 → 验收。

浆砌石所使用的块石由自卸汽车从块石临时堆放场运至施工区域,并由人工抬运符合质量要求的块石至作业面,由 0.35 m³ 的砂浆拌和机拌制砂浆,人工铺砌。

浆砌石砌筑施工采用铺浆法,即先将干砌石表面充分湿润再铺一定厚度的砂浆,最后用表面吸水充分的块石坐浆。石块分层卧砌,上下错缝,内外搭砌,砌立稳定。灰缝厚度一般为 2.0 cm 左右,较大的空隙用块石填塞,但不允许在底座上或石块下面用高于砂浆层的小石块支垫。砌体基础的第一层石块将大面向下,砌体的第一层及其转角交叉与洞穴、孔口等处,均选用较大的平整毛石。所在块石均放在新拌砂浆上,砂浆缝饱满,不采用外侧立石块,中间填心的方法砌筑。砌缝要求做好饱满、勾缝自然、匀称美观,块石形状突出、表面平整,砌体外露面溅染的砂浆及时消除干净。

在砌体拐角处和交接处采取同时的方式,不能同时砌筑时,留置临时间断处,并砌成斜槎。

6.4.4 发电取水口及引水口暗涵的施工

6.4.4.1 土石方开挖

发电取水口位于左岸,取水口最低高程为 1 105.0 m,地面高程为 1 125.0 m,挖深 20 m,取水口为泥岩和覆盖层开挖,无须钻孔、爆破,采用 1 m³ 的反铲配 5~10 t 的自卸汽车运输,从取水口上游沿河出渣道路出渣,土方直接用反铲开挖装自卸汽车运输。

引水暗涵水平长 80 m,位于取水口与上压力平洞之间,引水暗涵开挖基面高程为 1 103.9~1 101.1 m,相应地面高程为 1 131~1 134 m,最大挖深达 33 m,暗涵段土石方开挖运输方式与取水口相同。

6.4.4.2　混凝土浇筑

引水隧洞进口控制段闸室高 22 m,纵向长 20 m,底板厚 2~2.5 m,底板宽 15.5~10.8 m,拦污栅中墩 1.5 m,闸室边墩 2.0 m,闸室启闭机房高 14 m,为混凝土排架结构,引水暗涵混凝土衬砌厚度 1.1 m。该部分均为结构混凝土,利用坝区拌和系统,采用 5 t 的自卸汽车水平转溜槽垂直运输入仓,同时设置缓降措施,避免混凝土骨料分离。

6.4.5　洞室开挖、支护及衬砌施工

6.4.5.1　洞室开挖施工

隧洞采用钻爆法施工,开挖采用简易钻孔台架打眼光面爆破;出渣采用装载机装渣、自卸车无轨运输;锚喷支护,喷射混凝土以潮喷为主;衬砌采用针梁式液压台车泵送混凝土浇筑;施工通风以轴流式通风机加强通风;洞内反坡设置多级泵站接力排水。

引水隧洞开挖断面为马蹄形,根据围岩类别,洞径分别为 6.3 m(Ⅱ、Ⅲ类),7.1 m(Ⅳ、Ⅴ类),引水隧洞开挖共有一个工作面,共 3 500 m。

引水隧洞的开挖,严格按照新奥法组织施工,对开挖作业面及时采取喷、锚等支护手段,充分利用围岩的承载能力,达到洞室稳定的目的,爆破作业中,采取光面爆破等技术措施,以减少对围岩的破坏和扰动,隧洞开挖中每隔 200~250 m(视地质情况定)设置一个调头洞,在混凝土衬砌施工时封堵。

引水隧洞Ⅱ、Ⅲ类围岩开挖采用以钻孔台架结合凿岩机打眼,全断面开挖,光面爆破开挖,尽可能减少爆破对围岩的扰动;手风钻钻孔、短进尺、弱爆破、强支护。

6.4.5.2　隧洞开挖

1. Ⅱ、Ⅲ类围岩洞段开挖

1)施工工艺流程

为方便快速出渣,Ⅱ、Ⅲ类围岩全断面开挖,为无轨运输提供通道,Ⅱ、Ⅲ类围岩稳定性好,顶拱喷锚支护可滞后开挖进行,采用高进尺掘进(循环尺 3.0 m),开挖采用斜眼掏槽的方式进行钻爆,用边孔采用光面爆破,非电毫秒雷管起爆。在上断面贯通后,再进行下断面的开挖。

(1)测量放样:采用激光全站仪、水平仪控制开挖断面中线水平,激光导向仪辅助布眼,确保测量控制工序质量。钻眼前,测量人员用红油漆准确绘出断面的中线和轮廓线,标出炮眼位置。

(2)钻孔作业:由熟练的风枪手严格按照钻爆设计图进行钻孔作业。各钻手分区、分部位定人定位施钻,每排炮爆破工班长进行检查,水平周边孔偏差不得大于 5 cm,其他爆破孔偏差不得大于 10 cm,炮孔的孔底落在爆破图规定的平面上。

(3)装药、联线、爆破:装药前,用炮钩和小直径高压风管输入高压风将炮眼石屑刮出和吹净。装药时分片、分组按炮眼图确定的装药量自上而下进行,雷管要"对号入座",所有炮眼以炮泥堵塞。起爆网络为复式网络,联结时导爆管不能打结和拉细,各炮眼雷管连接次数应相同,引爆雷管用黑胶布包扎在离一簇导爆管自由端以上,网络联好后,由技术员和专业炮工分区分片检查,保证准爆齐爆。

(4)通风散烟及防尘:每循环爆破后先启动轴流式通风机向洞内压入送风,开挖面进

行人工洒水降尘。

（5）危石清理：出渣前由施工人员进入用高压风枪清理壁面碎石粉屑和用撬筋撬除表面松动岩体、危石，采用反铲进行掌子面及顶拱安全处理。

（6）装渣运输作业：采用扒渣机扒渣，5 t自卸汽车运至发包人指定的弃渣场；出完渣后进入设备，进行顶拱处喷锚支护施工。

（7）延伸风水电系统：再次进行安全检查及处理，并用反铲扒除工作面积渣；进行风水电的延伸工作，为下一循环钻爆作业做好准备。

2）爆破设计

采用周边光爆，斜眼掏槽，掘进眼和辅助眼线性爆破的方法。周边眼间距 $E = 50$ cm，最小抵抗线 $W = 60$ cm，$E/W = 0.83$。钻孔深度：3.5 m，每一循环进尺 3.0 m，为保证掏槽效果，掏槽孔的孔深比掘进孔超前 50 cm。周边孔采用空气间隔装药结构，其余炮眼采用标准药卷连续装药结构。爆破采用由塑料导爆管并联及串联成爆破网络，毫秒延发雷管实现微差爆破。即：导火线+火雷管→塑料导爆管+传爆雷管→塑料导爆管+非电毫秒雷管→起爆炸药。

2. Ⅴ类围岩洞段开挖施工

1）Ⅴ类围岩施工

Ⅴ类围岩地段为构造破碎带，隧洞围岩稳定性差，断面开挖之前，需采用超前锚杆或超前管棚进行预加固，对有水地段，隧洞顶拱采用超前小导管注浆预加固围岩并止水，方可进行断面的开挖。开挖过程中实行短进尺、小药量、弱爆破、强支护、勤量测、快封闭的施工技术措施。周边孔采用密孔，光面爆破，隔孔装药结构，通过控制光面爆破的总装药量和单段非电毫秒雷管的最大起爆药量以减轻爆破振动对围岩的扰动和破坏。

第一循环进尺 1.0 m；然后，立即喷混凝土对开挖面进行初期封闭，出渣后立即架立钢架，间距为 0.8 m，钢架间用纵向钢筋连接，环向间距 1.0 m，然后复喷混凝土至设计厚度。洞内出渣采用扒渣机装渣、自卸汽车运输。施工时加强现场监控量测，根据量测反馈信息，了解围岩变形情况及支护工作状态，为衬砌施工及特殊情况下调整支护方案提供依据。

2）爆破设计

采用周边光爆，斜眼掏槽，掘进眼和辅助眼线性爆破的方法。周边眼间距 $E = 40$ cm，最小抵抗线 $V = 50$ cm，$B/V = 0.80$。为保证光爆效果，周边孔采用 $\phi 25$ mm 细药卷，并采用间隔装药结构，爆破采用由塑料导爆管并联及串联成爆破网络，毫秒延发雷管实现微差爆破。即：导火线+火雷管→塑料导爆管+传爆雷管→塑料导爆管+非电毫秒雷管→起爆炸药。

3）超欠挖控制

钻爆法开挖是否经济、高效，关键是控制好超欠挖，钻爆施工中将采取如下措施：

（1）根据不同地质情况，认真编制爆破设计，选择合理的钻爆参数，选配多种爆破器材，完善爆破工艺，提高爆破效果。对于较破碎的围岩，考虑开挖线内的预留量，爆破后人工凿到设计开挖轮廓线。实践证明此法对于光面爆破十分有效，可起到事半功倍的效果。

（2）提高画线、钻眼精度，尤其是用边眼的精度，是直接影响超欠挖的主要因素，因此要认真测画中线高程,准确画出开挖轮廓线。周边眼宜使用小直径药卷和低猛度、低爆连爆药,严格控制周边眼的装药量,尽可能将药量沿眼长均匀分布。

(3)提高装药质量,杜绝随意性,防止雷管混装。

(4)断面轮廓检查及信息反馈:配专职测量工检查开挖断面,了解开挖后断面各点的超欠挖情况,分析超欠挖原因,及时更改爆破设计,调整修订参数,达到最佳爆破效果。

(5)建立严格的施工管理:在解决好超欠挖技术问题的同时,严格施工管理制度来保证技术的实施,为此,从进洞前,制定严格的奖罚制度,用经济杠杆来调动施工人员的积极性,形成人人关心超欠挖,人人为控制超欠挖去努力的施工氛围。

6.4.5.3 初期支护方法

1. 锚杆支护

普通砂浆锚杆支护采用风动凿岩机沿设计位置钻孔,钻孔直径大于锚杆直径 15 mm,孔内用锚固剂填塞,然后将锚杆顶入孔内,锚杆插入孔内长度不得短于设计长度的 95%。

2. 工字钢架施工

格栅钢架在洞外加工厂利用平台按设计加工制作成型,在初喷混凝土之后安装,确保有足够的混凝土保护层厚度,在安设过程中当格栅钢架和围岩有较大空隙时,设垫块。定位筋一端与钢架焊在一起,另一端埋入围岩中,钢架与锚杆焊为整体。

格栅钢架按设计间距施工,钢架间设 ϕ 22 连接筋,每 100 cm 设一根,交替设置,并与主筋焊接牢固。

3. 湿喷混凝土施工

(1)喷射混凝土设备及方法:为了降低粉尘,减少回弹量,提高喷射混凝土的质量,隧道喷射混凝土均采用湿喷法,喷射机型号为 TK-961。混凝土由洞外拌和站拌和,混凝土罐车运输至洞内卸入 KT-961 湿喷机料斗,人工抱喷嘴湿喷。

(2)喷射混凝土材料:

水泥:425# 普通硅酸盐水泥;

砂:机制合格砂;

石子:粒径不大于 15 mm;

速凝剂:TX-1 型液体,掺量 4%~7%。

(3)施工过程:先将水泥、砂、石子、水、硅粉和高效减水剂按配合比投入强制式搅拌机进行拌和,然后由搅拌运输车运至洞内,卸至喷射机进料口,在喷嘴处再加入液态速凝剂 4%~7% 后,喷射在岩面上。

(4)工艺要点:①混合料随拌随喷。②喷射作业分段、分片、分层,由下而上,依次进行,如有较大凹洼时,填平。③喷混凝土作业前,清除所有的松动岩石,并使岩面保持一定温度。④速凝剂掺量准确,添加要均匀,不得随意增加或减少。⑤设格栅时,格栅钢架与岩面之间的间隙必须用喷射混凝土充填密实,喷射顺序先下后上,对称进行,先喷格栅钢架与围岩之间空隙,后喷格栅之间,格栅钢架被喷射混凝土所覆盖,保护层不得小于 4 cm。⑥混凝土分 2~3 次喷射,拱部一次喷射厚度 5~6 cm,边墙一次喷射厚度 7~10 cm,分层喷射的间距时间一般为 15~20 min。

6.4.5.4　引水隧洞混凝土衬砌施工

1. 衬砌方法

混凝土衬砌模板及支撑采用厂制定型钢模板衬砌台车。台车结构稳定性、刚度和强度满足要求,能够随混凝土浇筑和振捣的侧向压力和振捣力,防止产生模板位移,确保混凝土结构外形尺寸准确,并有足够的密封性,以免漏浆。

模板在每次使用前应清洗干净,面板涂刷脱模剂。

边墙模板在混凝土强度达到 25 MPa 以上后可拆除,拱部模板须待混凝土强度达设计值的 75% 以后方可拆除。

2. 钢筋制作安装

(1)钢筋须经检验合格后方可使用,表面应洁净无损伤、油污和铁锈,钢筋应平直,无局部弯折。

(2)钢筋制作,安装尺寸符合施工图纸要求,加工偏差在规范允许偏差范围内。

(3)钢筋焊接和绑扎符合规范要求,同一截面其接头的数量不超过钢筋总数的 50%。

3. 混凝土施工

(1)混凝土材料。

水泥、滑料、水逐步形成外加剂在使用前均应检验符合技术条款指定的国家和行业的现行标准。

(2)混凝土浇筑。

混凝土浇筑前对地基处理,已浇筑混凝土面的清理以及模板、钢筋、插筋、灌浆系统预埋件、止水带、沥青木板等设施的埋设和安装等。

4. 模板及支撑

(1)混凝土衬砌模板及支撑采用厂制定型钢模板衬砌台车。

(2)基岩上的泥土、杂物及松动岩石均应清除,冲洗干净并排干集水。

(3)基岩面浇筑第一层混凝土前,必须先铺一层 2~3 cm 厚的与混凝土同水灰比的水泥砂浆。

(4)浇筑混凝土采用分层浇筑法,不合格的混凝土严禁入仓,如发现混凝土和易性较差,应采取加强振捣等措施,严禁向仓内加水。

(5)混凝土分层浇筑厚度不超过振捣器头长度的 1.25 倍。

(6)在浇筑完施工缝层混凝土后,应对该面进行冲毛或凿毛处理。

5. 混凝土表面修整和养护

混凝土表面蜂窝、凹陷或其他损坏的混凝土缺陷应按监理人指示进行修补,修补前用钢丝刷或高压水冲洗缺陷部位,或凿去薄弱的混凝土表面,用水冲洗干净,采用比原混凝土强度等级高一级的水泥砂浆、混凝土或其他填料填补缺陷处,并于抹平、修整部位应加强养护,确保牢固黏结,色泽一致,无明显痕迹。

混凝土浇筑完毕 12~18 h 内开始进行洒水养护,养护时间为 14 d,合理划分施工段长度,适当缩短施工缝间距,分段长度控制在 8~12 m,施工缝尽量对齐;加强机械搅拌和机械振捣,保证搅拌时间不少于 2 min,振捣以表面泛浆为度,尽量排除混凝土中的气泡,防止漏捣和捣固不到位。

6. 止水带、伸缩缝

(1)橡胶止水带的物理性能必须满足以下要求:

硬度(邵尔 A)60±5 度;拉伸强度≥15 MPa;拉断伸长率≥380%;压缩永久变形:70 ℃×24 h≤35%,23 ℃×168 h≤20%,撕裂强度≥30 kN/m;脆性温度≤-45 ℃;热空气老化 70 ℃×168 h;硬度变化(邵尔 A)≤+8,拉伸强度≥120 MPa,拉断伸长率≥300%;臭氧老化 50 PPhm:20%,48 h,2 级。为避免混凝土浇筑过程中移位,橡胶止水带应设置定位环。橡胶止水带采用硫化热黏结。

(2)伸缩缝混凝土表面应平整、洁净,当有蜂窝麻面时,按上述第 5 条处理。

6.4.5.5　灌浆处理

1. 回填灌浆

(1)待衬砌混凝土全部完成、混凝土强度达设计强度的 70%后,在不影响洞内施工的前提下,由外向内及时跟进回填灌浆施工。回填灌浆孔按拱部 120°范围布设,每排 3 个孔,排距 3 m,在顶拱混凝土衬砌时按设计孔位埋设 ϕ50 塑料(钢)管,回填灌浆前,钻孔深度伸入基岩 10 cm,回填灌浆和检查孔(灌浆孔总数的 5%)的布设严格按施工规范进行。空隙较大部位应灌注水泥砂浆,掺砂量不大于水泥用量的 200%;若灌浆中断,应设法清洗至原孔深后恢复灌浆,若此时灌浆孔仍不吸浆,则应重新就近钻孔进行灌浆,确保灌浆质量。

(2)采用双层立式浆液搅拌机,浆液在使用前应过筛,从制备至使用完的时间不大于 4 h。

(3)浆液水灰比为 0.5:1,浆液温度应保持在 5~40 ℃,超过此温度应视为废浆。

(4)回填灌浆质量检查在该部位灌浆结束 7 d 后进行,采用钻孔灌浆法进行灌浆质量检查,向孔内注入水灰比为 2:1 的浆液,在规定压力下,初始 10 min 内注入两部超过 10 L 即为合格,否则应按监理工程师的指示或批准的方案措施进行处理。

2. 固结灌浆

(1)固结灌浆孔径不小于 38 mm,孔位、孔深、孔向应满足设计要求。

(2)固结灌浆应在混凝土衬砌 7 d 后进行,按环间分序、环内加密的原则进行,遇有地质不良地段可增为三序,但须经监理人批准。

(3)固结灌浆浆液水灰比 5:1、3:1、2:1、1:1、0.8:1、0.6:1、0.5:1 等 7 个重量比级,施工的浆液浓度由小变大逐渐改变。在规定压力下吸浆量不大于 0.4 L/min,持续灌注 30 min,即可停止灌浆。

(4)采用单孔灌浆方式,若灌浆中断,应尽快设法清洗至原孔深后恢复灌浆;中断超过 30 min,即可停止灌浆。

(5)采用单孔灌浆方式,若灌浆中断,应尽快设法清洗至原孔深后恢复灌浆;中断超过 30 min 后,若此时灌浆孔仍不吸浆,则应重新就近钻孔进行灌浆,确保灌浆质量。

(6)检查固结灌浆质量采用压水试验、岩体波速、静弹性模量法,应分别在灌浆结束后 3~7 d、14 d、28 d 进行。采用压水试验法检查灌浆质量,其检查孔的数量不应少于灌浆孔总数的 5%,检查后应进行灌浆和封堵。孔段合格率应在 80%以上;不合格孔段的透水率值不超过设计规定值的 50%,且不集中,灌浆质量可以认为合格。

6.4.6　压力钢管的制造和安装

6.4.6.1　钢管、岔管的制造焊接措施

电站压力钢管、岔管等下料制作采用不对称 X 形坡口,为保证质量对支管的纵向坡口和环向坡口均在厂内用刨边机加工坡口,对岔管等不规则形状钢板采用半自动切割机切割坡口,砂轮机打磨,加劲环等,非主要不规则形状采用手工切割坡口,电动砂轮打磨。划线与切割质量符合规范规定,一、二类焊缝及其他重要焊缝由合格焊工承担,每一条焊缝焊接完成后必须进行外观检查,检查标准执行《水利工程压力钢管制造安装及验收规范》(SL 432—2008)的有关规定。一、二类焊缝外观检查合格后才能进行无损探伤。一、二类焊缝超声波必须 100% 进行探伤及按设计要求进行射线探伤。执行标准为《钢焊缝手工超声波探伤方法和探伤结果分级》(GB/T 11345—1989)和《钢熔化焊对接接头射线照相和质量分级》(GB 3323—1987)及监理设计等有关要求进行。

1. 焊接材料

电站钢管由 16MnR 和 Q345c 钢板制作,选用相应强度等级的焊条。

(1)焊条应设专人按规定负责保管、烘烤、发放和回收,并有发放流向记录,严防搞混弄错。

(2)焊条在使用前应按焊条使用说明书的规定进行烘烤,并保温随取随用;若无使用说明书,应按规定进行有关试验,经试验合格后方可使用。

(3)焊工领取焊条,必须带保温筒,使用过程中要接通电源,焊条用一根拿一根。

(4)本工程主要使用 ER50-2、ER50-6 直径 ϕ1.2 的焊丝。

2. 岔管制作焊接

电站岔管三个(其中一个为预留扩机用),焊条选用 E50-6 相同强度等级。

(1)采用 CO_2 气体保护焊,坡口型式为不对称 X 形(按图纸要求制作)数控切割机下料并割出坡口。

(2)纵缝、环缝、肋板等组装按有关标准要求组装,焊接时使用履带式远红外线预热,保持层间温度及后热等,均按有关技术要求执行。

(3)在正式焊前再进行生产性焊接试验及焊接指导书进行焊接,以确保焊接质量。

(4)凡纵缝、环缝、肋板及梁等需多层、多道分段退步或对称焊接。

(5)每焊完一条焊缝均应进行焊后热处理,按技术要求进行。

(6)岔管本体不得焊接其他异物或电弧划痕等,如有必须清除打磨,有必要时可进行着色、渗透或磁粉探伤,防止表面裂纹产生。

(7)焊缝表面缺陷不允许存在,飞溅、药皮等均应清理干净,经表面质量检查合格 24 h 后,方可进行无损检测。

(8)经检测如有缺陷,必须进行返修,返修焊接与原来焊接方法相同,同一部位返修次数不得超过两次,若超过两次,焊接技术人员及质检人员应制定处理措施并报监理人员批准后方可进行。

(9)所有焊缝提供按要求规定的表面质量检查报告和无损探伤检测报告。

3. 钢管制作焊接

(1)Q354c 和 16MnR 钢管焊接性能良好,纵缝、环缝焊接时均应多层多道分段退步焊接。焊缝焊接时防止内凸外凹。

(2)焊缝焊接时均应按焊接工艺及相应技术要求进行焊接。

(3)焊缝焊接后应清除飞溅,打尽药皮,并进行焊缝外观检查,检查要求按有关规定执行。检查合格后经 24 h 停留进行无损探伤。

(4)无损检测时如有缺陷应及时处理,同一部位不得处理超过两次,若超过两次应找出原因,制定出可靠的处理措施后报送监理人员批准后实施。

(5)所有焊缝按规定要求提供表面质量检查报告及无损探伤报告。

4. 加劲环焊接

(1)加劲环焊接时,必须先焊对接焊缝。

(2)上下角焊缝应多层、多道焊接,并保证焊角高度符合设计要求。

(3)角焊缝焊接时,应多人分段退步对称上下交替连续焊接,以保证加劲环对钢管管壁的垂直度应尽量达到设计要求。

(4)保证角焊缝焊接质量,角焊缝两边不得有咬边现象存在,经检查应达到有关质量标准及图纸技术要求。

6.4.6.2　压力钢管的制造工艺

1. 划线

1)直管划线

工程技术人员依据设计图纸绘制的某节钢管下料图,将符合要求的钢板吊装到切割平台上,利用划线工具,将下料图上的几何形状及其尺寸按 1∶1 的比例画在下料的钢板上,划线时划出切割线、坡口线、检查线、钢管中心线和灌浆孔中心等,然后对所画图形及其各项尺寸,以下料图为准进行自检之后,通知有关质检人员进行复检,检查合格后,按下料工艺卡划上左、右、上、下四条中心线,并在每条中心线的两端打上轻微的样冲眼,再用油漆划出明显标记,最后在下料钢板上画出在此节钢管的水流方向、中心线位置以及注明此管节编号。

2)弯管及锥管划线

弯管下料前先用微机放样,根据放样结果制作样板,将预先制作的此节弯管下料样板平铺在下料钢板上,用划针沿样板的几何形状画在钢板上,划线时划出切割线、坡口线、检查线、钢管中心线和灌浆孔中心等,然后画出中心线水流方向和标出此管节编号。锥管的划线方法与弯管划线相同,即将锥管样板平铺在钢板上,然后沿其几何图形进行划线。

3)岔管划线

因岔管只有三件,所以直接在钢板上用平行法划线。

2. 切割

用数控火焰切割机分别沿着直线轨道(切割直线)和曲线轨道(切割曲线),将画在钢板上的钢管展开几何图形切割下来。火焰切割时切面会产生硬化层,其厚度一般在 3 mm以下,如果在切割后进行弯卷加工,则会由于硬化层的塑性降低而产生裂纹,因而对于直线部分坡口采用机加工,对于曲线部分坡口按工艺图切割设计所要求的坡口,切完一面后翻转钢板,再切割另一面坡口。

3. 坡口打磨

为避免火焰切割硬化层的影响,提高钢管焊接质量,各坡口切割后用磨光机将表面及其 100 mm 范围内钢板内外表面上的硬化层、毛刺、氧化铁等杂物打磨干净。

4. 卷板

如果钢板端头加工不合格,其接头形状不连续,会产生垂直于焊缝的角变形,大的角变形不仅会引起较大的应力集中,而且将使钢板的脆性转变温度向高温方向转移,从而成为出现脆性断裂的诱因,这即使在荷载不大的情况下也可能发生断裂。为此根据 16MnR 和 Q345c 的特点和其如果产生焊接角变形后在室温下机械矫形,则会在焊趾区发生集中应变的特点,为保证筒体对接偏差接近于零,圆弧精度良好,在用卷板机对钢板卷制之前,先利用在卷板机上加胎板的方法对钢板两端进行预弯或用钢管端部压弧机进行压弧。预弯弧度用相应的弧度样板检查合格后,再去掉胎板直接用卷板机进行卷制工作。在卷制过程中不断用弧度样板检查,合格后再进行下一张钢板的卷制。在卷锥管时将卷板机上辊根据锥度调成倾斜值,在卷制过程中不断用不同直径的两块样板同时检查其弧锥度。导流板下料后在卷板机上稍加弯曲,组装时按实际情况逐段调整弧度。

5. 对圆

在平台上将卷好的瓦块对成整圆,对圆时用压马楔子进行。对圆时控制圆长、焊缝间隙、钢板错牙和管口平整。对圆后进行对钢管的弧形和周长进行检查。必要时进行修整,修整合格后再进行纵缝焊接。

6. 纵缝焊接

为保证和提高焊接质量,将卷制好的钢管瓦片吊放到平面度良好的焊接平台上,先进行定位焊接,并用样板检查纵缝对接错位的偏差值,合格后再进行正式焊缝工作。若单节钢管由两块瓦片组成,则先将两块瓦片对圆合格后,再进行定位焊接和正式焊接工作。16MnR 和 Q345c 的焊接参数较常规,16MnR 和 Q345c 的钢板焊接时如果不注意则会出现焊接裂纹、熔合区脆化和应力消除退火的副作用等问题,为此焊接时必须控制预热温度、熔敷金属的扩散性氢的含量、熔敷金属的强度、焊接线能量和后热温度等因素,严格按照预定的焊接参数进行施焊。

7. 调圆

对圆焊接后的钢管刚性小,径向尺寸容易变动,为保证设计要求和便于以后组装,在上加劲环等前要将每小节钢管的上、下管口的圆度用调圆器调整到设计允许范围内,并保证管口平整。

8. 修弧

钢管纵缝焊接后,不可避免地产生角变形,如用样板检查后,纵缝处与弧度样板间隙超出允许偏差,则要用火焰矫正法对此处弧度进行矫正,直至合格。

9. 上支撑

为保证钢管在吊装和运输过程中不变形,在钢管调圆后用直径 50 mm 的焊接钢管在压力钢管内两端打好支撑,支撑上下错开。

10. 加劲环的制造

为了增加钢管的稳定性等,钢管支撑加固后组焊加劲环,因加劲环的内弧与钢管外壁相接,所以划线时在每块加劲两端宽度达到设计要求的前提下,中间大于设计尺寸的部分不再切割。为保证加劲环内弧光滑,采用半自动切割机进行切割,切割后清除留在内外弧边缘上的硬化层和毛刺等,对内弧要用样板检查,不合格处采用火焰加热法进行矫正,直至合格。根据钢管的管径大小,加劲环数量不等分成几等份进行下料,对接焊缝坡口和与管壁连接坡口采用对称的 K 形坡口。

11. 加劲环的组装

加劲环组装前,要将各块环板内弧表面上的毛刺和氧化铁等打磨干净,并修正到其内弧半径与钢管外壁半径相等后再进行组装及焊接。安装时要用直角尺检查各弧板与钢管壁的垂直度。加劲环安装时其拼装焊缝与钢管的纵缝错开 500 mm。

12. 岔管的制造

岔管按设计图纸分块下料,先将肋板水平放置在钢板平台上,两面划出与管壳的相贯线,然后在肋板水平放置的情况下管壳与肋板进行组装,检查实际组合线是否与相贯线重合,检查合格后再进行正式组装焊接。岔管由于不需做水压试验,在制作时主管和两支管方向按设计值下料。

13. 凑合节的制造

凑合节的制造根据钢管的布置特点和设计的具体要求,采用整体式凑合节和分块凑合节的制造方法。

1) 整体式凑合节的制造

整体式凑合节的制造和其他钢管节制造方法相同,即由一块或两块钢板瓦片组成。凑合节瓦片卷制后先修再对圆,然后纵缝定位焊及正式焊,其次进行焊缝内部无损检测和其外观检查,最后凑合节内外表面预处理和防腐。不同之处是凑合节的实际制造长度要大于设计长度 30 mm 左右。

2) 分块式凑合节的制造

分块式凑合节的制造,先将用于制造凑合节的钢板卷制成瓦片,为便于吊装,一般分块式凑合节由 3 块或 4 块瓦片组成。制造分块式凑合节瓦片,在下料工序时,钢板的宽度及长度方向都要超出设计值 30 mm,作为余量。

6.4.6.3　压力钢管的成品后处理

1. 回填灌浆孔和接触灌浆孔的制作

先根据施工图纸将多件用料进行整体下料,整体卷制成合格弧度后再切割成单件,最后进行钻孔攻丝。

2. 不同钢板厚度的钢管口对接处理

当两种不同厚度的钢板对接时,在下料后,先用刨边机将较厚钢板与薄钢板的对接处按 1:5 的斜度,将厚钢板做削斜处理后再进行卷制。

3. 水压试验

本工程不进行水压试验。

4. 钢管内、外表面预处理和防腐

为了延长压力钢管的使用期限,将钢管内、外表面进行防腐涂装是制造过程当中的一项重要环节。涂装一般包括下面两个程序:

(1)钢管内、外壁表面预处理。

钢管内壁表面涂装前,要对表面进行预处理。在预处理前,首先清除内壁表面上的焊渣、毛刺、焊疤等。预处理时采用喷砂枪除锈,除锈要达到《涂装前钢材表面锈蚀等级和除锈等级》(GB 8923—1988)规定的 Sa2.5 级标准,检查方法应用照片目视比较评定。钢管外壁除锈后达到 Sa1 级标准。涂装前再用真空吸尘器清除表面上的灰尘等杂物。

(2)油漆喷涂。

涂装前按有关规定进行工艺试验,并将试验成果报送监理人员,涂装材料的使用按制造厂家说明书进行。在潮湿气候条件下,4 h 内完成涂装,在晴天或正常大气条件下 12 h 内完成涂装工作。钢管段内壁涂刷无机富锌漆,涂刷后干漆膜厚度不小于 45 μm,涂刷后按规定对涂层质量进行检查,涂层内部质量检查要符合施工图要求和规范规定。外观检查如由流挂、皱皮、针孔、裂纹和鼓泡等现象时,应进行处理,直至监理人员认为合格。钢管外壁采用环氧沥青漆涂刷。

6.4.6.4 压力钢管制作工程试验检测

(1)压力钢管制作使用 16MnR 和 Q345c 板材,厚度为 18 ~ 46 mm,业主提供材料,出具质量证明书,珠江水利科学研究院对钢板做检测符合相关规范要求。

(2)压力钢管制作使用焊丝、焊剂、焊条等焊接材料均使用四川大西洋焊接材料股份有限公司提供,并出具相关的材质说明书,符合相关规范要求。

(3)压力钢管制作焊缝探伤检测采用斜探头反射法。纵焊缝为一类焊缝,按照 100% 进行探伤检测、20% 射线检测,经检测,焊缝全部符合质量要求。环缝为二类焊缝,安装 100% 进行超声波探伤检测,经检测,焊缝全部符合质量要求。焊缝探伤检测过程中,监理旁站跟踪抽查,检测结果均为合格。本项检测主要报告 1 份,射线探伤报告 3 份,超声波探伤报告 80 份。

(4)压力钢管制作管内采用无机富锌漆,管外采用环氧煤沥青厚浆防腐漆。

6.4.7 厂房、尾水渠和开关站施工

厂房区基岩大面积裸露,第四系崩坡积堆积零星分布主要为黏土及碎块石,厚度 0 ~ 20 m。自然边坡角为 15° ~ 30°,基岩为灰绿色玄武岩($P_2\beta^3$),呈厚层块状,裂隙发育方向主要为垂直河流裂隙 NE76°/NW ∠30°,还发育一组平行河流的 NW 350°/NE ∠60°。强风化厚度薄,多为弱风化—微风化;岩体透水性微弱,岩体新鲜完整,岩体强度较高。

厂房、尾水渠和开关站土石方开挖总量为 11.803 万 m^3,厂房建基面高程为 909.30 m,低于外江常水位,施工程序采用先开挖厂房基坑,预留尾水渠处岩坎,待厂房浇筑到度汛高程以上,机组安装完成前,进行尾水渠施工。

1. 土石方开挖

厂房、开关站表层覆盖土采用推土机集料,1 m^3 的反铲挖掘机配合 10 t 的自卸汽车开挖运输,石方开挖采用风钻钻孔,局部配手风钻,出渣方式与覆盖层开挖相同,出渣地点

结合都格乡镇规划合理弃渣,弃渣运距 2.0 km。

厂房后边坡最大开挖高度 48 m,属中等开挖边坡,施工中采取边开挖边支护的原则,确保施工安全。

尾水渠石方开挖采用控制爆破方式,避免对附近建筑物的振动破坏。

2. 混凝土施工

厂区采用 2 台 JS500 的混凝土强拌机拌制混凝土,拌好的混凝土采用 10 t 的自卸汽车运输,15 t 履带吊配 3 m³ 卧罐入仓,人工平仓,人工振捣,钢筋和模板均由履带吊吊运入仓,配合就位。

开关站混凝土主要是设备基础、预制混凝土构架等,工程量很小,采用机动翻斗车运输。

6.4.7.1　厂房下部结构施工

1. 主厂房下部结构

主厂房下部结构主要包括尾水管、肘管、锥管、蜗壳、机墩、风罩、下游防洪墙、尾水闸墩、厂房上游侧墙、两侧端墙等,具有混凝土相对集中,混凝土浇筑施工时入仓强度较高,单仓仓面较大的施工特点,同时还具有混凝土施工与安装工作交叉进行,相互提供工作场面,相互制约也互相协调的特点。

主厂房下部结构钢筋布置密集,预埋管道、预留孔洞多,混凝土施工与其他施工交叉作业频繁,施工干扰较大,施工时应特别注意。

施工时钢筋、模板由塔机吊运入仓,其中边墙、基础等大仓位混凝土采用大板钢模,机墩、风罩等采用小块标准钢模,闸墩、门槽采用定型模板。并由塔机配合人工完成钢筋、模板作业。

混凝土浇筑采用 1.2 t 吊罐吊运。

仓内采用人工配合机械平仓,每仓配备 2 台插入式振捣棒,直径分别为 ϕ 100～50 mm,利用 ϕ 50 mm 振捣棒振捣边角、止水及预埋管道等部位的混凝土。

2. 主、副厂房上部结构

主厂房上部结构包括发电机层板梁、吊车梁、吊车柱及尾水平台板梁等。具有结构小、高度较高等特点。

上部结构施工时,模板量及钢筋量相对较大,模板工作时间及钢筋制安时间较长。施工时,模板采用标准钢模,模板及钢筋等材料由塔机提升入仓,配合人工完成安装工作。

混凝土采用 1.2 t 塔机吊运入仓。仓内铺料采用平铺法,均衡上升,柱每层铺料厚不超过 50 cm,板梁等钢筋密集结构每层铺料不超过 30 cm。

仓内采用人工平仓,每仓配备足够的振捣器,振捣器视具体施工部位选用 ϕ 100～50 mm,利用 ϕ 50 mm 振捣棒振捣边角、止水、预埋孔洞边缘、楼板等结构或部位混凝土。

6.4.7.2　尾水渠施工

1. 尾水渠缓坡段混凝土施工方法

尾水渠底板缓坡混凝土坡率 i = 1:3,施工时模板采用滑模,滑模利用卷扬机牵引,卷扬机布置于缓坡段末端。滑模进位安装利用门机或 QUY50 履带吊。

缓坡底板钢筋等材料利用门机或履带吊入仓内,人工配合搬运安装绑扎。

混凝土水平运输采用15 t自卸汽车,自卸汽车卸料入3 m卧罐,门机或履带吊提升卧罐入仓。或者采用6 m³混凝土罐车水平运输,混凝土罐车经尾水渠后段运至缓坡段末端,卸料入坡面溜槽内,由溜槽往仓内输送混凝土入内。

仓内配备3~5台插入式振捣棒,直径ϕ50~75 mm。

滑模提升速度控制在2.0 m/h内,如出现已浇混凝土面外凸等现象时,应及时调整混凝土坍落度,并适当降低滑模滑升速度,滑模抹面架上配备足够人员,及时对混凝土面进行抹面。

2.尾水渠边墙混凝土施工方法

尾水渠两侧边墙混凝土具有层薄、分散的特点。

施工时,按设计分缝分段浇筑,采用先边墙后底板的施工程序。

模板采用标准钢模拼装,混凝土由自卸汽车水平运输,卸料入料斗,QUY50履带吊提升混凝土入仓。

仓内采用人工平仓,每仓配备2~3台插入式振捣器,直径ϕ50 mm,利用ϕ38 mm振捣棒振捣边角、止水等部位的混凝土。

3.尾水闸墩混凝土施工方法

尾水闸墩模板采用钢模板,闸墩墩头采用定型模板,门槽采用定型模板。

施工时,模板、钢筋等材料由布置于厂房下游反坡段内的塔机提升,人工安装成型。混凝土也用塔机提升入仓。

仓内铺料采用平铺法,每层铺料厚不超过50 cm,人工配合机械平仓,振捣棒选用ϕ100~50 mm,利用ϕ50 mm振捣棒振捣边角、止水等部位。

6.5　质量检测

泥猪河水电开发有限责任公司委托珠江水利委员会珠江水利科学研究院对泥猪河水电站工程施工期现场施工进行抽样检测。

6.5.1　坝段基础

检测2#坝段坝底基础,满足设计要求。

6.5.2　闸墩、闸底板

检测依据《水工混凝土试验规程》(SL/T 352—2006),选用ZC3-A型中型回弹仪。检测面选择平整的混凝土表面,测点避开气孔或外露石子。在副厂房、尾水闸门柱及板等部位进行回弹,每区16个测点。测区面积400 cm²,两测点间距一般不小于50 mm。弹击时,回弹仪的轴线垂直于结构或构件的混凝土表面,缓慢均匀施压,然后读取回弹值。用电动冲击钻在回弹值的测值的测区内,钻一个直径20 mm、深70 mm的孔洞,测量混凝土碳化深度。测量混凝土碳化深度时,需将孔洞内的混凝土粉末清除干净,用1.0%的酚酞乙醇溶液(含20%的蒸馏水)滴在孔洞内壁的边缘处,用钢直尺测量混凝土碳化深度值。

检测闸墩及闸底板混凝土强度等级均为C25。闸墩混凝土强度平均值在31.9~36.1

MPa,标准差在 1.8~4.6 MPa,变异系数在 5.0%~11.0%;闸底板混凝土强度平均值在 33.5~36.0 MPa,标准差在 4.3~4.6 MPa,变异系数在 12.5%~13.1%。闸底板混凝土强度标准差及变异系数较大。

6.5.3　厂房

检测 3# 机组与楼梯之间混凝土质量,设计强度为 C20,检测结果大于设计强度。

6.6　施工质量缺陷处理

略。

6.7　工程验收及质量评定

6.7.1　完成工程量

6.7.1.1　拦河坝

拦河坝工程主要工程量总计为土石方开挖 136 462.11 m³,混凝土 37 138.87 m³,钢筋 857.69 t,回填石渣 2 760.21 m³,浆砌石砌筑 13 733 m³。拦河坝工程主要完成工程量见表 6-1。

表 6-1　拦河坝工程主要完成工程量

序号	项目名称	单位	工程量	说明
1	土方开挖	m³	52 476.86	
2	石方开挖	m³	83 985.25	
3	石渣回填	m³	2 760.21	
4	混凝土浇筑	m³	37 138.87	
5	钢筋制安	t	857.69	
6	浆砌石砌筑	m³	13 733	
7	铺土工布	m²	1 810	
8	止水铜皮	m	905.24	
9	黏土回填	m³	803.67	
10	反滤料回填	m³	1 031.72	
11	PVC 管安装	m	249	
12	白铁皮止水	m	161	
13	橡胶止水	m	132.20	
14	库区清淤	m³	10 669.50	
15	围堰拆除	m³	3 840	

6.7.1.2　厂房

厂房主体工程混凝土浇筑 13 360.32 m³,乙型止水铜片安装 105.65 m,钢筋制安

696.17 t。进水闸门段工程:开挖 7 697.80 m³、混凝土 5 865.61 m³、钢筋 218.16 t。调压井开挖工程:开挖总方量 20 042 m³。调压井固结灌浆及二期混凝土工程:固结灌浆 765.0 m,钢筋混凝土 C25 护壁混凝土 454.41 m³,混凝土(底板、升管、顶板)6 531.70 m³。

6.7.1.3 变电站

2 台主变安装、2 台厂变安装、12 台开关柜安装。4 组 110 kV 六氟化硫断路器安装、6 组 110 kV 单接地隔离开关安装、3 组 110 kV 双接地隔离开关安装、2 台 63 kV 隔离开关安装。12 只 110 kV 2×500/5 A 电流互感器安装、1 只 10 kV 200/5 A 电流互感器安装、1 只 10 kV 100/5A 电流互感器安装、9 只 12 kV 3 000/5 A 电流互感器安装、8 只 110 kV 避雷器安装、6 只 10 kV 避雷器安装、2 组绝缘铜管母线装置安装。

6.7.1.4 水轮发电机

水轮发电机安装主要完成工程量见表 6-2。

表 6-2 水轮发电机安装主要完成工程量

序号	名称	型号及规格	单位	数量
1	水轮机	HLC435-LJ-180 型	台	3
2	水轮发电机	SF34-12/3 900 型	台	3
3	调速器	BWT-80-4.0 型	台	3
4	调速器油压装置	HYZ-1.0-4 型,$P=4.0$ MPa	台	3
5	蝶阀	ϕ 2 200 液动蝶阀,$P=2.5$ MPa	台	3
6	蝶阀液控站	$P=16.0$ MPa	台	3
7	蝶阀控制柜		台	3
8	桥式起重机	100/20 t,$L_k=14.5$ m	台	1
9	全自动滤水器	ZLSG-200 型	台	4
10	低压空压机	SCK-26A 型,$Q=3$ m³/min,$P=0.7$ MPa,$N=18.5$ kW	台	2
11	中压空压机	SF-1/45 型,$Q=1$ m³/min,$P=4.5$ MPa,$N=18.5$ kW	台	2
12	储气罐	$V=1.5$ m³,$P=4.5$ MPa	只	1
13	储气罐	$V=8$ m³,$P=0.8$ MPa	只	2
14	供水泵	ISG(B)200-400(I)B 型 $Q=300$ m³/h,$H=40$ m,$N=55$ kW	台	4
15	检修排水泵	ISG200-250 型 $Q=200$ m³/h,$H=20$ m,$N=18.5$ kW	台	2
16	渗漏排水泵	150WQ200-30-37 型 $Q=200$ m³/h,$H=30$ m,$N=37$ kW	台	2

续表 6-2

序号	名称	型号及规格	单位	数量
17	透平油滤油机	ZJCQ-3	台	1
18	真空净油机	ZJB-3KY	台	1
19	压力滤油机	LY-150	台	1
20	齿轮油泵	KCB-83.3	台	2
21	电烘箱	DX-1.2	台	2
22	水机监测装置	HSJ-2 型	台	3
23	台式砂轮机	S3ST-150,ϕ150	台	1
24	落地式砂轮机	S3SL-300,ϕ300	台	1
25	软轴砂轮机	S3SR-150	台	2
26	交流电焊机	BX3-500	台	2
27	直流电焊机	ZX5-400	台	2
28	手提电钻	J3Z-13	台	1
29	手提电钻	J3Z-19	台	1
30	手提式砂轮机	S3S-100	台	2
31	透平油桶	$V=7\ \mathrm{m}^3$	台	3
32	绝缘油桶	$V=15\ \mathrm{m}^3$	台	3
33	消防供水泵	XBD(I)4.2/15-(I)-150	台	2

6.7.2　工程验收及质量评定

6.7.2.1　重要隐蔽(关键部位)单元工程核备

泥猪河水电站工程重要隐蔽(关键部位)单元工程施工质量评定见表 6-3,经施工单位自评、监理单位抽查复核、项目法人认定,报质监站核备。质监站共核备该水电站工程重要隐蔽(关键部位)单元工程 78 个,合格单元工程 78 个,优良单元工程 38 个,优良率48.7%。其中:大坝工程单位工程合格单元工程 20 个,优良单元工程 9 个,优良率45.0%;发电引水系统单位工程合格单元工程 5 个,优良单元工程 0 个,优良率 0;发电厂房工程单位工程合格单元工程 49 个,优良单元工程 27 个,优良率 55.1%;变电站工程单位工程合格单元工程 4 个,优良单元工程 2 个,优良率 50.0%。

表 6-3　重要隐蔽(关键部位)单元工程核备统计

序号	工程名称			单元个数		
	单位工程	分部工程	单元工程	数量	合格数	优良数
1	大坝工程	重力坝基础	基础开挖	9	9	0
2		消力池工程	基础开挖	1	1	0
3		岸坡及海漫工程	开挖	1	1	0
4		金属结构及启闭机安装	闸门埋件、门体安装	9	9	9
5	发电引水系统	进水闸门段工程	基础开挖	1	1	0
6		隧洞开挖及衬砌工程	压力管道衬砌	2	2	0
7		调压室灌浆及二期混凝土工程	围岩固结灌浆	2	2	0
8	发电厂房工程	△地基与基础	厂房基础开挖	1	1	1
9			主厂房底板及尾水闸墩	1	1	1
10			蝶阀室、底板及水轮机层以下混凝土	1	1	1
11		△厂房主体工程	厂房尾水管、导墙及尾水闸墩	5	5	4
12		△水轮机发电机安装	水轮机安装	15	15	15
13			发电机安装	21	21	0
14			充水、空载并列负荷试验	5	5	5
15	变电站工程	△变压器及开关柜安装	电力变压器	2	2	1
16			干式变压器	2	2	1

6.7.2.2　分部工程施工质量核备

泥猪河水电站工程分部工程施工质量评定见表 6-4,经施工单位自评、监理单位复核、项目法人认定,报质监站核备,质监站已办理了核备手续。质监站共核备分部工程 17个,优良等级 2 个,优良率 11.8%。其中:大坝工程单位工程合格分部工程 5 个,优良分部工程 1 个,分部工程优良率 20.0%,包含单元工程个数 80 个,合格单元工程 80 个,优良单元工程 22 个,单元工程优良率为 27.5%;发电引水系统单位工程合格分部工程 5 个,优良分部工程 0 个,分部工程优良率 0%,包含单元工程个数 391 个,合格单元工程 391 个,优良单元工程 51 个,单元工程优良率为 13.0%;发电厂房工程单位工程合格分部工程 4 个,优良分部工程 1 个,分部工程优良率 25.0%,包含单元工程个数 147 个,合格单元工程 147 个,优良单元工程 46 个,单元工程优良率为 31.3%;变电站工程单位工程合格分部工程 3 个,优良分部工程 0 个,分部工程优良率 0%,包含单元工程个数 46 个,合格单元工程 46 个,优良单元工程 10 个,单元工程优良率为 21.7%。

表 6-4　分部工程核备统计

序号	单位工程名称	分部工程		单元工程		
		工程名称	质量结论	数量	合格个数	优良个数
1	大坝工程	重力坝基础	合格	9	9	0
2		重力坝坝体工程	合格	33	33	0
3		消力池工程	合格	10	10	0
4		岸坡及海漫工程	合格	4	4	0
5		金属结构及启闭机安装	优良	24	24	22
6	发电引水系统	进水闸门段工程	合格	11	11	0
7		隧洞开挖及衬砌工程	合格	301	301	51
8		压力钢管安装工程	合格	68	68	0
9		调压室开挖工程	合格	4	4	0
10		调压井灌浆及二期混凝土工程	合格	7	7	0
11	发电厂房工程	△地基与基础	优良	7	7	7
12		△厂房主体工程	合格	52	52	19
13		门窗装饰冷暖工程	合格	3	3	0
14		△水轮机发电机安装	合格	85	85	20
15	变电站工程	△变压器及开关柜安装	合格	19	19	2
16		断路器及隔离开关安装	合格	15	15	4
17		△互感器及避雷设备安装	合格	12	12	4

6.7.2.3　单位工程质量评定结论核定

质监站根据《水利水电工程施工质量检验与评定规程(附条文说明)》(SL 176—2007)的规定,依据建设、监理单位的复核意见,结合历次质量检查及质量检测情况,以及单位工程质量评定结果(见表 6-5 和表 6-6),对水电站单位工程工程质量评定结论进行核定。

表 6-5　单位工程外观质量评分统计

序号	单位工程名称	外观分值	实得分	得分率(%)
1	大坝工程	114	105	92.1
2	发电引水系统	100	96.7	96.7
3	发电厂房工程	167	155	92.8
4	变电站工程	167	155	92.8

表 6-6 单位工程质量评定结果统计

序号	单位工程名称	分部工程质量统计			单元工程质量统计			单位工程等级
		个数（个）	其中优良（个）	优良率（%）	个数（个）	其中优良（个）	优良率（%）	
1	大坝工程	5	1	20	80	22	27.5	合格
2	发电引水系统	5	0	0	391	51	13.0	合格
3	发电厂房工程	4	1	25	147	46	31.3	合格
4	变电站工程	3	0	0	46	10	21.7	合格

所有单位工程均已按合同规定的内容全部建成并验收合格投入运行。建设过程中原材料质量合格；中间产品质量合格，混凝土拌和质量全部合格；金属结构及机电设备质量合格；工程已经进行外观质量测评；施工过程未发生质量安全事故；工程质量达到设计及规程规范要求，工程质量等级合格。

6.7.3 挡水闸坝施工评价

泥猪河水电站冲沙闸、滚水坝、消能防冲建筑物设计及布置合理，结构稳定，消能防冲可靠，能实现其自身功能要求，安全可靠。

现场检查发现拦河坝 1# 泄水闸、溢流坝堰顶溢流面已出现保护层冲蚀，钢筋裸露。经进一步调查，通过检查设计图纸和施工记录，设计图纸中过流表面混凝土强度采用 C25 混凝土，但施工配筋图上文字描述混凝土为 C20，水利水电工程施工质量三检表记录为 C20，挡水坝的施工与设计要求存在一定差异。泄水闸、溢流坝施工三检表见图 6-1。

根据《水利水电工程合理使用年限及耐久性设计规范》（SL 654—2014）4.3.7 第 3 点要求如下：

基础混凝土强度等级不应低于 C15，过流表面混凝土强度等级不应低于 C30。碾压混凝土坝表层混凝土强度等级不应低于 $C_{180}15$，上游面防渗层混凝土强度等级不应低于 $C_{180}20$ 且宜优先采用二级配碾压混凝土。

《水利水电工程合理使用年限及耐久性设计规范》（SL 654—2014）4.3.7 第 3 点要求工程基础混凝土强度等级不应低于 C15，过流表面混凝土强度等级不应低于 C30 的要求，工程设计过流表面混凝土强度等级为 C25，低于规范要求，施工配筋图上描述混凝土为 C20，施工签证表记录为 C20，导致实际施工混凝土强度等级为 C20，由于过流表面混凝土强度过低导致 1# 泄水闸、溢流坝堰顶溢流面已出现保护层冲蚀，钢筋裸露。

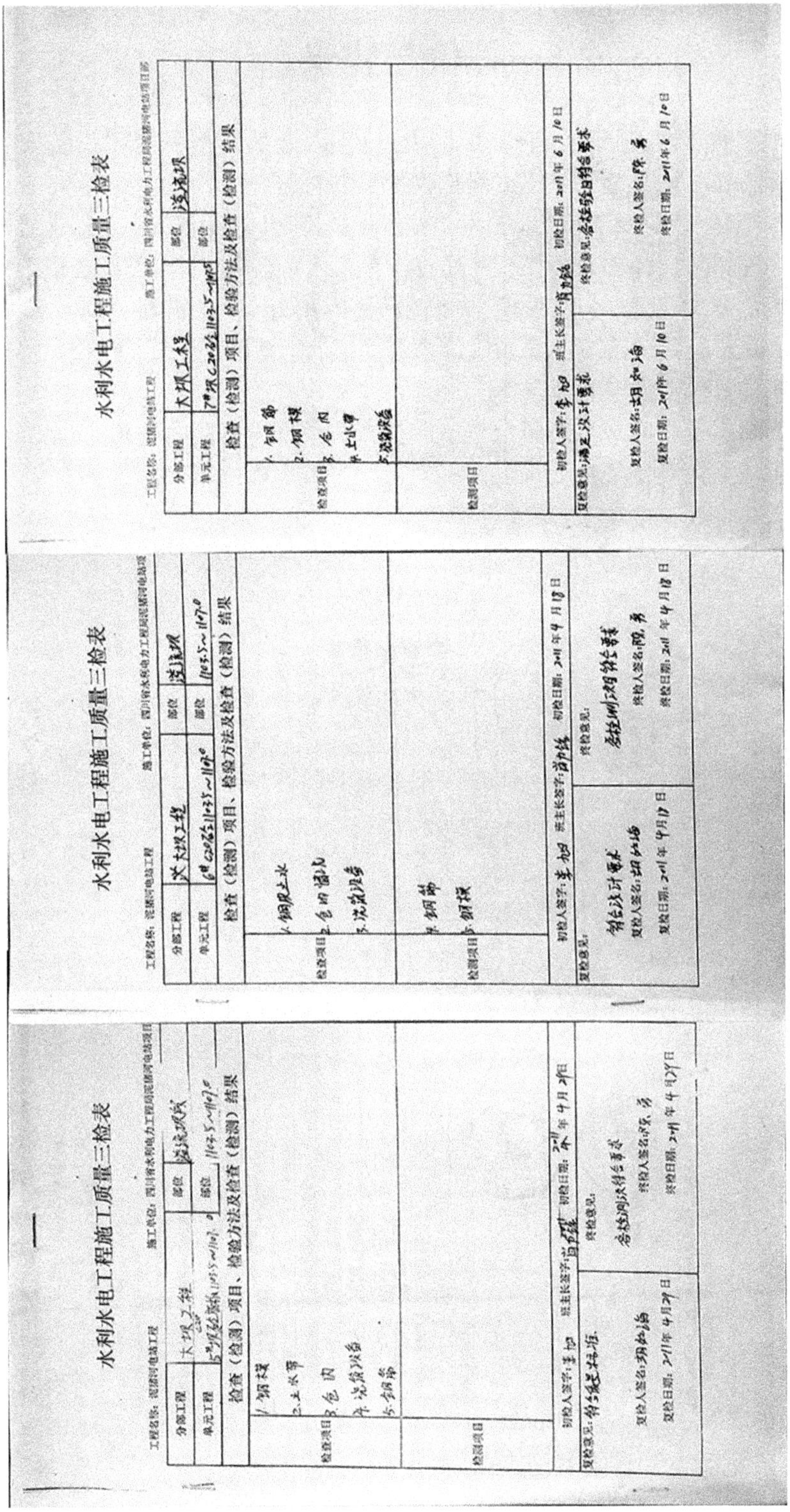

图6-1　水利水电工程施工质量三检表

6.8　评价与建议

(1)拦河闸坝工程土建、建筑及装修、配套设备安装、金属结构及启闭设备安装等已按批准的设计内容完成,并通过了单位工程验收,工程质量合格。

(2)厂房工程土建、建筑及装修、水轮发电机组和配套机电设备安装、金属结构及启闭设备安装等已按批准的设计内容完成,并通过了单位工程验收,工程质量合格。

(3)系统接入工程的土建、电缆敷设、光缆敷设、隔离开关、避雷器、软母线、接地装置、光通信等设备的安装调试已按批准的设计内容完成,单位工程通过了验收并移交运行管理单位投入使用,工程质量等级为合格。

(4)工程的原材料及中间成品质量合格,所有分部、单元工程验收合格。

(5)运管单位应采用满足规范要求混凝土对大坝过流表面进行加固维护。

第 7 章　水力机械

7.1　概　述

机组主要设备由 3 台混流式水轮机和水轮发电机组成,水轮机其他附属设备由供水系统、排水系统、油系统、气系统、调速液压系统等组成。

7.2　主要设计变更

水力机械的设计安装没有发生变更。

7.3　主要设备选型、制造、安装和调试

7.3.1　主要水力设备选型

7.3.1.1　水轮机

根据本电站水头范围为 199～191.2 m,选择混流式水轮机。

采用 3 台机的装机方案。

水轮机机型的主要参数如下:

生产厂家:重庆水轮机厂有限责任公司;

水轮机:HLC436-LJ-180 型;

水轮机名称:立轴金属蜗壳混流式水轮机;

转轮名义直径:$DI = 1.85$ m;　　　　　　额定出力:$N_r = 36\,080$ kW;

额定水头:$H_r = 182$ m;　　　　　　　　额定流量:$Q_r = 20.997$ m³/s;

设计水头:$H_P = 182$ m;　　　　　　　　设计流量:$Q_P = 21.73$ m³/s;

最小工作水头:$H_{min} = 178$ m;　　　　　额定效率:$\eta = 93.5\%$;

最大工作水头:$H_{max} = 199$ m;　　　　　额定轴功率:$N_T = 35.052$ MW;

吸出高度:$H_s = -2.66$ m;　　　　　　　额定转速:$n = 500$ r/min;

最大水推力:$p = 80$ t;　　　　　　　　　飞逸转速:$n_r = 830$ r/min;

水轮机总重:70 t;　　　　　　　　　　　机组旋转方向:俯视顺时针。

7.3.1.2　水轮发电机

本电站采用 3 台混流式水轮机,配备 3 台单机容量为 34 MW 发电机。

发电机机型的主要参数如下:

生产厂家:重庆水轮机厂有限责任公司;

发电机名称:立轴悬垂型密闭循环通风空气冷却三相同步水轮发电机;

水轮发电机:SF35-12/3900 型;　　　　　　型式:三相立轴悬式;

额定功率:(P_N)35 000 kW;　　　　　　额定频率:(f_N)50 Hz;

额定容量:(S_N)43 750 kVA;　　　　　　功率因数:0.8(滞后);

额定电压:(U_N)10.5 kV;　　　　　　　效率:η = 97.92%;

额定电流:(I_N)2 405.6 A;　　　　　　相数:3;

额定转速:(n_N)500 r/min;　　　　　　定子接线方式:2Y;

飞逸转速:n_r = 830 r/min;　　　　　　绝缘等级:(定子/转子)F/F;

额定励磁电流:(I_{LN})630 A;　　　　　空载励磁电流:(I_{fo})307 A;

额定励磁压:(U_{LN})242 V;　　　　　空载励磁电压:(U_{fo}) 80 V;

励磁方式:静止晶闸管励磁;　　　　　　旋转方向:俯视顺时针;

发电机总重:185 t;　　　　　　　　　转子连轴重:90 t;

发电机冷却方式:密闭循环空气冷却器水冷却。

7.3.2　水轮机附属设备

7.3.2.1　技术供水系统

技术供水系统主要用于发电机冷却器、轴承冷却器、水轮机主轴密封、主变压器冷却器、空气压缩机冷却、水泵润滑、厂内生活等用水。

机组各部位用水量为:发电机空气冷却器冷却水 200 m³/h,水压 0.5 MPa;水轮机轴承油冷却器冷却水 30 m³/h,水压 0.5 MPa;发电机上机架推力轴承和上导轴承油冷却器冷却水 35 m³/h,水压 0.5 MPa;发电机下导轴承油冷却器冷却水 5 m³/h,水压 0.5 MPa;每台机组用水总量为 270 m³/h;本电站水头范围为 199~180 m,采用水泵循环供水方式。

7.3.2.2　排水系统

1. 机组检修排水

本电站采用直接排水方式。蜗壳排水阀采用截止阀。

机组检修时,下游尾水位按 921.9 m 考虑,先把钢管、蜗壳、尾水管的水自流排至下游,此后,流道进出口闸门之间的积存水容积为 150 m³,上游闸门漏水量为 108 m³/h,下游闸门漏水量为 75.1 m³/h,总漏水量为 183.1 m³/h,取排水时间为 4 h,故取 2 台 ISG200-250 型管道泵和 1 台 SZB-4 型真空泵,Q = 200 m³/h、H = 20 m、N = 18.5 kW,排水泵的启停由手动控制。

2. 厂房渗漏排水

厂房渗漏排水主要包括水轮机主轴密封、伸缩节漏水、厂房水下部分水工结构渗漏水、洗涤等排水。

厂内设置一渗漏集水井,集水井有效容积为 50 m³。经比较选择 2 台 150WQ200-30-37 潜水泵,以将渗漏水排至下游。该型水泵 Q = 200 m³/h、H = 30 m、N = 37 kW,排水泵的启停由水位信号器自动控制。1 台工作,1 台备用。

7.3.2.3　油系统

油系统包括透平油系统和绝缘油系统。

1. 透平油系统

透平油系统主要用于机组润滑和操作用油,经估算,1 台机组最大用油量为 6.2 m³,按 1.1 倍选用 1 个 7.0 m³ 净油罐、1 个 7.0 m³ 运行油罐、1 个 7.0 m³ 污油罐。选用 1 台 LY-150 型压力滤油机和 1 台 DX-1.2 型电烘箱,选用 1 台 ZJCQ-3 型透平油滤油机,选用 1 台 KCB-83.3 型齿轮油泵,透平油牌号为 L-TSA 46#。

2. 绝缘油系统

1 台主变压器最大用油量为 12.68 m³,按 1.1 倍选用 1 个 15 m³ 净油罐、1 个 15 m³ 运行油罐、1 个 15 m³ 污油罐。选用 1 台 ZJB3KY 型真空滤油机,选用 1 台 KCB-83.3 型齿轮油泵,绝缘油牌号为 DB-25#。

7.3.2.4　压缩空气系统

压缩空气系统包括中压压缩空气系统和低压压缩空气系统。

1. 中压压缩空气系统

本系统主要用于调速系统压力油罐用气。油压装置型号为 HYZ-1.0-4.0,额定工作压力为 4.0 MPa。

选用 2 台 SF-1/45 型空气压缩机;选用 1.5 m³ 中压储气罐 1 个,额定压力为 4.5 MPa,用于压力油罐用气,空压机的启停由储气罐上的压力信号器自动控制。

2. 低压压缩空气系统

本系统主要用于机组的正常制动用气、调相压水用气,水轮机检修密封、吹扫和风动工具用气。

每台发电机制动用气量为 6 L/s,制动用气量按 3 台机组同时停机考虑,选用 2 个 8 m³ 储气罐和 2 台 SCK26A 型空压机。压气机的启停由储气罐或气管上的压力信号器自动控制。

7.3.2.5　调速器

调速器型式为微机调速器,其主要参数如下:

型号:BWT-80 配 HYZ-1.0-4.0 型油压装置;

型式:步进电机微机调速器;

操作油压(MPa):4.0。

7.3.3　水力机械主要设备布置

本电站厂房为引水式地面厂房。沿厂房长度方向指向安装场为机组的 +X 方向,沿厂房宽度方向指向机组上游(逆水流方向)为机组的 +Y 方向。

主厂房内布置有 3 台立轴混流式水轮发电机组。面向下游,安装场布置在主机室左侧,3 台机组自右至左依次编定为 1#、2#、3# 机。机组间距为 11.0 m,蝶阀中心至机组 +X 轴线的距离为 5.7 m,进水管中心至机组 +Y 轴线的距离为 2.355 m,发电机层上游侧宽 9.5 m,下游侧宽 7.2 m。主厂房总宽 16.7 m,包括安装场总长 50.52 m,安装场长 13.5 m,与主机室同宽。

根据水轮机吸出高度及 1 台机运行尾水位,确定水轮机导叶中心安装高程为 917.0 m。发电机层地面高程为 926.10 m,水轮机层地面高程为 919.0 m,蝶阀层地面高程为

913.9 m,尾水管底板高程为 910.8 m,渗漏集水井底板高程为 910.8 m,安装场地面高程为 933.3 m。起重机轨顶高程为 943.3 m,屋顶顶棚底面高程为 947.6 m,管道层地面高程为 919.5 m,水泵室地面高程为 916.5 m。

水轮机调速器布置在发电机层+Y-X象限;ϕ2.2 m 伸缩节布置在蝶阀下游侧;蝶阀液控站布置在水轮机层上游侧;漏油装置和回油箱布置在蝶阀层下游侧。

水轮机机坑内径为 3.40 m,机坑进人门设在-Y方向。

空压机室布置在安装场下发电机层,透平油库及油处理室布置在安装场下水轮机层,检修排水泵和渗漏排水泵布置在蝶阀层,技术供水泵和消防供水泵布置在主厂房下游侧 916.5 m 高程水泵室中。

绝缘油库及油处理室、机修间均布置在厂外。

厂房下游侧为交通主通道,厂房两端布置有交通主楼梯。

7.3.4 水轮机安装

7.3.4.1 水轮机安装程序
水轮机安装程序见图 7-1。

7.3.4.2 水轮机安装高程
水轮机吸出高度 H_s 值和相应的安装高程计算,考虑电站和机型特性,根据额定水头计算 H_s 值,并用最大、最小水头校核。

电站转轮材料用 0Cr13Ni4Mo,K 值取用 1.6,H_s =-2.66 m,以此值确定安装高程。

下游尾水位按 1 台机组发电流量的相应尾水位 920.0 m 计算,电站安装高程为 917.0 m。

7.3.4.3 主要部件安装
1. 尾水管安装

尾水管为弯肘型,里衬由两部分组成,即直锥段和肘管段。

1)安装前准备

基础点线测放,在肘管、锥管安装前,根据监理工程师提供的测量控制网点引出的控制点将埋件安装点线放至方便安装位置,线架及基础板应焊接固定牢固,防止移位。设备尺寸检查,根据设计图纸对各埋件几何尺寸进行检查,并报监理工程师及厂家人员备查,在同意后对其进行校正至符合要求。必要时适当增加内部支撑件并焊接固定,以防止变形。埋件基础安装,在混凝土浇筑至设计高程时按照图纸要求埋设尾水管肘管、锥管、里衬安装基础、座环基础、蜗壳基础等基础埋件,并经过监理工程师验收。埋件安装时,基础浇筑后混凝土强度应已达到设计值的 70%以上。

2)安装测量控制点

(1)先使用水准仪、经纬仪根据施工图纸将机组中心线和高程设置在前期装置的角钢线架上,为了防止两个方向的钢琴线在交点处重叠,X方向与Y方向角钢上的缺口高程应有 10 mm 左右的高差。线架上的控制点设置好后应根据机组中心高程基准点进行复核。

(2)在机组 X、Y 线交点处挂垂线,用钢卷尺测量里衬上口中心(最少周向测八点)应符合图纸和规范的规定。

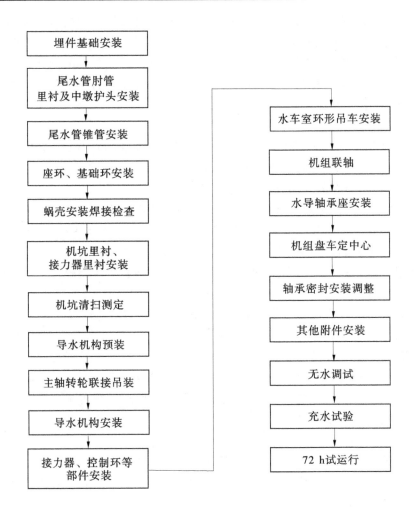

图 7-1　水轮机安装程序

（3）控制点的测量控制数据：锥管上管口高程 916.24 m 设置在线架上，肘管上管口高程 914.055 m 设置在线架上，尾水锥管中心和肘管上管口中心与机组中心线重合。

3）尾水肘管安装

尾水肘管上管口内径 ϕ1 999 mm，下管口内径 ϕ1 762 mm，整体高度为 5 440 mm。为了方便运输，以分瓣形式到货，现场的主要工作包括：组装拼焊，调圆、工地对装、安装、拉筋焊接，管路的安装，以及其他附件的安装等。

肘管拼装根据肘管设计尺寸、重量在设备拼装平台上拼装成整体后再运至安装现场安装。在调整好水平的拼装平台上，先将肘管各分瓣节进行组合焊接，用钢卷尺、水准仪、钢板尺检查管口直径、周长、平面度、圆度、管节高度应符合图纸的要求；对环缝进行焊接，环缝焊接应由 4 名焊工采用对称、分段完成。肘管焊接完毕后按要求进行检查，并调整管口圆度和上下管口的同心度，符合要求后报请监理工程师验收。验收合格后才能进行肘管的安装工作。

肘管吊装利用布置于厂房尾水平台上的门机进行整体吊装,将肘管吊放到设计的中心及方位,将肘管与一期混凝土的锚筋焊接牢,并复查锥管上口中心及方位应符合要求。然后对肘管环缝进行焊接,焊接时采用对称、分段同时进行,所采用的焊条为经过烘干的合格焊条。焊接完成后对锥管各安装尺寸进行复查,符合要求后报请监理工程师进行验收,验收合格后交付土建进行二期混凝土施工。

4)尾水锥管安装

尾水锥管上管口内径ϕ2 400.8 mm,下管口内径ϕ1 999 mm,高度为2 185 mm。为了方便运输,以分瓣形式到货,现场的主要工作包括:组装、拼焊,组装调圆,尾水锥管工地对装、安装、拉筋焊接,管路的安装,以及其他附件的安装等。

根据锥管设计尺寸、重量对锥管进行组装,根据现场实际情况要求在设备拼装平台上拼装成整体后再运至安装现场安装。先将锥管各分瓣节进行组圆焊接,测量各部位尺寸应符合图纸的要求;对接缝焊接采用对称、分段、退步焊接法进行。及时调整焊接顺序以控制水平变化在要求范围内;符合要求后报请监理工程师验收。验收合格后才能进行锥管的安装工作。

锥管吊装由布置于厂房尾水平台上的门机进行整体吊装;将锥管吊放到肘管上部,根据已放好的点线,在线架上拉好钢琴线,利用千斤顶、调节螺栓对锥管进行调整,检查合格后,先将锥管下口与肘管上口进行点焊连接,复查合格后,焊接锥管锚钩并将锥管与一期混凝土的锚筋焊接牢,并复查锥管上口中心及方位应符合要求,然后对环缝进行焊接,焊接完成后对锥管各安装尺寸进行复查,符合要求后报请监理工程师进行验收。验收合格后交付土建进行二期混凝土施工。

2. 座环、蜗壳安装

水轮机组座环直径为2 570 mm,机组安装高程为917.0 m,座环的高度816 mm。座环采用双平板式钢板焊接结构,由上、下环板和23只固定导叶等部件组成,座环在工厂焊接好蜗壳过渡板。

座环到货后直接卸放在安装间门外尾水平台,仔细清扫检查,对设计尺寸进行校核;因为厂房桥机未投入运行,采用“土”办法将座环分瓣吊装至机坑安装,待座环拼成整圆后,用高精度水准仪等仪器检查座环固定导叶中心水平和高程以及座环上、下环面水平度和舌板角度偏差,座环高程不大于(917.0±3 mm),以座环上法兰内镗口作为座环定中心的基准,仔细调整座环上、下环板内侧直径方向的圆度和错位,记录测量数据,合格后,用大锤打紧所有组合螺栓。对称点焊连接座环钢支墩和楔子板,安装底部支撑、拉紧器以固定座环。为防止座环变形和位移,固定时必须对称施焊,在加固过程中,用水平梁与框式水平仪配合监测座环的水平;中心、水平、高程和方位均合格后,然后进行座环分瓣合缝组焊。焊接前在座环中心搭挂一水平架来安装水平仪,以便焊接时监测座环上、下环板,底板的水平变形情况。

座环焊接完成后,复测座环的中心、水平度、高程等尺寸,根据复测结果对不符合要求的尺寸进行调整,直至座环的各项尺寸均在偏差范围以内,然后对座环进行永久性的加固。

蜗壳单节最大尺寸为:2 355 mm×893 mm。一台蜗壳共有24节,包括蜗壳进口段2

节(其中直管段 1 节,收缩段 1 节),蜗壳本体段 22 节。蜗壳本体段包含 2 个凑合节,凑合节位置分别位于 4 断面、11 断面,并在凑合节周边留有 50 mm 配割余量,其中蜗壳本体段尾部两节和大舌板随座环在制造厂装焊,其余 10 节均以瓦片状态到货,蜗壳主体钢板采用低焊接敏感性(简称 CF 钢)非调质高强度钢板 WDB620,板厚为 20~44 mm。蜗壳进人门布置在蜗壳本体段第 9 节上;排水孔布置在第 1 节上。

在组装平台先瓦片进行复检,核对管节编号,进行外形尺寸、坡口尺寸、卷曲弧度和外观检查;将平台支撑点的平面度偏差控制在 1.5 mm 以内,在组装平台上按 1:1 画出组装部件的轮廓线,并在圈内、外侧点焊挡块,蜗壳纵缝接头要求内壁完整齐平,其错牙值不得大于 2 mm,拼装间隙为 0~2 mm,蜗壳拼装检查合格后,点焊间隔长度一般为 400 mm 左右,点焊长度一般为 50 mm,对于焊前需要预热的焊缝,两端点焊长度为 100 mm。

蜗壳组焊成形后,开始安装,首先挂装定位节(第 1 节),按厂内装配时标记,利用移动龙门架和设置在蜗壳底部的临时钢支墩及千斤顶调整定位节水平点及截面线偏差,再将支撑板焊接在蜗壳上,利用千斤顶及拉紧器等对管节进行调整,合格后,在支撑板上焊接拉紧器,连接在拉锚上,拧紧拉紧器固定管节,依次挂装蜗壳,完成后开始凑合节安装,吊凑合节瓦片在座环和蜗壳管节上,根据实际轮廓线切割多余部分并按图纸要求开坡口,然后与相邻管节对缝点焊。最后焊接钢管与拉紧器等内部支撑以及进行外部加固;蜗壳整体安装完成后,对蜗壳进行焊接,主要焊接方式为手工电弧焊。

3. 导水机构安装

1) 概况

导水机构安装内容包括底环、顶盖、控制环的组装;水轮机中心、水平、高程测定调整;导叶共 24 个;导水机构的预装;导水机构的安装等。

2) 导水机构预装

(1) 对底环、导叶、顶盖、导叶轴承等进行彻底清扫,去除其表面的油污、组合面的毛刺等,并按照设计图纸对各配合尺寸进行检查或配装。

(2) 按 X-Y 方位将底环组装后吊入机坑,以座环上镗口找出机组中心,测量底环内侧止漏环数据,确定底环中心,底环的中心允许偏差为 ±10% 设计间隙值,符合要求后拧紧连接螺栓并再次检查,合格后钻铰下止漏环定位销孔,打销钉。

(3) 吊全部导叶、顶盖、导叶套筒,以底环中心为基准挂机组中心线,用电测耳机法测量调整顶盖中心,使中心偏差符合图纸和规范要求,检测导叶的灵活情况后,测量导叶端面间隙,必要时调整底环,使导叶端面间隙符合要求。

(4) 在以上情况均满足设计规范要求的情况下,对称打紧顶盖安装螺栓,铰钻顶盖的 4 个 ϕ22 定位销孔及上轴套 48 个 ϕ22 定位销,做好安装标记后,将顶盖等部件吊出。

3) 导水机构安装

(1) 在导叶上装好轴承密封,并在轴套内涂抹适量的黄油,按编号吊装导叶插入底环内。

(2) 主轴与转轮吊入机坑后,装好顶盖上的导叶端面密封和座环间的盘根。吊装顶盖,在顶盖快进入导叶上部时,将导叶孔与导叶轴对准,将顶盖落放到距座环约 10 mm 时用顶盖与座环的销钉来进行定位,使顶盖与座环找正同心。

（3）拧紧顶盖同座环之间的连接螺栓至设计扭矩；按厂家出厂编号安装拐臂、止推环等部件；装好控制环与顶盖间的抗磨环，吊装控制环并调整与顶盖间隙，检查导叶端面间隙，其总间隙最大不超过设计间隙值，且上、下部间隙的分配应符合图纸和规范要求，导叶应转动灵活。

（4）在导叶端面间隙调整完成后，利用两台 10 t 链条葫芦和钢丝绳将导叶捆紧调整立面间隙，调整后，导叶立面间隙，在压紧全部导叶的条件下，用 0.05 mm 塞尺检查不能通过，局部有间隙时应满足规范要求；导叶拐臂、连杆与控制环连上后，检查导叶的开度偏差，最大不超过设计值。

（5）导水机构预装及安装过程中，严格按厂家安装说明书及设计规范要求进行施工，并及时合理地处理设备存在的缺陷，所有验收项目均一次性验收合格。

4. 主轴及转轮的安装

导水机构预装完成并吊出机坑后，主轴及转轮吊入机坑，利用专用吊装工具将转轮主轴组合体吊入机坑放置在基础环的转轮支撑面上，用楔子板、水平仪等工具调整其中心和主轴法兰水平、高程。其放置高程较设计高程略低 10 mm 左右。主轴垂直度偏差不大于 0.05 mm/m。调整中心使下止漏环间隙偏差不超过实际平均间隙值的±20%。

5. 接力器及附件安装

1）接力器清扫、打压

将到货规格为 ϕ302 mm 的接力器解体，清理油缸内杂质，检查活塞密封是否完好，检查合格后注入新油进行接力器行程及耐压试验，用油压使接力器动作，计算接力器杆头与缸盖的距离，检查接力器行程，是否与设计值相符（设计接力器行程为 265 mm）。再行耐压试验，按设计压力值对接力器进行打压，检查接力器没有漏油现象。

2）接力器的安装

（1）由于接力器基础在混凝土浇筑后，有一定的斜度，现场测量若不符合要求，应根据基础的斜度值配刨调整板。检查接力器坑衬垂直度是否满足 0.30 mm/m，与机组坐标基准线平行度是否在±1 mm 以内，与机组坐标基准线距离偏差是否满足±1 mm，并对不合格部位进行处理。

（2）整体吊装接力器进入机坑，并按接力器布置图安装。调整接力器杆头与控制环上销孔高差在 0.50 mm 内，并根据控制环与接力器推拉杆杆头高差配刨推垫圈，使两端平面高程一致。

（3）将控制环置于全关位置并用钢丝绳将活动导叶捆在全关位置，此时接力器也处于全关位置，安装接力器活塞杆杆头，接力器压紧行程为 5 mm，接力器推拉杆连接后，应保持推拉杆连接位置不变，而接力器活塞往开方向推 5 mm 进行连接。

（4）调速器油压装置形成后，再对接力器压紧行程、接力器自动锁锭等参数做相应的调整。

3）主轴密封安装调整

（1）主轴密封主要由密封箱、密封箱上盖、滑动环、水箱、空气围带、主轴密封供水管路等组成，主轴密封所有部件应在发电机下机架吊装之前放入机坑基本就位，并做适当调整，在机组盘车合格，并且机组中心精调合格以后开始主轴密封正式安装。

(2)在主轴转轮吊装前可先将主轴密封抗磨板安装在大轴保护罩上,仔细检查抗磨板上下平面应光洁;组合滑动环后,将密封圈与滑动环用 M12×25 内六角螺栓进行连接,检查密封圈组合面错牙,局部错牙不得大于 0.05 mm,但应用细锉刀对错牙进行修磨,以使其光滑过渡,并将组合完成后的滑动环,安装在抗磨环上。

(3)密封箱分两瓣到货,组合完成后检查密封箱与空气围带组合面错牙,局部错牙不得大于 0.05 mm;清扫顶盖安装空气围带工作面,将空气围带组合后,放入顶盖凹槽内,注意空气围带进气孔必须对正,安装密封箱使其与顶盖之间的凹槽满足空气围带的安装要求。

(4)组合密封箱上盖,在安装密封箱上盖板时,清理 ϕ515 与滑动环接触工作面,涂抹二硫化钼,保证密封箱上盖与滑动环 ϕ8 耐油橡胶条间保护润滑;按设计要求方位安装主轴密封水箱后,安装主轴密封供水管,最后完成主轴密封水箱盖板、防转动装置及磨损指示器等部件的安装。

4)水导轴承安装调整

轴承装配包括轴瓦、轴承冷却器、瓦座、轴承体、油箱盖以及内油箱等。其中轴瓦分 2 块组成,轴承采用内置冷却器完成油冷却结构,水导轴承所有部件应在发电机下机架吊装之前放入机坑基本就位,并做适当调整,在机组盘车合格,并且机组中心精调合格以后开始水导轴承的正式安装。

先进行内油箱的组装,用安装工具将内油箱固定在主轴之上,在主轴、转轮吊装时一并吊入机坑。

水导轴承油冷却器分两半组成,在完成水导轴承、油冷却器、内油箱的组合后,向油槽内注入煤油,24 h 后再检查油盆底部,不得有煤油浸湿的印记,否则应分析原因并处理,处理后应重新试验合格。

水导轴承支座为整体到货,内径为 ϕ1 230,水机轴上法兰面直径为 ϕ1 045,需在水发轴联接前吊入机坑基本就位,轴承体用 24 个 M36×140 螺栓与顶盖把合,并在调整完成后,现场铰钻 ϕ16×80 销钉 4 个。

水导轴承瓦座,为两瓣到货,在机坑内组合后,与轴承体把合,并调整与水导轴领间隙在 1.5~2 mm。

水导轴承瓦为 2 半组成,布置在水轮机轴 ϕ705 处,中心高程为 918.23 mm,设计间隙为单边为 0.3~0.4 mm,在机组盘车完成后,根据水导轴领的摆度值计算出实际瓦间隙,瓦间隙的调整是通过到货螺杆与斜楔配合完成,先将水导瓦与轴领对称抱紧,并用百分表监视,以免在抱紧导瓦过程中,机组中心线位移,再根据斜楔的实际比例,用螺杆调节斜楔的上升下降来完成瓦间隙的分配。

油箱上盖板分两瓣到货,在机坑内组装后,用 24 个 M36×90 的螺栓与轴承支座把合,安装压板,并调整压板与主轴间隙。

水导轴承液位信号器、液位传感器、油混水信号发生器等附件根据设计图纸方位,在厂家的现场指导下完成安装。

以上部件均已安装完成后,将注油进轴承,以便对轴承进行保护。

6. 水轮机组各部件主要控制参数

水轮机组各部件主要控制参数见表7-1。

表 7-1　水轮机组各部件主要控制参数

单元	项目	部位	允许偏差	实测偏差
尾水管、座环	中心及方位	肘管	6 mm	3 mm
		锥管	6 mm	4 mm
		基础环	3 mm	1 mm
		座环	3 mm	1 mm
	高程	肘管	0~+12 mm	5 mm
		锥管	0~+12 mm	7 mm
		基础环	±3 mm	+1.25 mm
		座环	±3 mm	+1.25 mm
	座环法兰面水平	上法兰面(径向)	0.05 mm/m	0.05 mm/m
		上法兰面(周向)	0.40 mm	0.35 mm/m
	基础环、座环圆度及同轴度	座环	1.5 mm	0.57 mm
		基础环	1.5 mm	0.08 mm
		同轴度	1.5 mm	0.08 mm
蜗壳	直管段中心到机组 Y 轴线的距离	蜗壳直管段	18.15 mm	+5 mm
	直管段中心高程	蜗壳直管段	5 mm	+2 mm
	最远点高程	蜗壳直管段	15 mm	+2 mm
	定位节管口倾斜值	蜗壳直管段	5 mm	2 mm
	定位节管口与基准线偏差	蜗壳直管段	5 mm	−1 mm
	最远点半径	蜗壳直管段		−2 mm
导水机构	止漏环同心度	上、下止漏环	0.15 mm	0.09 mm
	止漏环间隙	上、下止漏环	2.145~2.68 mm	符合厂家设计要求
	立面间隙	导叶	0.1 mm	0.05 mm
	端面间隙	导叶	0.70~1.60 mm	0.77~1.46 mm
主轴密封	与转动部分间隙	检修密封	2.0~2.5 mm	符合设计要求
水导轴承	间隙	水导瓦	0.18~0.22 mm	符合设计要求

7.3.4.4　水轮机进水蝶阀安装

水轮机进水阀型式为卧轴蝴蝶阀,直径为$\phi 2.20$ m,电站最大升压水头 250 m,主阀的主要参数如下:

型号:PDF250-WY-220;

型式:卧轴双平板液压操作蝶阀;

公称直径(mm):$\phi 2\,200$;

接力器个数:2 个;

操作油压(MPa):16.0;

最大承压水头(m):250;

蝶阀操作液控站:皮囊蓄能罐式液控站 1 台;

操作油压(MPa):16.0。

1.进水阀上游侧延伸管安装

(1)根据已确定的进水阀安装位置,设置基准线。

(2)按设计图纸,参照进水阀阀体、上游延伸管、伸缩节各部尺寸测量值配割压力钢管出口断面,并打磨处理。配割时控制管口垂直度和安装基准线(球阀室纵轴线)平行度。

(3)将上游延伸管吊入阀坑就位临时支撑上,用千斤顶和倒链对上游延伸管进行调整,必要时重新修磨上游延伸管与压力钢管焊缝,使其出口法兰面垂直度、与安装基准线平行度及上游延伸管与压力钢管焊缝间隙和错口满足要求,合格后支撑固定。

(4)将进水阀吊装就位,把紧上游延伸管与进水阀进口法兰连接螺栓。测量检查法兰面间隙和进水阀中心、高程和法兰面垂直度合格后,焊接上游延伸管与压力钢管焊缝。

2.进水阀安装

(1)进水阀清扫、检查及耐压试验。进水阀倒运进场后,用桥机卸车,放置在安装间卸货平台上进行清扫、检查,并根据设备厂家的技术要求对进水阀做相应的渗漏试验。

(2)上游延伸管就位调整工作结束后,将进水阀吊入阀坑,就位于支墩基础板上。

(3)调整进水阀安装空间位置,把合进水阀进口与上游延伸管法兰连接螺栓。测量调整法兰接合面间隙和进水阀中心、高程和法兰面垂直度,使其符合设计和规范要求。合格后焊接上游延伸管与压力钢管焊缝。

(4)浇筑球阀基础二期混凝土,经过养护后,适当拧紧地脚螺栓。

3.伸缩节安装

(1)上游延伸管与压力钢管焊缝焊接完成后,测量进水阀出口法兰与蜗壳延伸段进口断面管口之间的距离,根据已测得的伸缩节尺寸和伸缩缝要求,初步配割蜗壳延伸段进口断面管口满足伸缩节吊装要求。

(2)将伸缩节吊入阀坑,就位于临时支撑上,在厂房桥机的配合下,把和伸缩节与进水阀连接法兰螺栓,调整伸缩节与蜗壳延伸段焊缝错牙,根据伸缩缝要求,同时考虑焊缝焊接收缩量,修配伸缩节与蜗壳延伸段焊缝,使焊缝间隙符合要求。复核检查各连接部位间隙和错牙、伸缩节延伸缝尺寸以及进水阀阀座与基础板间隙合格后,焊接伸缩节与蜗壳延伸段焊缝,焊后复测伸缩缝尺寸应满足设计和相关规范要求。

4.进水阀密封安装

(1)将伸缩节拆卸吊出阀坑,放置在卸货平台。松开上游延伸管与进水阀法兰连接螺栓,在桥机的配合下,安装上游延伸管与进水阀法兰间密封,密封安装后,对称紧固法兰连接螺栓,螺栓紧度满足设计要求,检查法兰面间隙符合相关规范要求。

(2)回装伸缩节,在伸缩节进入阀坑就位时,安装伸缩节与进水阀和蜗壳延伸段法兰面间密封,然后对称紧固法兰连接螺栓,螺栓紧度、法兰面间隙符合要求。

(3)松开伸缩节组合密封装配,清扫检查组合面应干净、光洁、无毛刺,装上组合缝密封件(密封件应在装配前配制检查完毕)。装配并按要求对称拧紧组合螺栓,检查组合缝间隙应符合要求。

5.接力器及操作机构安装

(1)操作机构各部件在卸货平台进行清扫检查,做相关试验。

(2)按图纸要求安装转臂。

(3)在接力器清扫干净做完耐压试验后,将接力器吊入阀坑,在进水阀处于全关位置时,与转臂连接调整就位。接力器底座的安装,应根据进水阀在全关位置时,转臂连接销孔的实际位置来确定。接力器与转臂连接时,必须保证活塞与缸盖紧贴。

(4)接力器安装调整好后,浇基础二期混凝土。浇混凝土时应严格控制浇筑速度,监视设备位移,并严禁碰撞设备。

(5)按图纸要求连接进水阀操作机构与进水阀油压装置间的操作油管路。

6.旁通管及旁通阀等附件安装

按图纸要求对旁通管及旁通阀等附件进行配割开孔,然后按要求安装旁通阀及空气阀,安装时要注意安装方向,安装自动化元件并完成相关试验工作。

7.进水阀系统调试

(1)进水阀操作系统安装工作结束之后,进行分部试验调整。

(2)将进水阀油压装置清扫干净后,进行注油,油泵运行调试等。

(3)按厂家图纸和技术文件要求,对进水阀进行密封性能试验。

(4)在无水工况下,通过操作系统对进水阀进行动作试验,检查工作情况是否正常,操作程序是否正确。调整开启和关闭时间。

(5)在有水工况下对进水阀进行动作试验,可先进行手动,然后进行自动,检查工作情况是否正常。

(6)进水阀的动水关闭试验在试运行时按设备厂家及业主的要求进行。

7.3.5　水力机械辅助设备安装

7.3.5.1　桥式起重机安装

泥猪河水电站主厂房内943.30 m高程布置了额定起重量为100/20 t的新型桥式起重机1台,主要用于发电机组和主厂房内其他设备的安装与检修等工作。

桥式起重机主要参数见表7-2。

表7-2 桥式起重机主要参数

类别		参数
整机工作级别		A3
起重机跨度		14.5 m
主钩	额定起质量	100 t
	起升高度	21 m
	起升速度	0.15~1.5 m/min
副钩	额定起质量	20 t
	起升高度	26 m
	起升速度	0.5~5 m/min
小车运行速度		1~10 m/min
大车运行速度		3~30 m/min
最大轮压		360 kN
总装机功率		78 kW
大车轨道		QU120
电源		三相四线 380 V/220 V 50 Hz

1. 施工程序

桥式起重机施工程序见图7-2。

2. 电气设备安装

(1)基本要求。

①起重机采用的电气设备及器材,均应符合国家现行技术标准的规定,并应有合格证件,设备应有铭牌。

②设备到达现场后,应开箱检查清点。规格应符合设计要求,附件、备件应齐全,产品的技术文件应齐全。设备外观检查应无损坏,变形、锈蚀。

③起重机电气装置的构架、钢管、滑接线支架等非带电金属部分,均应涂防腐漆或镀锌。

④设备安装用的紧固件,除地脚螺栓外,应采用镀锌制品。

(2)安全式滑触线的安装,应符合下列要求:

①安全式滑触线的安装,应按设计规定的要求进行。

②滑触线的连接应平直,支架夹安装应牢固,各支架夹之间的距离应小于3 m。

③安全式滑触线支架的安装,当设计无规定时,焊接在轨道下的垫板上,当固定在其他地方时,应做好接地连接,接地电阻应小于4 Ω。

④安全式滑触线的绝缘护套应完好,不应有破裂及破损。

⑤滑触器拉簧应完好灵活,耐磨。石墨片应与滑触线可靠接触,滑动时不应跳弧。

⑥滑触器支架的固定应牢靠,绝缘子和绝缘衬垫不得有裂纹,破损等缺陷。导电部分

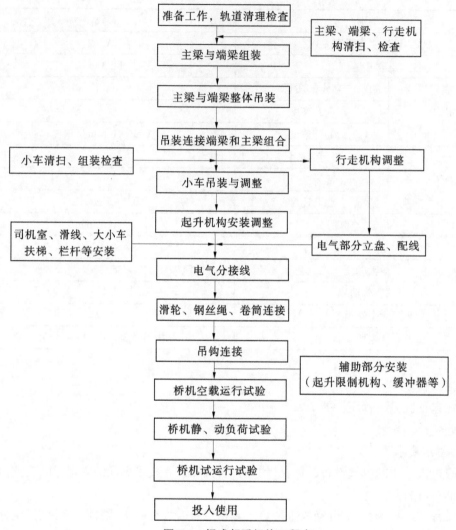

图 7-2　桥式起重机施工程序

对地的绝缘应良好,相间及对地的距离应符合要求。

⑦滑触器应沿滑接线全长可靠地接触,自由无阻地滑动,在任何部位滑接的中心线(宽面)不应超过滑触线的边缘。

⑧滑触器与滑触线的接触部分,不应有尖锐的边棱,压紧弹簧的压力应符合要求。

(3)吊式软电缆的安装应符合以下要求:

①用型钢作软电缆滑道,型钢应安装平直,滑道应平正光滑,机械强度符合要求。

②悬挂装置的电缆夹应与软电缆可靠固定,电缆夹之间的距离不应大于 5 m。

③软电缆安装后,其悬挂装置沿滑道移动应灵活,无跳动,不得卡阻。

④软电缆移动段的长度应比起重机移动距离长 15%~20%,并应加装牵引绳,牵引绳长度应短于软电缆移动段的长度。

⑤软电缆移动部分两端应分别与起重机、钢绳或型钢滑道固定牢固。

（4）起重机上的配线应符合以下要求：

①起重机上的配线除弱电系统外，均应采用额定电压，不低于 500 V 的铜芯多股电线或电缆，多股电线截面面积不得小于 1.5 mm²，多股电缆截面面积不得小于 1.0 mm²。

②在易受机械损坏，热辐射或有润滑油滴落部位，电线或电缆应装于钢管、线槽、保护罩内或采取隔热保护措施，电线管、线槽应固定牢固。

③电线或电缆穿过钢结构的孔洞处应将孔洞的毛刺去掉，并应采取保护措施。

④起重机上的配线应排列整齐，导线两端应牢固地压接相应的接线端子，并应标有明显的接线编号。

（5）起重机上电缆的敷设，应符合下列要求：

①应按电缆引出的先后顺序排列整齐，不宜交叉。强电与弱电电缆宜分开敷设，电缆两端应有标牌。

②固定敷设的电缆应卡固，支持点距离不应大于 1 m。

③电缆固定敷设时，其弯曲半径应大于电缆外径的 5 倍，电缆移动敷设时，其弯曲半径应大于电缆外径的 8 倍。

（6）电阻器的安装，应符合下列要求：

①电阻器直接叠装不应超过四箱，当超过四箱应采用支架固定，并保持适当间隙。

②电阻器的盖板或保护罩应安装正确，固定可靠。

（7）制动装置的动作应迅速、准确、可靠。

（8）行程开关应安装正确，动作可靠。

（9）照明灯具配件应齐全，悬挂牢固，接线应符合设计要求。

（10）起重机电气设备的屏、柜安装应符合设计要求。

7.3.5.2　水系统安装

1. 技术供水、排水系统安装

技术供水系统主要设备布置在下游副厂房 916.50 m 高程，机组技术供水系统相应的滤水器及其阀门布置在各相应机组段下游副厂房，技术供水系统主要包括机组各轴承油冷却器冷却供水、水轮机主轴密封润滑供水和发电机定子空气冷却器供水。

（1）机组技术供水采用单机单台（套）技术供水的方式，共 4 套，1 套备用，从蝶阀层集水箱取水，引至下游副厂房 926.10 m 高程技术供水室后，经 DN200 滤水器、管道、阀门、DN200 电动四通阀供给各轴承冷却水、机组各部轴承冷却器和定子空气冷却器。

（2）技术供水室设备及管路安装、各部轴承冷却器和定子空气冷却器供、排水设备及管路的安装随主机安装进度，基本满足机组安装、调试的要求。

2. 排水系统包括渗漏排水、检修排水系统

机组检修泵布置在蝶阀层 913.90 m 高程，布置有 2 台 $Q = 200$ m³/h、$H = 20$ m 管道泵。是在机组检修时将引水钢管、蜗壳和尾水管内积水排至尾水。每台机组压力钢管设有一根 DN200 的排水管，经过 DN200 针型阀排至尾水锥管，并经过盘形阀与检修排水廊道相通。正常情况下，针型阀与盘形阀处于关闭状态，检修时，打开该排水针型阀与盘形阀，使上、下游流道内存水排入检修排水廊道和检修集水井。

机组渗漏集水井泵房布置在蝶阀层 910.80 m 高程，布置有 2 台 $Q = 200$ m³/h、$H = 30$

m 深井泵,并由该井内水位信号监控实现水泵自动启停,主要是排除厂内设备漏水、消防后积水及基础渗漏水等,机组内部排水主要为顶盖自流排水。机组检修排水泵布置在蝶阀层 913.90 m 高程,管出口高程 925.6.0 m,渗漏集水排水管出口高程 925.60 m。每台水泵出水管口装设 1 个拍门,以防止下游尾水倒灌至厂房,同时,可以在突然停泵时消除管道中的水锤作用,保证水泵及厂房安全。

3.水利量测系统设备及管路安装

机组水力量测系统包括进水口闸门平压、尾水闸门平压、拦污栅压差、水轮机净水头、蜗壳进口端压力、水轮机工作流量、机组压力脉动、压力钢管测流装置、上下游水位测量、蜗壳压力测量、尾水测压、机组各冷却水测压、主轴密封水测压等,量测系统仪表主要布置在 915.2 m 排水廊道测量仪表盘和 919.5 m 水轮机层仪表盘。每个测量盘均有传感器输出至计算机监控系统。

4.消防设备及管路安装

消防取水总管取自于尾水渠,由两根 DN150 不锈钢管通过减压阀、一体化净水器至958.00 m 高程高位水池,厂房消防、生活取水总管分别取至于高位水池,由后边坡引至厂房消防主管。在下游副厂房 916.50 m 高程设有 2 台 XBD(I)4.2/15-(I)-150 型管道式消防泵,在主厂房 927.40 m 高程设有 3 个消防栓,在主厂房外 933.30 m 高程设有 2 个户外消防栓。

7.3.5.3 空气系统安装

(1)厂房空压机室布置在副厂房 926.10 m 高程,内设 2 台低压空压机($Q=3.0$ m³/min,$PN=0.8$ MPa)、2 台中压空压机($Q=1.0$ m³/min,$PN=4.5$ MPa),2 个低压储气罐($p=0.8$ MPa,8 m³)、1 个中压储气罐($p=4.5$ MPa,1.5 m³)、管路及其附件,厂房空压机室主要为机组制动、检修、吹扫及调速器与筒型阀油压装置用气。

(2)低压压缩空气系统主要为机组制动、检修及清污吹扫等提供所需压缩空气。共设 2 台空压机,8 m³ 检修储气罐 1 个,为减少压缩空气中杂质,在空压机出口各设有过滤器。2 台低压空压机通过分别设置不同的启动压力值依次自动启动和停止,以便定期轮换运行。

(3)低压压缩空气系统中储气罐供气主管为 DN50 无缝钢管,储气罐及相关管路中装设有压力控制器等自动化元件,以监控设备的启动、切换和其他操作。

(4)中压压缩空气系统主要用气设备为调速器油压装置用气。共装设 2 台中压空压机,1.5 m³ 检修储气罐 1 个,整个系统配置有工作压力为 4.0 MPa。

(5)中压空压储气罐主供气管为 $\phi 32$ 无缝钢管,中压空压机及储气罐、油压装置等部件都安装有整套自动化元件,中压气机的启动、运行、停止及油压装置补气均可实现自动控制。

(6)油压装置用气、机组制动用气、检修用气设备及管路的安装基本在调速器系统充油调试之前完成,满足了调速器机电单元调试和综合联调的要求。

7.3.5.4 调速器安装

调速系统包括三台(套)主配压阀直径为 80 mm 可编程电气液压型调速器柜(机电合柜)、回复机构、导叶位置传感器、测频及测速装置、油压装置、漏油装置及内部有关电缆、管路、阀门、仪器仪表、接线板、备品备件等。

1. 调速器系统主要技术参数

调速器数量：3 台（套）；

调速器型号：可编程电气液压型调速器；

额定油压：4.0 MPa；

油压装置型号：HYZ-1.0-4.0；

漏油装置数量：3 台；

压油罐容积：1.0 m^3；

回油箱容积：1.5 m^3。

2. 油压设备安装

（1）压力油罐及回油箱的基础统一放线，使各台机组的设备在同一基准上，其中心偏差不大于 5 mm，高程偏差不大于 ±5 mm，水平偏差不大于 1 mm/m，压力油罐垂直度不大于 2 mm。

（2）所有油压设备在安装前均进行清扫（除厂家指明不能分解、清扫外，但要进行直观检查），将油罐、油槽、油泵、各管路内的水分、油污及其他杂质均清扫干净。

（3）对油泵、电机的联轴节进行安装找正，其偏心和倾斜值不大于 0.08 mm。

3. 调速器安装

（1）调速器柜安装的中心偏差不大于 5 mm，高程偏差不大于 ±5 mm，调速器柜的水平度不大于 0.015 mm/m，回复机构支座水平控制在 1 mm/m 内。

（2）在油压装置试验完成后，分阶段向调速器管路充油，并在 50% 额定压力时使接力器全行程动作数次，检查无异常。

（3）在厂家指导下对调速器进行调试：检查机柜各部件及接力器、事故配压阀动作情况，检查调速器静特性，对开关机时间进行调节。

（4）在无水调试正常且完成的情况后，机组充水启动时对调速器进行各种调整试验。

4. 调速系统管路安装

（1）按设计图纸、规程、规范要求对调速系统的管路进行配制。

（2）管路采用切割机切割下料，用角向磨光机打磨坡口，点焊及焊接均由合格焊工采用氩弧焊进行。

（3）管路安装完成后，所有管道拆下进行耐压试验，试验压力为工作压力的 1.5 倍，保持 10 min 无泄漏。

（4）试验完成后将管路进行酸洗，以去除管路内部焊渣、铁屑、铁锈等污垢。为减少酸液的使用量和保护好环境，酸洗方法采用酸洗泵循环冲洗的办法。

（5）管路酸洗完后及时将管路进行回装，将与接力器、油罐、回油箱的连接口留下先不装，利用临时接头将各管路连上后，用压力滤油机对管路进行循环冲洗，并勤换滤油纸，检查合格后将各预留口连至设备上。

（6）系统总体调试前，对所有管路进行充油试验，试验时逐步升压至工作压力，检查有无渗漏现象。

7.3.6　发电机安装

7.3.6.1　发电机施工程序

发电机施工程序见图 7-3。

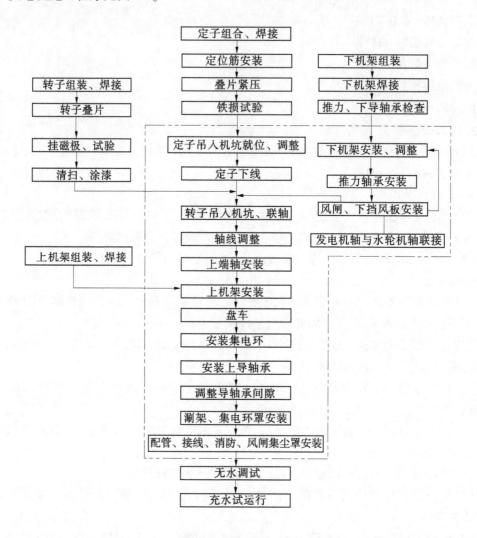

图 7-3　发电机施工程序

7.3.6.2　定子安装

1. 定子安装前的准备工作

（1）定子安装调整,调高程水平用支墩 4 个,调定子中心和圆度的钢支墩 4 个,工地制作。

（2）定子测圆用的求心架制作 1 件,以及调求心器、定子调圆工作平台和支架 1 件。

（3）定子吊装前由项目部测量人员放点,主要放定子引出线和中性线的引出方向点。根据定子铁芯内径ϕ3 190 mm 和座环的中心及半径$R=1$ 290 mm,放定子铁芯中心点 3 点,放在机坑混凝土上,并用红铅油漆圈上记号。吊装定子时用钢琴线对红铅油漆中心点,初调定子中心。

(4)定子测圆中心平台搭设,以便站人测量。

(5)根据定子铁芯线槽进行分上、中、下三个断面各测 8 点。

2. 定子中心、标高、圆度调整

(1)对定子中心标高各测点编号,以水轮机座环顶面高程 917.25 m 为基准,调整测量定子铁芯中心高程 923.641 m。

(2)当标高调好后,进行定子铁芯中心测量调整。首先将中心钢琴线对准座环上环内圆中心,内圆半径为 $R = 1\,595$ mm,测量 3 点,对称半径差不超过 0.05 mm 为合格。然后据钢琴线中心调整定子中心,上下断面各测 8 点。

(3)定子铁芯圆度调整,测量的上、中、下三个断面圆度,各半径与平均半径之差不应大于设计空气间隙值的±4%(±0.7 mm)。

(4)根据精确测定的圆度记录进行分析,利用压机进行定子铁芯圆度调整。

(5)经过多次进行定子中心,圆度、标高的反复测量,综合分析调整,使定子安装达到规范及设计要求。

3. 定子基础加固混凝土浇筑

(1)定子中心,圆度、标高的反复测量合格后,将定子基础板与定子一期埋件进行连接,并焊接加固。

(2)定子基础板加固焊接之前,应装百分表监视焊接时定子圆度的变化情况,并做好记录。如若焊接变化较大时,应采取相应的反变形的方法步骤进行焊接加固。

(3)定子 4 块基础板加固焊接好后,调圆的压机不拆,而且要用百分表监视混凝土浇筑时定子圆度是否发生变化。

(4)定子安装调整基础板加固,经监理工作师验收合格,移交给土建部门进行立模混凝土浇筑。

4. 定子主要技术参数

机组型式:立轴悬吊式;

额定容量:43 MVA;

额定电压:10.5 kV;

额定转速:500 r/min;

定子槽数:210 槽;

绕组型式:双层叠绕组;

定子绕组绝缘等级:F;

额定功率因数:0.8;

额定频率:50 Hz;

发电机冷却方式:密闭自循环空气冷却。

5. 定子下线施工程序

定子下线施工程序见图 7-4。

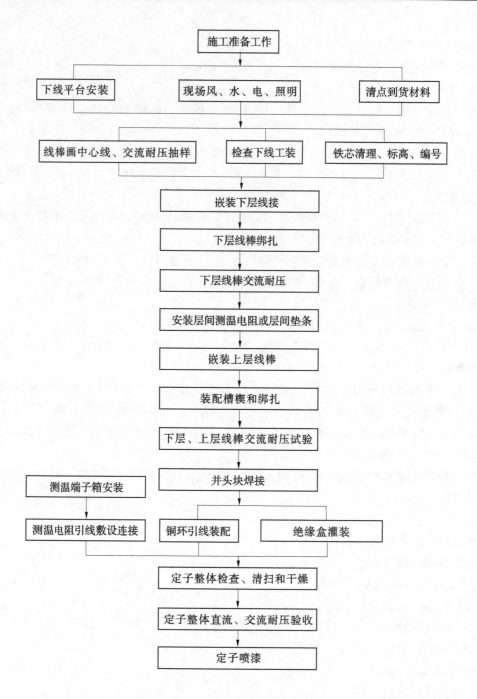

图 7-4　定子下线施工程序

6.安装定子下层线棒

(1)硅胶的调配,将硅胶 A、B 组分按各一套的比例(9:1按重量计),取适量调匀,此胶的使用期为 23 ℃下 2 h。

(2)根据线棒与槽宽的实际尺寸,调整线棒包扎工具两压辊间的间隙,将桐马低电阻布对折,中间放入适量的硅胶,穿过包扎工具调整含胶量,平包在下层线棒上,平包间隙为 1~3 mm。长度在两端要超出铁芯 15 mm 并将端部剪齐,并用窄透明胶带固定。

（3）对定子铁芯槽口两侧用宽透明胶带保护。

（4）用人工将下层线棒推入槽内,检查线棒中心是否与铁芯中心一致,在铁芯中间部分应垫上垫板并用榔头敲击,以保证线棒到位。

（5）用木线棒及压线装置将下层线棒压牢,待硅胶完全固化后拆除,重复循环使用,硅胶的固化在常温下需 5~10 h。

（6）检查线棒测温电阻的阻值,去掉测温线槽内的测温引线的屏蔽层,将测温电阻黏于测温垫条内。

（7）用细导线将下层线棒连起来,检查绝缘及吸收比。当常温时吸收比大于 1.6 时,可以做下层线棒的耐压试验,否则需要干燥下层线棒。

（8）下层线棒耐压试验电压。如果设备容量不够,可以分段进行耐压试验,在试验前应将测温引线接地。

（9）测量槽电位,槽电位应不超过 5 V。有问题的线槽应查明原因做相应处理。

（10）在下层线棒合适的位置绑扎端部垫块和端箍。

（11）预先将 100 份胶、50 份固化剂、10 份丙酮（按重量计）混合作为端箍注入胶。

（12）用注射工具将端箍用的胶注入已绑好的端箍内,注满为止。

7. 安装上层线棒

（1）用安装下层线棒一样的工艺方法安装上层线棒。

（2）先打入下端部的 4 个槽楔,并整体打到位,再打入其他的槽楔。

（3）打槽楔应用木槌或橡皮槌,不能使用铁锤。槽楔打紧后,其外表面应不超出铁芯表面。固定下端槽楔的绑绳不得高于定子铁芯内表面。

（4）用细导线将上下层线棒连在一起。测量绕组绝缘电阻和吸收比,如果吸收比小于 1.6,则在进行干燥处理使吸收比大于 1.6 后,上下层线棒一同耐压。试验前应将 RTD 及非试验线棒可靠接地。

（5）耐压试验通过,后用涤玻绳将最下层槽楔绑在线棒上,安装绑扎端部垫块,并在绑扎部位刷一遍 HDJ-16 胶。

8. 焊上下层线棒连接板及极间连线

（1）清理线棒上下端部及线棒连接板。

（2）安装调试银铜焊机。

（3）调整线棒引线,使上下层引线对正。

（4）按照图纸用大力钳夹紧连接板与线棒引线,注意不要忘记预先塞入银焊片。

（5）投入银铜焊机,接通水、电、气,夹紧焊钳通电,当接头到达焊接温度,焊缝中银焊片开始熔化时,要用银焊条向焊缝处填补焊料,直至填满焊缝,给夹头断电,待接头冷却后,松开夹头,焊另一个接头。

（6）下端焊接应使用压缩空气吹去烟气,使焊接的火焰及烟气不影响铁芯及线棒。

（7）焊接质量检查,以放大镜做外观检查,焊缝充满焊料、光洁、平整、无气孔和裂纹。线棒绝缘不应有烧伤痕迹。

(8)用铜刷清理接头连接板表面,用酒精擦洗干净。

(9)线棒下端绝缘盒灌注胶为 879,一盒 879A 配一盒 879B,充分搅拌后倒入下绝缘盒内。在绝缘盒两端放置两根橡皮条,再将绝缘盒慢慢套入线棒下端部,调整中心待其稳住后才可松手,如有必要可以在绝缘盒下端部设置临时支撑。

(10)绝缘盒灌注胶固化后,如果胶面低于绝缘盒,胶多时应进行补充灌注。下层绝缘盒的灌装可以与接头焊接同步进行。

(11)绝缘盒套装后应整体排列整齐、间隔符合要求,其与线棒根部的绝缘搭接长度符合规定。与接头裸露部分的间隙应均匀。

(12)线棒上端焊接。在端部的上下层线棒间,用湿石棉布堵严,防止上部接头焊接时的残余焊料和焊后清理时的金属粉末进入定子铁芯或线棒间。

(13)线棒上端部焊接要求同线棒下端部。

(14)将 HDJ-18 双组分封口腻子揉和均匀,适当加入硅石英粉以防粘手。

(15)套装上端绝缘盒,调整好位置后用封口腻子将下口周围填塞好,不能漏胶。

(16)封口腻子填塞后,在温度 20 ℃下至少固化 12 h 方可进行绝缘胶的灌注。

(17)线棒上端绝缘盒灌注胶为 881,一盒 881A 配一盒 881B,充分搅拌后待用,倒入已完成封口的上绝缘盒内少量,观察是否漏胶,如发现漏胶用封口腻子修补。检查无渗漏后,将上端绝缘盒灌满。

(18)对未填满的绝缘盒一定要补充灌注。

(19)上端绝缘盒的封口腻子不允许与相邻绝缘盒封口腻子相连。

(20)上下端部连接板的焊接及绝缘盒的安装顺序可根据实际情况进行调整。

(21)焊接测温线夹、铜环支撑座基础,敷设测温引线。

(22)参照定子铜环引线图,检查长线棒焊接位置的高度应不超过图中所示尺寸。

(23)按照图纸采用相同的保护措施,调整好位置尺寸使其符合要求焊极间连接线。

(24)焊极间连接线焊接工艺同上,焊完冷却后用铜丝刷清理干净表面,同时清理干净线棒间垫的湿石棉布,准备包扎绝缘。

(25)为便于包扎,可以用封口腻子将焊缝接头凹陷部位填平。

(26)半叠包桐马粉云母带每包一层刷一遍 HDJ-16 双组分胶,包的时候应包紧,每层之间不应有间隙,包扎层数按图纸或绝缘规范,(15.75 kV 应为 22 层),最后包一层玻璃丝带,刷 HDJ-16 双组分胶一遍。

(27)安装调整铜环引线支撑,将所有的铜环预装上并找正好,建议先拆去顶上的几层用气焊、银焊片、银焊条将底层分瓣铜环焊在一起。焊一层包一层,包扎要求同极间连接线。然后再安装焊接上一层的包扎工作。

(28)根据铜环引线图找正位置后焊接线棒连接线及铜环连接线,包扎要求同上。在线棒连接线与线棒接头部位安装角部绝缘。

(29)测量定子绕组绝缘电阻值,若不满足规范要求,则应对定子绕组进行整体干燥,待定子绕组绝缘电阻值符合耐压条件时可停止干燥,进行耐压试验。

(30)试验前将埋入定子的 RTD 及非试验相可靠接地。

(31)在进行直流耐压试验时,按 0.5 UN 逐级增加直到 3 UN,每级停留 1 min,记录泄漏电流值,泄漏电流值不应随时间而增大,各相泄漏电流的差别不应大于最小值的50%。

(32)交流耐压试验,试验采用分相进行,一相加压其余相接地。升压过程中观察记录线棒端部的起晕电压值,起晕电压应不低于额定电压的110%。升压时起始电压应不超过试验电压 2 UN+3 kV 的1/3,然后逐步升压至规定的值,停留 1 min,然后再迅速降到全值的50%以下再断开电源。

(33)清扫定子。

(34)先对定子铁芯表面及线圈端部(包括端箍支架、端箍、连接线、引出线等)喷一遍 9130 漆。

(35)安装线棒端部挡风板。

(36)按绝缘规范及图纸的要求对定子再喷一遍 9130 漆。

9. 定子绕组干燥

(1)彻底清扫定子,仔细检查定子铁芯、绕组等清洁无杂物。

(2)准备定子干燥用的 6 台风幕机(每台 10 kW)。

(3)将 6 台风幕机均匀地放置在定子下面,出风方向对准定子铁芯。

(4)合上电源,启动风幕机。

(5)每小时用红外线测温仪测量定子温度,最高温度不得超过 80 ℃。

(6)每 4~8 h 用 5 000 V 兆欧表检测绕组对地绝缘情况,当满足生产厂要求的绝缘电阻值和吸收比后,停止干燥。

(7)干燥结束后,降温速度控制在 $k=10$ 以内,降温至 50 ℃。拆除引线和帆布,使定子自然冷却后,用干燥压缩空气将定子各部位吹扫干净。

7.3.6.3 定子绕组试验

1. 下线前的线棒耐压试验

(1)单根定子线棒在下线之前,应进行 5% 抽样耐压试验。试验电压为 $(2.75U_n+2.5)$ kV = 26 kV,工频交流耐压 1 min。

(2)主要试验设备应有试验变压器一套、电压表、兆欧表、高压分压器等。

(3)试验时,在发电机层安装间上游副厂房划出专门区域,设置警戒线(设防护围栏和警示牌)。接好试验设备,根据高压分压器分压比,换算出相应的二次表计值。为防止试验过压,按试验电压的 1.1 倍整定过电压保护,接好线后进行空升电压检查与过电压保护检查。

(4)合上试验电源,零起对线棒升压到 26 kV,计时 1 min,观察线棒应无异常。

(5)试验时间到达后迅速降压至零,断开试验电源。

(6)重复上述步骤,进行其他线棒的耐压试验。

2. 下层线棒嵌装后的耐压试验

(1)下层线棒嵌装后,在槽内要进行耐压试验,试验电压为 $(2.5U_n+2.0)$ kV = 26.25 kV。

(2)耐压设备与前相同,过压保护整定方法也相同。

(3)在试验区域设置警戒线,并在线棒上、下端部附近设专人,负责接、拆线与安全保护工作。

(4)将全部 RTD 引出线短接接地。将被试线棒用导线相互连接后用高压引线接试验变压器,周围非被试线棒全部接地。在被试线棒周围设置绝缘隔板,防止因对地距离近而放电。

(5)合上试验电源,零起对线棒升压到额定相电压 6.1 kV,测量线棒表面槽电位,应小于 5 V(测量过程中若发现槽电位高于 5 V,则将测量表计引出线用屏蔽线代替然后再测一次)。

(6)继续升压到 26.25 kV,计时 1 min,观察线棒应无异常。

(7)时间到达后迅速降压到零后,断开试验电源。倒换高压引线与接地线,进行下一组线棒的试验。

(8)为防止遗漏或重复耐压,每槽线棒试验后应做好记录。

3. 上下层线棒下线完成后的耐压试验

(1)上下层线棒下线完成,槽楔安装结束后,须对每槽上下层线棒共同进行耐压试验,试验电压值为 $(2.5U_n+1.0)\text{ kV}=27.25\text{ kV}$。

(2)耐压试验设备与前相同,过电压保护整定方法同上。

(3)在试验区域设立警戒线,并在线棒上、下端部附近设专人,负责接、拆线与安全保护工作。

(4)将全部 RTD 引线接地。将高压引线接至被试线棒,每槽上下层线棒共同试验,周围非被试槽线棒全部可靠接地。在被试线棒周围设置绝缘隔板,防止因对地距离近而放电。

(5)合上试验电源,零起对线棒升压到额定相电压 6.1 kV,测量线棒表面槽电位,应小于 5 V。

(6)继续升压到 26 kV,计时 1 min,观察线棒应无异常。

(7)时间到后迅速降压到零,断开试验电源。对地充分放电后倒换高压引线与接地线。进行下一组线棒的试验。

(8)为防止遗漏或重复耐压,每槽试验后应做好记录。

4. 定子绕组整体试验

定子下线工作全部完毕,引线安装结束后,对定子绕组进行整体试验,内容如下所述。

1)绝缘电阻与极化指数测量

(1)按照《水轮发电机组装技术规范》(GB/T 8564—2003),100 ℃时的绝缘电阻 $R \geqslant U_n/(1\ 000+S_n/100)$,极化指数$(R_{10}/R_1)$不小于 2.0。

(2)由于试验容量大,测量时采用电动 5 000 V/100 GΩ 吉欧表。试验时每相分别进行,对非试验相可靠接地。

(3)接好吉欧表接地线,按下试验按钮,启动吉欧表,然后将高压表笔可靠夹接到被试绕组引线上,开始计时。

(4)测试持续 10 min,分别读取 1 min 与 10 min 时的绝缘电阻值,计算极化指数。

(5)时间到达后移开高压表笔,关断吉欧表电源,将被试绕组接地,充分放电。

(6)倒换引线,重复上述步骤分别进行其余两相的测试。

(7)为保证测试准确,放电时间应不小于 10 min。

（8）为确保记录测试时的绕组温度，可采用测量定子 RTD 的电阻值、查对 Pt100 分度值的方法。

（9）根据实际温度换算出绝缘电阻值，对定子绝缘电阻值进行分析，极化指数应大于2.0。

（10）如果测试数值不满足要求，应对定子绕组整体进行干燥。干燥结束后，重新进行测试，直到满足要求后，才能进行耐压试验。

2）直流电阻测试

（1）由于定子时间常数大，测试仪器选用直流电阻快速测试仪。

（2）直流电阻测试应在冷态下进行，绕组温度与环境温度之差应小于 3 ℃。

（3）分别对每条并联支路进行测试，此时绕组中性点侧应连接在一起。

（4）按照《电器装置安装工程　电器设备交接试验标准》（GB 50150—2006）要求，各分支路间的直流电阻最大与最小差值，在校正由于引线长度不同引起的误差后，不大于最小电阻值的 2%。

（5）测试时每条支路进行三次，取平均值作为测量结果，如果超出要求，应分析、查找原因并加以消除。

（6）将每相的各条支路直流电阻并联计算，求出的相电阻之间差别不应超过最小值的 2%。根据温度将电阻值换算到 90 ℃，与设计值比较，应符合要求。

3）电晕测试

（1）由于电晕测试需要相电压以上的高压，因此安排在绕组整体耐压时进行。

（2）零起升压到 110% 额定线电压（11.55 kV），在黑暗状态下观察线棒端部，不应出现电晕。

（3）逐步升压，直到电晕出现，记录起晕电压。

4）直流耐压试验

直流耐压试验方案将在制造厂试验大纲的基础上编制，经制造厂与监理单位批准后，在制造厂代表的指导下实施。

（1）试验条件。

①定子下线及引线安装工作全部结束，所有部位经严格检查清理，确认无杂物遗留。

②定子绝缘电阻应符合相关规范和制造厂的要求，极化指数应大于 2.0。

③定子 RTD 全部短接接地。

④绕组温度应与环境温度相同。

（2）试验标准。

①定子绕组的直流耐压值为额定电压的 3 倍，即 31.5 kV。试验电压按每级 0.5 倍额定电压分阶段升高，每阶段停留 1 min，并记录泄漏电流。

②各相泄漏电流的差别不应大于最小值的 50%，泄漏电流不应随时间延长而增大。

（3）试验仪器与接线。

试验的主要设备为便携式直流高压发生器，由主机箱与控制箱两部分组成。由专用航空插头连接，输入交流 220 V 工作电源，通过调节电位器控制直流电压输出，最后经过限流电阻输出。设备主要参数为：

型号：ZGS-Ⅲ-Q60/2；

输入电压：AC220V；

输出电压：DC 0~60 kV 可连续；

输出电流：2 mA。

试验设备布置在发电机层主引出线附近，根据接线图将设备连接检查无误后，进行空升额定电压检查，调压应平滑连续。

（4）试验步骤。

①将直流高压发生器高压引线可靠接到被试验相，其他两相接地。

②试验人员布置就位后，关掉主照明，开始零起升压。升至 7.875 kV 时，停留 1 min，记录泄漏电流值。

③继续升压，分别在 10.5 kV、15.75 kV、21 kV、26.25 kV 停留 1 min，记录泄漏电流值。

④继续升压至 23 kV，在此电压下保持 1 min，记录泄漏电流值。

⑤试验时间到达后将电压调节旋钮旋至零位后，关掉直流发生器，待绕组自行放电。从表计上监视残余电压值，当降至 6 kV 以下时，用放电棒放电。放电时先通过高电阻进行，然后直接对地放电。

⑥倒换试验接线，重复上述步骤进行其他两相的试验。

⑦分析试验数据，应符合制造厂与相关规范要求。否则应分析、查明原因并加以消除。

⑧全部三相试验通过后，用 5 000 V 吉欧表测量各相对地绝缘电阻，与试验前相比应无明显变化。

5）交流耐压试验

交流耐压的试验方案将在制造厂试验大纲的基础上编制，经制造厂与监理单位审查批准后，在制造厂代表的指导下实施。

（1）试验条件。

①绕组绝缘电阻合乎要求。

②绕组直流耐压试验已经通过并合格。

③绕组电容已测量记录。

④定子 RTD 已可靠短接接地。

（2）试验标准。

试验电压为（$2U_n$+3）kV＝24 kV，交流工频，历时 1 min。

（3）试验准备。

①水电阻配置：为保护球间隙不被电弧灼伤，并防止放电时突陡波头而击穿定子匝间绝缘，球间隙回路中串接限流电阻。此电阻可用水电阻进行配置，其数值近似为：$R_g = (2U_n)/15C_x$，式中：U_n 为试验电压，C_x 为绕组对地电容。配置水电阻时，通过调整电极间距与电解液浓度，最终使之符合要求。

②过电压整定：过电压保护分为两级，第一级为过电压继电器保护，对高压侧电压进行整定，其中高压侧按照试验电压的 1.1 倍即 25.29 kV 整定，第二级为球间隙保护，按照

试验电压的 1.15 倍即 26.45 kV 整定。

③过电流保护整定：根据定子绕组电容(设计值)，估算出高压侧试验电流值，按照其 1.5 倍整定高压侧过流继电器。低压侧过电流按照试验变压器的输入电流进行整定。

④整定完毕后，进行模拟动作，各保护应能可靠跳开电源开关。

(4)试验仪器及接线。

由于试验电流很大，必须采用谐振变压器。按照以下步骤进行设备接线：

①试验设备布置在发电机层主引出线附近。配备足够容量的三相试验电源。

②检查试验变压器、调压变、电抗器的油位应正常，检查其绝缘电阻应合乎要求。其他设备状况应良好，表计均经过校验检定。

③按照试验接线图将各设备可靠连接，并仔细检查确认无误，试验设备的外壳或接地螺栓用软铜辫接地线与接地体可靠连接。不接通主回路电源，通电检查试验变压器控制回路的工作情况，包括调压升降方向、上下限位、铁芯调整方向，以及保护回路，各元件应动作可靠。

(5)试验步骤。

①将试验变压器高压引线接到被试绕组，绕组头尾必须跨接，其他两相接地。

②各部人员就位后，关掉主照明开始试验。

③零起升压，当升至高压侧电压约为 10.5 kV 左右时，停止升压，调整电抗器，使低压侧输入电流最小，此点即为谐振点。

④继续升压，升压至 1.1 倍额定电压(11.55 kV)，观察绕组端部不应有电晕出现。升压到电晕出现后，记录电压值，然后降压至零，观察电晕消失情况，记录电压值。

⑤再次零起匀速升压，升至 25.30 kV 保持 1 min，密切监视绕组、铜环引线等部位。

⑥试验时间到达后迅速降压至零，断开电源。

⑦倒换接线，重复上述步骤进行其他相的试验。

⑧三相试验全部结束后，用 5 000 V 吉欧表测量绕组绝缘电阻与极化指数，与试验前相比应无明显差别。

(6)耐压时的电压要求和检查部位以厂家资料为准。

7.3.6.4　转子组装

1.施工准备

准备磁轭支撑、垫板、调整螺栓及配套扳手。准备叠片销支撑管。准备下压板水平调整用支墩，按组装高度制作。准备转子叠片支架。检查中心体水平满足设计要求。检查测圆架与中心体同轴度满足设计要求。

2.磁轭叠装

(1)准备工作。

叠片前抽查每箱铁片中的 3~5 张铁片的厚度及质量，并计算其平均厚度，做好编号及数据记录。按铁片出厂分类清单计算、编制堆积计划表。原则上同种质量的铁片应叠在同一层。如果每箱铁片中的铁片质量基本一致，在实际操作中，应叠完一箱后，再叠另外一箱。如果每箱铁片中的铁片质量相差较大，应对所有的铁片称重，重新分类，每组质量差值不超过 0.2 kg。叠片时，磁轭两端应采用根据质量分类后数量最多的冲片进行叠装,数量较少的冲片应叠装在磁轭中部。叠片时磁轭冲片应平整,用锉刀等工具去除毛刺、修整毛边,冲片毛刺高度应小于 0.1 mm。

(2)在中心体的周围设置磁轭叠装工作平台和冲片放置钢架平台,按照冲片的叠装顺序将冲片配置于平台上。

(3)除去中心体外侧和磁轭键槽内的防锈剂,并检查磁轭键槽工作面的高点和毛刺,有必要时进行相应处理。

(4)测定并记录磁轭键槽的深度(若已有工厂加工记录,此项可以不做),检测轮臂下端各挂钩的高程差,不应大于 1 mm。

3. 磁轭叠装

(1)下齿压板摆放调整好后,在每块下压板的孔中插入叠片销,叠片定位销钉有两种,250 mm 长的用于固定铁芯下端部,同时还应插入 500 mm 长的销钉,两种销钉应均匀分布于整个铁芯圆周上。长销钉用于导向,随着铁芯高度的增加,相应地将其往上提。叠片开始时插入铁片孔,插入前检查叠片销光洁度,叠片销下部用木方或铁管支撑。

(2)叠片应参照磁轭叠片图进行。磁轭铁片每层 12 拼,3 层冲片作为一个基本层,每基本层错一极,七个基本层为一个循环,一个循环层的结束层为另一个循环的起始层。以大立筋为基准,在下齿压板上面放好第一基本层冲片的第一组扇形片。以组装基准线+Y线(第 36 极)为第一层的第一组冲片堆放起始点进行顺时针堆放叠装。接下来将第二基本层的冲片与第一基本层错开一个极距按顺时方向叠放。

(3)叠片高度到 100 mm 左右时,检查一次铁芯中部的圆度,并用橡皮槌或木槌整形,应保证能用手拔出或插入导向销钉。测量、调整大立筋对照记录检查大立筋顶部与支架的高差,若不一致则调整下部支撑及大立筋的固定件。用钢琴线、百分表、测圆架检查大立筋的半径、垂直度,在大立筋与立筋板缺口间用楔子板调整。调整大立筋使磁轭主键在切向紧靠磁轭。检查大立筋的垂直度、半径合格后拧紧固定件螺栓,在上下端用斜楔在切向楔紧。保证大立筋与立筋之间间隙均匀且满足焊接间隙要求。用水准仪和测圆架测量下压板水平,调整磁轭外圆周上的支撑满足水平要求。用内径千分尺、百分表、测圆架测量磁轭半径应符合图纸尺寸。在副键上涂润滑油,插入副键,应保证该键与磁轭间有 0.50 mm 间隙,最后用夹具将其夹紧在大键上。

(4)在叠片过程中,随时向上提起长销,但露出磁轭的高度应不超过 200 mm;叠片高度到离立筋固定螺栓约 20 mm 时,拆除该固定螺栓;拆除相应高度的立筋夹具。

(5)叠片过程中应经常检查大键与磁轭间的径向间隙。由于承载地面承压能力不一致,随着铁片高度的增加,往往会导致地面下沉量不一致,造成转子水平发生变化,大键与磁轭在径向上产生间隙。如果该间隙过大,则应检查调整转子水平,同时调整磁轭下部的螺杆千斤顶,使二者之间间隙符合要求。

(6)对称 8 个方向上同时压紧两遍,压紧力矩为最终压紧力矩的 80%。第一遍顺时针或逆时针由里向外压紧,第二遍则反过来。

(7)叠片高度到 630 mm 时,进行第一段压紧。在没有导向销钉的螺栓孔中安装压紧螺杆,安装上压板、套管,在套管间铺三层铁片,在螺栓丝扣上涂一点二硫化钼,同时在螺母与压板间涂一点二硫化钼。压紧前对铁芯整形,应保证能用手插入或拔出长销钉,测量铁芯内外圆的高度。

（8）拆除压紧装置。

（9）叠片高度的调整。

预压紧后,继续叠片时,根据测量的铁芯波浪度,在相应的位置叠入补偿片,调整叠片高度。

（10）根据测量的数据记录,计算决定调整垫片的厚度与形状,调整后层间过渡均匀。

（11）调整片应作适当打磨,使之过渡均匀,防止磁轭冲片之间形成较为明显的楔形间隙,否则用砂轮机进行必要的打磨。

（12）叠片高度到 900 mm 及 1 445 mm 时分别进行第二段和第三段压紧,压紧要求同上。

（13）在第二次压紧后,进行第三段叠片之前,将临时压紧螺杆拆除,换上永久压紧螺杆,然后按照前两次叠片和压紧的方法继续叠片。

（14）进行最后一段的叠片时,应注意总高度 1 890 mm 的控制。

（15）到达最终压紧高度后,调整螺杆上下端露出铁芯的长度,应保证带上圆螺母后露出的丝扣长度不超过圆螺母的厚度。在丝扣上涂一点二硫化钼,安装圆螺母。螺杆最终拉伸力为 550 kN,理论伸长量为 4.1 mm。

（16）用液压拉伸工具拉伸螺杆,应分三次逐渐加压到厂家设计规定压力。沿圆周方向均匀抽查不少于 10 根的螺杆伸长量,如果没有达到规定的伸长值,再以额定压力压紧一遍。

（17）最终压紧完后,铁芯总高度为（1 890±2 mm）,铁芯波浪度不超过 2 mm;测量铁芯上下端部各 150 mm 及中部的圆度,圆度偏差在 ±1.03 mm（各半径与设计半径之差不大于设计空气间隙的 3.5%）,叠压系数不小于 0.99。这一过程中还要调整螺杆的位置,使两端伸出部分符合图纸的要求。

（18）在磁轭副键上抹一点润滑脂,用大锤打入,保证其与磁轭间有 0.5 mm 的间隙,打入的时候应垫上铜板或铜棒。

（19）对称打紧其他副键,割掉副键多余长度,并将其上端部与主键焊在一起。

（20）立筋焊接准备:在立筋所在的磁轭外侧上、中、下位置各放置一个百分表,在磁轭内侧相应位置的转子支架上固定 3 个液压千斤顶,用其往外顶立筋,当 3 个百分表指针都有较为微小的变化时,停止往外顶。将焊接垫片均匀塞入立筋与转子支架间的缝隙内,然后沿焊缝安装焊接 5 块骑马板,以保证该焊缝间隙。装焊完毕后,拆除该部位的液压千斤顶。对称装焊所有立筋与支架间的骑马板。

（21）在立筋与转子支架间垫有焊接垫片的位置做上记号,因为在进行超声波探伤时该处可能显示有缺陷。

（22）立筋与支架间的焊接钢板中心应对齐,偏差如超过 2 mm,应校正。

4. 制动环安装

（1）在下压板下方安装制动环的上螺母,用专用扳手拧紧。检查制动环安装部位其他螺栓头部是否超出该螺母的下表面,如超出则应做相应的处理,保证螺栓应凹进摩擦面 2 mm 以上。

(2)制动环共有 18 块,每块重 290 kg,需要制作一个滑动或滚动的支撑装置。制动环板按编号装配,安装时将制动环放在该装置上,推到安装部位。将定位销钉预先装在制动环上,在制动环每个螺孔的上方安装调整垫片,用两个千斤顶将制动环顶起,就位后,稍微拧紧,用铜棒调整制动环,使销钉与磁轭紧密接触,没有间隙,调整好后再用套筒扳手拧紧压紧螺母。在安装制动环之前,测量制动环安装部位的螺母高程与水平,从而预先确定每个制动环安装孔位的调整垫片数量。

(3)待所有的制动环安装就位后,通过增减调整垫片,来调整制动环径向及周向上的水平在 2.5 mm 以内。制动环安装时,在机组旋转方向上,应保证在接缝处后一块制动环不应凸出前一块。

(4)制动环的压紧螺栓不可拧得太紧,在丝扣上不要涂润滑脂。

(5)安装焊接制动环止动块。

5. 磁极安装

(1)检查磁轭上所有的鸽尾槽,确认干净无铁屑、无异物。用风吹扫磁轭。

(2)在安装场内适当位置排放好枕木,打开磁极的包装箱子,用磁极的吊装工具吊出磁极放到地板上已经排放好的枕木上。

(3)检查磁极 T 形键的垂直度、磁极铁芯的平直度及有无高点,对于有问题的部位进行处理。

(4)用 1 000 V 的摇表检查每个磁极挂装前的绝缘电阻均应大于 5 MΩ,对于不符合要求的磁极应查明原因进行处理。单个磁极进行耐压试验,试验电压为($10U+1\,500$)V。

(5)检查所有磁极的直流电阻,相互比较不应有明显差别(2%)。

(6)按照图纸,先将磁极下部的调整螺栓、背帽和止动垫片安装到磁轭下压板上,根据磁轭下侧的高度和磁极中心标高来调整螺栓的拧入高度以初步确定磁极的安装位置;然后将磁极顶块和磁极下端楔块放入磁轭 T 形键槽底部,注意在放置磁极顶块时,应根据磁极中心线的高度调整配制。

(7)根据磁轭圆度测量结果,确定在磁极 T 尾两侧的磁极垫条的厚度,将磁极垫条紧靠磁极 T 形键尾。从下面折弯安装至磁极压板上,上下面均与压板焊接止动。

(8)根据磁极重量确定磁极挂装位置,重量分配应符合国家规范《水轮发电机组安装技术规范》(GB/T 8564—2003)的要求。

(9)确定有励磁引出线的磁极的装设位置并在磁轭上做出相应的安装标记。

(10)用厂房桥机和磁极的吊装工具吊起磁极,并根据磁极的编号将其吊到对应的挂装位置,慢慢地放入磁轭的 T 形键槽中。注意带励磁引线的磁极应先装,且应注意磁极的挂装极性。其余的磁极挂装,应以励磁引线磁极为准按对称、对应进行挂装。

(11)将磁极上端楔块楔入磁极顶部,用顶部调整螺栓将磁极楔紧。

(12)用水准仪根据磁轭的中心高度数据记录配合调整磁极的挂装高度,控制磁极的挂装高度与磁轭的中心高度偏差不应大于 1.5 mm。如有超差,可用桥机和起吊工具以及磁轭下侧的调整螺栓来进行调整。

(13)利用转子中心测圆架,旋转其支臂,测量每个磁极上、中、下侧的外径,并做好数据记录。确认中心体法兰面的水平为 0.05~0.10 mm/m 以内;用直尺靠于磁极铁心外侧的中心,用内径千分尺测磁极外径,并做好数据记录;圆度偏差在 1.18 mm 内。磁极外径调整时,利用磁极上下端调整螺栓,调整磁极上下端的楔铁的顶入深度,使得磁极外径达到设计要求值。

(14)安装阻尼环连接片,与阻尼环配钻安装。

(15)引线与引线以及引线与磁极连接线连接处套收缩管连接,无法套收缩管时采用桐马粉绝缘带和无碱玻璃丝带绝缘。安装就位后,用($10U+1\,000$)V 电压做耐压试验。

(16)按照图纸安装极间连接线,拧紧组合螺栓后,0.05 mm 塞尺塞入深度应不超过 5 mm。

(17)用直流设备烘干转子。待绕组绝缘大于 0.5 MΩ 且接头绝缘包扎已干透时,停止干燥。

(18)转子绕组耐压试验,试验电压为 $10U$。

(19)依次完成其他试验测试。

(20)除制动环表面、支架配合面外,转子上喷 9130 漆一遍。

(21)按照图纸安装旋转挡风板及其他附件。注意安装圆螺母时,应在丝扣及下平面上涂一点润滑脂。

6. 转子吊装步骤及检测

(1)转子吊具安装完毕 100 t 桥机安全检查试验完毕,情况良好,满足转子整体安全要求。

(2)安装转子之前,在转子支臂及磁轭底部架设若干百分表,以便于测量转子吊起后的变形情况。同时准备 12 根垫气隙的木条(长度略大于磁极高度,厚度约为设计空气间隙的 1/2)。清除转子吊装线路上的一切障碍物。吊装转子准备工作就绪。

(3)用桥机试吊转子,使转子下法兰面离开安装间组装基础平面 100 mm 左右,停留 12 min,检查中心体水平,同时测量转子支臂的挠度、磁轭外圆相对内圆下沉量以及两支臂间磁轭的下沉值,并做记录。

(4)清扫转子下法兰组合面,检查高点,并做修磨处理。

(5)检验桥机,起吊工具有无异常现象。然后将转子吊起 300 mm 左右,以 200 mm 左右的距离升降 2 次,检查抱闸是否打滑,及吊具其他部位是否有异常现象。

(6)转子由安装间吊入机坑时,中途尽量不停顿,当转子吊到 4# 机坑上空时,初步找正转子中心对机坑中心,然后将转子徐徐下降。

(7)转子下降到离主轴法兰组合面有 300 mm 左右时,转动转子方向,使法兰与主轴方位一致。

(8)在转子将要进入定子时,再仔细找正转子,为避免转子与定子相碰,用 12 根木条均匀分布在定子、转子空气间隙内,每根木条由一人靠近磁极中部上下收放,如果发卡,调整转子吊装位置然后再下降转子,在转子降到离法兰面 300 mm 时,对下端轴法兰进行清扫。精确对准法兰方位,当转子下降到距法兰面 60 mm 时,对准推力头销钉孔,穿入销钉,然后将转子缓落在推力头上,用油布将定子、转子的空气间隙盖好。

(9)拧紧推力头与转子间所有组合螺栓,检查间隙应符合要求。

（10）用对称方向上的 4 个拉紧螺栓提起水轮机大轴、转轮与转子组合，提起过程中应注意法兰面的距离应一致，预留 4 个螺栓孔不穿螺栓，用以测量法兰面间隙，待法兰面没有间隙后，再安装这 4 个螺栓，用液压拉伸器拉伸螺栓，螺栓拉紧力应符合图纸要求。

（11）转子吊装完毕后，可将转子吊具拆除吊出机坑，临时存放于装卸场或安装间。

7.3.7　水轮发电机组启动试验

本电站三台水轮发电机组启动试运行前根据《水轮发电机组启动试验规程》完成了各项检查工作，并获得启动验收委员会认可后，在电站启动试验指挥部协调下有效地展开工作，三台机组启动试验期间，各项工作均依据既定的启动试验程序和方案进行。

7.3.7.1　水轮发电机组充水试验

1. 尾水流道充水

三台机利用尾水倒灌方式进行尾水流道充水，在充水过程中检查水轮机顶盖、导水机构及空气围带，测压系统管路、尾水管进入门均无漏水现象。测压表计的读数正确。

2. 引水隧洞和压力管道充水

引水隧洞和压力管道充水采用分段保压式充水，提起进水口工作闸门向引水隧洞小流量充水，在充水过程中检查 1#、2#、3# 机组进水蝶阀和旁通阀无异常漏水，阀前表计数值正常，厂房无异常渗漏水源，厂房渗漏排水系统工作正常。

3. 蜗壳充水

分别开启 1#、2#、3# 机组进水蝶阀的旁通阀向各机组蜗壳充水，检查主阀伸缩节、压力钢管进人孔无异常漏水，阀后排气阀工作正常，水轮机顶盖、导水机构、主轴密封无异常漏水。

4. 充水平压后的观测检查和试验

在静水状态下开/关蝶阀，现地手动操作正常，远方操作正常。机组过速联动关闭蝶阀正常，关阀时间 20 s，开阀时间 30 s，满足机组过速联动关阀要求。

7.3.7.2　水轮发电机组空载试运行

1. 首次手动启动试验

以手动方式进行了 3 台机组首次启动试运行，检查各部无摩擦或碰撞情况，机组继续转动，升速过程中密切监视各部声音、气味、温度有无异常，机组运行平稳。机组额定转速时，3 台机振动摆度最高值见表 7-3，开机 4 h 后，3 台机组最高温度见表 7-4。

3 台机振动、摆度值均在相关规程允许值范围，各轴承温升正常，测量发电机残压相序为正序。停机检查，3 台机各部位油槽未出现甩油现象，机组转动部件无异常松动，符合相关规程要求。

2. 调速器空载扰动试验

手动开机至额定转速后，将调速器切至自动控制模式。

设定调速器空载运行的 PID 参数，扰动量为 ±2%、±4%、±6%、±8%，机组运行平稳，试验项目和录波详图分别见 1#、2#、3# 调速器厂家调试报告。

表 7-3 机组额定转速时,3 台机振动摆度最高值 （单位:μm)

机组序号	上机架振动值		下机架振动值		水导摆度	
	水平	垂直	水平	垂直	X	Y
1#	3	2	4	3	30	35
2#	2	2	4	1	36	40
3#	4	3	3	2	38	45

表 7-4 开机 4 h 后,3 台机组最高温度 （单位:℃)

机组序号	推力瓦温	上导瓦温	下导瓦温	水导瓦温
1#	38.5	46.0	45.0	53.0
2#	41.1	46.6	45.5	55.0
3#	38.2	46.0	43.0	54.0

3. 机组过速试验

3 台机组升速过程中,转速保护装置 110%Ne、140%Ne 的接点动作正确,机组机械过速保护装置在 135%Ne 时动作。各轴承瓦温无异常升高现象。

机组停运后,检查转动部分、机组定子、机架,紧固件、焊缝等均无出现异常情况,机组具备下一步启动试验条件。

4. 自动开/停机试验

(1)在机组 LCU、中控室上位机启动开/停机流程,机组开/停机流程正确。

(2)在机组 LCU 柜按事故停机、紧急事故停机按钮动作正确。

(3)模拟电气事故(发电机差动保护动作)和水机事故(瓦温过高、调速器事故低油压),机组 LCU 开出继电器动作正常,机组断路器分闸、灭磁开关分闸、调速器导叶关闭、机组停机流程动作正确。

5. 发电机短路升流试验

(1)在机组出口断路器的下侧设短路点,利用厂用变提供主励磁电源,投入水机保护。

(2)3 台发电机差动保护的差流近似零,差动回路电流幅值、相位均正确。发电机后备保护二次电流幅值、相位均正确。故障录波屏、电度表屏、励磁调节柜、调速器柜、机组 LCU 柜等有关定子电流的二次电流幅值、相位均正确。

6. 发电机升压试验

(1)出口断路器、隔离开关分位,采用自并励方式,励磁装置手动零起升压。

(2)3 台发电机后备保护的二次电压的幅值、相位均正确。发电机保护屏、故障录波屏、电度表屏、励磁调节柜、调速器柜、机组 LCU 柜等有关定子电压的二次电压幅值、相位均正确。励磁变低压侧电压幅值、相位均正确。

(3)3 台机临时解除发电机定子接地保护出口,在发电机励磁变高压侧 B 相模拟发电机单相接地,发电机保护动作正确。

7. 空载下的励磁装置试验

发电机出口开关柜断路器、隔离开关分位,采用自并励方式。

(1)励磁装置调节范围。

通道 A:极端电压调节范围,上限:110.10%;下限:8.02%。

通道 B:极端电压调节范围,上限:110.02%;下限:8.03%。

(2)自动起励。

①A、B 通道"正常"分别起励一次,3 台机均能按"预置值"建立机端电压。

②用三相调压器,原边经开关接厂用电,副边并接两组线,一组给整流桥,另一组给 PT 端子,用电阻(电炉)做整流桥负载。

不改变给定,A、B 通道控制信号能随 PT 电压的上升而上升,随 PT 电压的下降而下降;不改变 PT 电压,增磁时,控制信号下降,a 角下降;减磁时,控制信号上升,a 角上升。

分别置于 A、B 通道,用示波器检查各个整流桥输出波形正常,增、减调节变化连续,无突变现象。

(3)通道切换。

3 台发电机在空载状态下,进行通道 A—B—A 切换,发电机机端电压平稳,录波详图见厂家试验报告。

(4)励磁装置操作。

3 台机将励磁装置置于"现地",在触摸屏起励,发电机机端电压均达到设定值,增磁、减磁、逆变,励磁装置工作正常。将励磁装置置于"远控",发出开机起励令、增磁、减磁、停机灭磁令,励磁装置工作正常。励磁装置的零起升压、A/B 套起励、逆变、空载跳灭磁开关的录波图。

(5)3 台机模拟过励磁、PT 断线、交/直流电源断电、微机通道 5 V 电源断电、调节器故障试验,动作应正确。

7.3.7.3　水轮发电机组带主变与高压装置实验

1.1#发电机组对 1#主变压器、110 kV 母线、1#厂变的零起升压

(1)1#发电机对 10 kV 母线、1#厂变、1#主变零起升压。

1#主变及 1#厂变进行 25%、50%、75%、100%额定值逐步升压,每阶段停留 5 min,升至全压停留 20 min,正常;机组的手动准同期装置、自动准同期装置相位正确;故障录波屏、电能表屏、励磁调节柜、1#主变保护屏、公用设备保护屏、调速器电柜、开关站 LCU 柜、机组 LCU 柜有关 10 kV 母线电压的二次回路的幅值、相位均正确;400 V 1#厂变进线侧测得厂变低电压的二次电压的幅值、相位均正确。

(2)1#发电机对 110 kV 母线零起升压。

110 kV 母线逐步升压至额定,设备正常。1#主变高压侧断路器的手动准同期装置、自动准同期装置相位正确;电能表屏、1#主变保护屏、母线保护屏、线路保护屏、升压站 LCU 柜、故障录波屏有关 110 kV 母线电压的二次回路的幅值、相位均正确。

2.3#发电机组对 2#主变压器、110 kV 母线、2#厂变的零起升压

(1)3#发电机对 10 kV 母线、2#厂变、2#主变零起升压。

2#主变及 2#厂变进行 25%、50%、75%、100%额定值逐步升压,每阶段停留 5 min,升至全压停留 20 min,正常;机组的手动准同期装置、自动准同期装置相位正确;故障录波屏、电能表屏、励磁调节柜、2#主变保护屏、公用设备保护屏、调速器电柜、开关站 LCU 柜、机组 LCU 柜有关 10 kV 母线电压的二次回路的幅值、相位均正确;400 V 1#厂变进线侧测得厂变低电压的二次电压的幅值、相位均正确。

(2)3#发电机对 110 kV 母线零起升压。

110 kV 母线逐步升压至额定,设备正常。2#主变高压侧断路器的手动准同期装置、自动准同期装置相位正确;电能表屏、2#主变保护屏、母线保护屏、线路保护屏、升压站 LCU 柜、故障录波屏有关 110 kV 母线电压的二次回路的幅值、相位均正确。

3. 110 kV 线路倒送电

按照地调的线路倒送电方案,响水电站 4#主变退出光差保护和重合闸。

(1)由响水电站 4#主变高压侧 114 开关对 110 kV 逆向短引线进行冲击,本站线路 PT 二次侧幅值正确。

(2)由响水电站 114 开关对本站 101 开关进行冲击,正常。

(3)由本站 101 开关对本站 110 kV 母线进行冲击,母线 PT 二次侧电压的幅值、相位均正确,本站 101 开关的手动准同期装置、自动准同期装置相位正确。

(4)由本站 101 开关对本站 1#和 2#主变高压侧断路器进行冲击,正常。

4. 1#和 2#主变冲击

1)1#主变冲击

根据地调指令,合上 1#主变中性点 1110 隔离开关,由本站 111 开关对 1#主变进行冲击,冲击 5 次。冲击过程中主变保护装置的整定值能够躲过励磁涌流,未出现误动作,1#主变正常。1#主变冲击试验完成后,根据地调指令,1#主变中性点 1110 隔离开关分闸,不直接接地运行。

2)2#主变冲击

根据地调指令,合上 2#主变中性点 1110 隔离开关,由本站 112 开关对 2#主变进行冲击,冲击 5 次。冲击过程中主变保护装置的整定值能够躲过励磁涌流,未出现误动作,2#主变正常。2#主变冲击试验完成后,根据地调指令,2#主变中性点 1110 隔离开关合闸,直接接地运行。

5. 1#和 2#厂变冲击

由 1#厂变高侧 041 断路器对 1#厂变进行 3 次冲击试验,1#厂变正常。由 2#厂变高侧 042 断路器对 2#厂变进行 3 次冲击试验,2#厂变正常。

7.3.8　水轮发电机组的并列及负荷试验

7.3.8.1　1#水轮发电机组的并列及负荷试验

1. 假同期并列试验

发电机出口开关 021 假同期合闸,并列正常。1#主变高压侧开关 111 假同期合闸,并列正常。110 kV 出线开关 101 假同期合闸,并列正常。

2. 并列试验

发电机出口开关 021 自动准同期合闸,并列正常。1#主变高压侧开关 111 自动准同期合闸,并列正常。110 kV 出线开关 101 自动准同期合闸,并列正常。

3. 机组并列带负荷

从低负荷到满负荷,1#机组运行平稳,振动、摆度值符合要求,调速器、励磁装置工作正常。

4. 机组带负荷下的励磁装置试验

在发电机有功功率分别为 0、50% 和 100% 额定值下,调整发电机无功功率从零到额定值,调节平稳、无跳动。

5. 甩负荷试验

机组甩负荷试验按机组额定功率的 25%、50%、75%、100% 进行。

1#机组甩负荷试验前、后各部位数据见表 7-5。

甩负荷试验结束后,检查机组正常。

6. 事故低油压试验

机组带 100% 负荷时,降低调速器油压装置压力,达到事故低油压设定值 3.2MPa,机组出口断路器、灭磁开关跳闸,机组事故停机流程正确。

事故低油压试验结束后检查机组正常。

7.3.8.2 2#水轮发电机组的并列及负荷试验

1. 假同期并列试验

发电机出口开关 022 假同期合闸,并列正常;1#主变高压侧开关 111 假同期合闸,并列正常;110 kV 出线开关 101 假同期合闸,并列正常。

2. 并列试验

发电机出口开关 022 自动准同期合闸,并列正常;1#主变高压侧开关 111 自动准同期合闸,并列正常;110 kV 出线开关 101 自动准同期合闸,并列正常。

3. 机组并列带负荷

从低负荷到满负荷,2#机组运行平稳,振动、摆度值符合要求,调速器、励磁装置工作正常。

4. 机组带负荷下的励磁装置试验

在发电机有功功率分别为 0、50% 和 100% 额定值下,调整发电机无功功率从零到额定值,调节平稳、无跳动。

5. 甩负荷试验

机组甩负荷试验按机组额定功率的 25%、50%、75%、100% 进行。

甩负荷试验结束后,检查机组正常。

6. 事故低油压试验

机组带 100% 负荷时,降低调速器油压装置压力,达到事故低油压设定值 3.2 MPa,机组出口断路器、灭磁开关跳闸,机组事故停机流程正确。

表 7-5　1#机组甩负荷试验前、后各部位数据

甩 25%负荷		有功　8 500 kW	无功　6 400 kW
甩前值		甩后最高值	
导叶开度　32%	转速 500 r/min	导叶开度　0	转速 525 r/min
上导水平振动 1.4 μm	上导垂直振动 1.4 μm	上导水平振动 16 μm	上导垂直振动 50 μm
下导水平振动 1.8 μm	下导垂直振动 0	下导水平振动 7 μm	下导垂直振动 17 μm
水导摆度+X　24 μm	水导摆度+Y　26 μm	水导摆度+X　40 μm	水导摆度+Y　49 μm
蜗壳压力　1.9 MPa	顶盖压力　0.9 MPa	蜗壳压力　2.0 MPa	顶盖压力　0.4 MPa
甩后机组转速上升率为 5%			
甩 50%负荷		有功　18 000 kW	无功 1 300 kW
甩前值		甩后最高值	
导叶开度　41.6%	转速 499.7 r/min	导叶开度　0	转速 561 r/min
上导水平振动 1.67 μm	上导垂直振动 1.4 μm	上导水平振动 30 μm	上导垂直振动 80 μm
下导水平振动 2.22 μm	下导垂直振动 0	下导水平振动 10 μm	下导垂直振动 20 μm
水导摆度+X　27 μm	水导摆度+Y　29 μm	水导摆度+X　50 μm	水导摆度+Y　62 μm
蜗壳压力　1.9 MPa	顶盖压力　0.9 MPa	蜗壳压力　2.0 MPa	顶盖压力　0.45 MPa
甩后机组转速上升率为 12.2%			
甩 75%负荷		有功　28 000 kW	无功 2 100 kW
甩前值		甩后最高值	
导叶开度　60%	转速 500 r/min	导叶开度　0	转速 640 r/min
上导水平振动 1.67 μm	上导垂直振动 2.0 μm	上导水平振动 60 μm	上导垂直振动 90 μm
下导水平振动 2.22 μm	下导垂直振动 0	下导水平振动 20 μm	下导垂直振动 30 μm
水导摆度+X　27 μm	水导摆度+Y　29 μm	水导摆度+X　50 μm	水导摆度+Y　62 μm
蜗壳压力　1.94 MPa	顶盖压力　0.9 MPa	蜗壳压力　2.10 MPa	顶盖压力　0.45 MPa
甩后机组转速上升率为 28%			
甩 100%负荷		有功　35 000 kW	无功 26 000 kW
甩前值		甩后最高值	
导叶开度 69.45%	转速 500 r/min	导叶开度　0	转速 659 r/min
上导水平振动 1.67 μm	上导垂直振动 2.0 μm	上导水平振动 60 μm	上导垂直振动 150 μm
下导水平振动 2.22 μm	下导垂直振动 0	下导水平振动 30 μm	下导垂直振动 49 μm
水导摆度+X　27 μm	水导摆度+Y　29 μm	水导摆度+X　68 μm	水导摆度+Y　73 μm
蜗壳压力　1.86 MPa	顶盖压力　0.95 MPa	蜗壳压力　2.15 MPa	顶盖压力　0.6 MPa
甩后机组转速上升率为 31.8%			

事故低油压试验结束后检查机组正常。

2#机组甩负荷试验前、后各部位数据见表7-6。

表7-6　2#机组甩负荷试验前、后各部位数据

甩25%负荷	有功 8 500 kW		无功 6 400 kW
甩前值		甩后最高值	
导叶开度　32%	转速　500 r/min	导叶开度　0	转速　550 r/min
上导水平振动 5.4 μm	上导垂直振动 5 μm	上导水平振动 24 μm	上导垂直振动 40 μm
下导水平振动 3.8 μm	下导垂直振动 1.4 μm	下导水平振动 15 μm	下导垂直振动 32 μm
水导摆度+X　12 μm	水导摆度+Y　16 μm	水导摆度+X　40 μm	水导摆度+Y　35 μm
蜗壳压力　1.89 MPa	顶盖压力　0.8 MPa	蜗壳压力　2.0 MPa	顶盖压力　0.4 MPa
甩后机组转速上升率为 10%			
甩50%负荷	有功 18 000 kW		无功 1 300 kW
甩前值		甩后最高值	
导叶开度　42.96%	转速　499.7 r/min	导叶开度　0	转速 579 r/min
上导水平振动 5.67 μm	上导垂直振动 6.47 μm	上导水平振动 30 μm	上导垂直振动 50 μm
下导水平振动 3.77 μm	下导垂直振动 1.44 μm	下导水平振动 62 μm	下导垂直振动 39 μm
水导摆度+X　13.6 μm	水导摆度+Y　29 μm	水导摆度+X　62 μm	水导摆度+Y　42 μm
蜗壳压力　1.88 MPa	顶盖压力　0.9 MPa	蜗壳压力　2.0 MPa	顶盖压力　0.45 MPa
甩后机组转速上升率为 15.8%			
甩75%负荷	有功 28 000 kW		无功 2 100 kW
甩前值		甩后最高值	
导叶开度　60%	转速 500 r/min	导叶开度　0	转速 625 r/min
上导水平振动 5.47 μm	上导垂直振动 5.88 μm	上导水平振动 76 μm	上导垂直振动 59 μm
下导水平振动 3.38 μm	下导垂直振动 1.46 μm	下导水平振动 69 μm	下导垂直振动 85 μm
水导摆度+X　13.9 μm	水导摆度+Y　16.1 μm	水导摆度+X　98 μm	水导摆度+Y　76 μm
蜗壳压力　1.94 MPa	顶盖压力　0.9 MPa	蜗壳压力　2.1 MPa	顶盖压力　0.5 MPa
甩后机组转速上升率为 25%			
甩100%负荷	有功 35 000 kW		无功 26 000 kW
甩前值		甩后最高值	
导叶开度　71.8%	转速 500 r/min	导叶开度　0	转速 667 r/min
上导水平振动 3.78 μm	上导垂直振动 7.49 μm	上导水平振动 78 μm	上导垂直振动 65 μm
下导水平振动 4.11 μm	下导垂直振动 1.88 μm	下导水平振动 89 μm	下导垂直振动 98 μm
水导摆度+X　18.0 μm	水导摆度+Y　20.3 μm	水导摆度+X　98 μm	水导摆度+Y　90 μm
蜗壳压力　1.85 MPa	顶盖压力　0.95 MPa	蜗壳压力　2.1 MPa	顶盖压力　0.6 MPa
甩后机组转速上升率为 33.4%			

7.3.8.3　3#水轮发电机组的并列及负荷试验

1. 假同期并列试验

发电机出口开关 023 假同期合闸,并列正常;2#主变高压侧开关 112 假同期合闸,并列正常 110 kV 出线开关 101 假同期合闸,并列正常。

2. 并列试验

发电机出口开关 023 自动准同期合闸,并列正常;2#主变高压侧开关 112 自动准同期合闸,并列正常;10 kV 出线开关 101 自动准同期合闸,并列正常。

3. 机组并列带负荷

从低负荷到满负荷,3#机组运行平稳,振动、摆度值符合要求,调速器、励磁装置工作正常。

4. 机组带负荷下的励磁装置试验

在发电机有功功率分别为 0、50% 和 100% 额定值下,调整发电机无功功率从零到额定值,调节平稳、无跳动。

5. 甩负荷试验

机组甩负荷试验按机组额定功率的 25%、50%、75%、100% 进行。

甩负荷试验结束后,检查机组正常。

6. 事故低油压试验

机组带 100% 负荷时,降低调速器油压装置压力,达到事故低油压设定值 3.2 MPa,机组出口断路器、灭磁开关跳闸,机组事故停机流程正确。

事故低油压试验结束后检查机组正常。

3#机组甩负荷试验前、后各部位数据见表 7-7。

表 7-7　3#机组甩负荷试验前、后各部位数据

甩 25%负荷		有功 8 500 kW	无功 6 400 kW	
甩前值			甩后最高值	
导叶开度　35%	转速 500 r/min		导叶开度　0	转速 540 r/min
上导水平振动 24.7 μm	上导垂直振动 20 μm		上导水平振动 76 μm	上导垂直振动 20 μm
下导水平振动 9.32 μm	下导垂直振动 6 μm		下导水平振动 90 μm	下导垂直振动 9 μm
水导摆度+X 12 μm	水导摆度+Y 80 μm		水导摆度+X 120 μm	水导摆度+Y 98 μm
蜗壳压力　1.9 MPa	顶盖压力　0.8 MPa		蜗壳压力　2.0 MPa	顶盖压力　0.5 MPa
甩后机组转速上升率为 8%				
甩 50%负荷		有功 18 000 kW	无功 1 300 kW	
甩前值			甩后最高值	
导叶开度　47%	转速 499.7 r/min		导叶开度　0	转速 572 r/min
上导水平振动 24.7 μm	上导垂直振动 22.6 μm		上导水平振动 67 μm	上导垂直振动 36 μm
下导水平振动 9.32 μm	下导垂直振动 6.44 μm		下导水平振动 71 μm	下导垂直振动 9 μm

续表 7-7

甩 50%负荷		有功 18 000 kW	无功 1 300 kW
甩前值		甩后最高值	
水导摆度+X 13.6 μm	水导摆度+Y 79.7 μm	水导摆度+X 123 μm	水导摆度+Y 131 μm
蜗壳压力　1.87 MPa	顶盖压力　0.9 MPa	蜗壳压力　2.1 MPa	顶盖压力　0.5 MPa
甩后机组转速上升率为 14.4%			

甩 75%负荷		有功 28 000 kW	无功 2 100 kW
甩前值		甩后最高值	
导叶开度　64.4%	转速 500 r/min	导叶开度　0	转速 630 r/min
上导水平振动 31.6 μm	上导垂直振动 22.2 μm	上导水平振动 78 μm	上导垂直振动 59 μm
下导水平振动 9.38 μm	下导垂直振动 5.5 μm	下导水平振动 76 μm	下导垂直振动 89 μm
水导摆度+X 13.9 μm	水导摆度+Y 120 μm	水导摆度+X 160 μm	水导摆度+Y 168 μm
蜗壳压力　1.87 MPa	顶盖压力　0.9 MPa	蜗壳压力　2.10 MPa	顶盖压力　0.5 MPa
甩后机组转速上升率为 26%			

甩 100%负荷		有功 35 000 kW	无功 26 000 kW
甩前值		甩后最高值	
导叶开度　73.8%	转速 500 r/min	导叶开度　0	转速 667 r/min
上导水平振动 31.6 μm	上导垂直振动 21.2 μm	上导水平振动 89 μm	上导垂直振动 40 μm
下导水平振动 11 μm	下导垂直振动 7.59 μm	下导水平振动 78 μm	下导垂直振动 65 μm
水导摆度+X 18.0 μm	水导摆度+Y 105 μm	水导摆度+X 163 μm	水导摆度+Y 168 μm
蜗壳压力　1.87 MPa	顶盖压力　0.95 MPa	蜗壳压力　2.1 MPa	顶盖压力　0.6 MPa
甩后机组转速上升率为 33.4%			

7.3.9　水轮机机组试运行性能测试

7.3.9.1　水轮机的主要性能保证值和机组试运行性能测试值

1.水轮机功率、效率及调节值

性能保证值:机组在 182.0 m 水头,功率 36.08 MW,效率不低于 93%。机组在 182.0 m 水头,36.08 MW 功率运行时,突甩满负荷的最大转速上升率不大于 50%,蜗壳压力上升值不大于 25%。机组试运行性能测试值见表 7-8。

表 7-8　机组试运行性能测试值

机组	水头（m）	水轮机		甩满负荷	
		功率（MW）	效率（%）	转速上升率	蜗壳水压上升率
1#机	186	36.21	94	31.8%	15.6%
2#机	185	36.20	94	33.4%	13.5%
3#机	187	36.22	94	33.4%	13%

2.机组温度、振动和摆度值

性能保证值:机组在额定负载下,各部分轴承温度不超过:推力轴承55 ℃,上、下导和水导70 ℃,上、下机架允许双幅振动量不大于0.10 mm,定子双幅振动量不大于0.05 mm,水轮机轴绝对摆度(双幅值)应不大于0.25 mm。

试运行期间机组额定负载下温度、振动和摆度测试值见表7-9。

表 7-9　机组试运行额定负载下温度、振动和摆度测试值

机组序号	上机架振动值（μm）		下机架振动值（μm）		水导摆度（μm）		轴瓦温度（℃）			
	水平	垂直	水平	垂直	X	Y	推力	上导	下导	水导
1#机	7	8	10	15	45	50	42	58	56	59
2#机	12	9	13	10	56	58	40	56	55	56
3#机	9	18	17	17	60	59	41	57	56	59

3 台机组在试运行期间各项性能指标符合相关规范和设计要求,运行情况良好。

7.3.9.2　机组72 h试运行

1#机组于2012年4月19日10时开始,2012年4月22日10时结束72 h试运行;2#机组于2012年4月23日9时开始,2012年4月26日9时结束72 h试运行;3#机组于2012年4月26日10时开始,2012年4月29日10时结束72 h试运行。

3 台水轮发电机组运行正常,轴承温度、定子铁芯和绕组温度正常,未超过设备厂家技术文件要求;机组摆度和振动值符合规范要求,调速器及油压装置运行正常,进水主阀及油压装置运行正常,励磁装置运行正常,励磁变的温度符合厂家技术文件要求;10 kV配电装置、主变压器、110 kV开关站设备运行正常;继电保护装置、计算机监控系统工作正常,上位机与现地LCU运行正常;通信系统运行正常,关口计量准确;机组技术供水系统运行正常;水力测量系统工作正常。机组经过72 h试运行各机组参数见表7-10。

7.3.10　机组启动验收

7.3.10.1　水轮机

2010年2月开始进行1#、2#、3#机组尾水椎管、基础环、座环、蜗壳、机坑里衬及接力器基础的安装工作。2010年10月开始安装1#、2#、3#水轮发电机及其附属设备,并于2011年12月全部安装完成。

7.3.10.2　发电机

2011年3月开始1#、2#、3#机组定子组装,2011年6月完成3个机组主轴热套及铁损试验,2011年7月机组转子吊入机坑,2011年9月完成机组轴线调整工作,2011年9月机组轴线调整工作,2011年12月1#、2#、3#机组发电及设备全部安装完成。

7.3.10.3　机组安装质量

与机组启动验收有关的工程项目,经施工单位自评,监理单位复核,质量监督单位核定,评定为质量合格。

表7-10　72 h 试运行各机组主要运行参数

机组序号	时间(h)	有功(MW)	无功(MVA)	定子		励磁		转速(r/min)	蜗壳压力(MPa)	导叶开度(%)	线圈温度(℃)	轴瓦温度(℃)				上机架振动(μm)		下机架振动值(μm)		水导摆度(μm)	
				电流(A)	电压(kV)	电流(A)	电压(V)					推力	上导	下导	水导	水平	垂直	水平	垂直	X	Y
1#机	24	34	19	2 028	10.8	590	195	500	1.86	70	65	41	53	54	59	7	13	4	5	45	50
	48	34	16	1 950	10.8	550	176	500	1.86	70	66	42	53	55	58	6	9	2	6	56	58
	72	34	12	1 880	10.8	549	177	500	1.86	70	67	42	54	56	59	9	6	6	5	60	59
2#机	24	34	16	2 010	10.8	550	178	500	1.86	69	64	42	55	57	59	8	13	4	7	60	58
	48	34	14	1 950	10.8	547	170	500	1.86	69	64	44	56	57	57	7	11	2	6	64	58
	72	34	13	1 860	10.9	500	170	500	1.86	69	63	44	56	58	58	6	11	3	6	62	59
3#机	24	34	11	1 850	10.8	528	170	500	1.86	73	66	43	58	56	57	4	10	13	8	56	53
	48	34	10	1 840	10.8	520	156	500	1.86	73	66	43	58	57	58	4	9	13	7	58	53
	72	34	9	1 810	10.8	504	150	500	1.86	73	67	42	57	56	59	5	9	14	8	67	55

7.3.10.4　机组启动技术验收

2012 年 2 月 15 日,泥猪河水电站机组启动验收委员会按照《水利水电建设工程验收规程》(SL 223—2008)要求,在机组启动运行相关的建筑物已建成,与机组启动运行有关的安全监测项目的观测仪器、设备已按设计要求安装和调试并取得初始值,金属结构及启闭设备、机电设备安装调试完成基本符合相关规程、规范,电厂运行操作规程、有关的规章制度及运行人员的组织配置已健全,1#、2#、3#机组 72 h 运行各项数据均符合有关规程和设计要求,对泥猪河水电站 1#、2#、3#机组进行了技术验收。

7.4　评价与建议

(1)机组台数选择合理。水轮机的机型及有关技术参数选择合适。水机附属设备满足机组特性的要求,水机辅助系统及设备的选择和布置符合有关规程、规范的要求。

(2)机组的设计、制造、试验等符合有关规程、规范的要求。机组性能参数指标满足合同要求。

(3)机组及机电设备安装质量满足有关规程、规范要求。机组及机电设备均按有关规程、规范要求进行相关试验。

(4) 安装和验收资料较齐全,具备竣工验收条件。

第 8 章　电　气

8.1　概　述

根据泥猪河水电站装机容量和 2009 年 7 月《可渡河泥猪河水电站工程接入系统补充方案论证》报告提供的接入系统的资料:泥猪河水电站以 110 kV 一级电压接入电网,电站 3×34 MW 机组通过(1×40+1×80)MVA 两台三相双圈变压器接入水电站 110 kV 母线,110 kV 出线 1 回至拟建的凤凰 110 kV 变电站 110 kV 母线上。导线型号 LGJ-400 mm², 长约 25 km。

根据《六盘水可渡河泥猪河水电站接入系统设计报告》提供的接入系统的资料:泥猪河水电站 110 kV 母线最大短路电流三相 $I'' = 8.16$ kA。

本电站 110 kV 出线一回,至南郊 220 kV 变电站,输电距离 28 km,系统基准容量为 100 MVA,基准电压为 115、10.5 kV,发电机纵轴超瞬电抗 $X''_d = 0.128$。

电站 3 台发电机接成单元接线和扩大单元接线,经两台主变压器升压,110 kV 侧接线采用单母线接线。两台主变高压侧、一回 110 kV 出线均设断路器。110 kV 配电装置采用户外中型布置方案。

8.2　主要设计变更

2009 年 7 月《可渡河泥猪河水电站工程接入系统补充方案论证》报告提供的接入系统的资料确定泥猪河水电站接入系统最终方案为:泥猪河水电站以 110 kV 一级电压接入电网,电站 3×34 MW 机组通过(1×40+1×80)MVA 两台三相双圈变压器接入水电站 110 kV 母线,110 kV 出线 1 回至拟建的凤凰 110 kV 变电站 110 kV 母线上。导线型号 LGJ-400 mm²,长约 25 km。由于拟建的凤凰 110 kV 变电站电源是"Ⅱ"接于水城 220 kV 变至石龙 110 kV 变 110 kV 线路上,导线截面 185 mm² 偏小,需要对"Ⅱ"接点至水城 220 kV 变侧线路进行改造,将 185 mm² 导线截面改为 240 mm²。改造部分线路长度约 3 km。

8.3　电气一次

8.3.1　主变电气设备及布置

8.3.1.1　主要电气设备

泥猪河水电站工程主要电气设备见表 8-1。

表 8-1 泥猪河水电站工程主要电气设备

序号	设备名称	规格型号	单位	数量	说明
1	电力变压器	SF10-80000/110 121±4×2.5%/10.5 kV	台	1	YN,d11 U_k = 10.5%
2	电力变压器	SF10-40000/110 121±4×2.5%/10.5 kV	台	1	YN,d11 U_k = 10.5%
3	干式变压器	SCB9-500/10 10.5±5%/0.4 kV	台	2	Δ/Y0-11 U_k = 4%
4	高压开关柜	XGN2-10-71(改)	台	3	发电机进线
5	高压开关柜	XGN2-10-71	台	2	主变进线
6	高压开关柜	XGN2-10-03	台	2	厂变进线
7	高压开关柜	XGN2-10-62	台	2	
8	高压开关柜	XGN2-10-49	台	3	
9	高压开关柜	XGN2-10-48(改)	台	3	
10	高压开关柜	XGN2-10-48	台	3	
11	低压开关柜	GCS	台	19	
12	六氟化硫断路器	LW36-126 3150 A	台	4	126 kV
13	隔离开关	GW5-126Ⅲ 110 kV	组	6	1 000 A 单接地
14	隔离开关	GW5-126Ⅲ 110 kV	组	3	1 000 A 双接地
15	隔离开关	GW5A-63 63 kV 1 000 A	组	1	单级
16	隔离开关	GW5A-63 63 kV 400 A	组	1	单级
17	电流互感器	LB6-110W2 5P20/5P20/5P20/0.5	只	3	2×500/5 A
18	电流互感器	LB6-110W2 5P20/5P20/5P20/0.5	只	3	2×300/5 A
19	电流互感器	LB6-110W2 5P20/5P20/5P20/0.2S	只	3	2×1 000/5 A
20	电流互感器	LB6-110W2 5P20/5P20/5P20/0.2S	只	3	2×200/5 A
21	电流互感器	LZW-12 10 kV 200/5 A	只	1	
22	电流互感器	LZW-12 10 kV 100/5 A	只	1	

续表 8-1

序号	设备名称	规格型号	单位	数量	说明
23	电流互感器	LMZB2-12Q 3000/5A 5P20/5P20	只	9	
24	励磁变压器		台	3	随励磁供应
25	电压互感器	JDCF-110W2 $110/\sqrt{3}/0.1/\sqrt{3}/0.1$ kV	只	3	
26	电压互感器	TYD-$110/\sqrt{3}/0.01$ $110/\sqrt{3}/0.1/\sqrt{3}/0.1$ kV	只	6	
27	避雷器	HY10W-100/260 110 kV	只	6	
28	避雷器	Y1.5W-72/186 110 kV	只	2	
29	避雷器	HY5WZ-12.7/45 10 kV	只	6	
30	绝缘铜管母线	JTMP-12 10.5 kV 2 500 A	m	340	
31	绝缘铜管母线	JTMP-12 10.5 kV 5 000 A	m	140	
32	钢芯铝绞线	LGJQ-400	km	2	
33	阻波器	XZK-800	只	6	
34	电力电缆	ZR-YJV$_{22}$-95	m	250	
35	动力电缆		km	15	
36	控制电缆		km	30	
37	计算机电缆	1 kV	km	10	
38	电缆桥架		t	40	
39	各种灯具		套	150	
40	各种钢材	角钢 扁钢	km	40	
41	发电机保护屏	2 260×800×600	面	3	微机保护
42	主变保护屏	2 260×800×600	面	2	微机保护
43	厂变保护屏	2 260×800×600	面	2	微机保护
44	线路保护屏	2 260×800×600	面	2	110 kV
45	公用屏	2 260×800×600	面	1	
46	电度计量屏	2 260×800×600	面	1	
47	机组自动屏	2 260×800×600	面	3	
48	故障录波屏	2 260×800×600	面	1	
49	直流屏	2 260×800×600	面	6	免维护
50	微机监控系统		套	1	
51	励磁屏	LSW	面	12	

续表 8-1

序号	设备名称	规格型号	单位	数量	说明
52	载波通信系统	附配套设备	套	1	
53	调度自动化系统	附配套设备	套	1	
54	视频监视系统	附配套设备	套	1	
55	光纤通信系统	附配套设备	套	1	
56	110 kV 输电线路	泥猪河水电站-水城 南郊变电站	km	28	LGJQ-3×400
57	试验设备		套	1	
58	电力变压器	S9-200/10 10±5%/0.4 kV	台	1	$D, yn11$ $U_k = 4\%$
59	熔断器	RW5-10 50/20 A 10 kV	只	3	
60	输电线路	LGJ-3X2 510 10 kV	km	4	坝区用电
61	柴油发电机组	84GF1	台	1	

8.3.1.2 主要电气设备布置

1. 主厂房电气设备布置

主厂房宽度 16.70 m,总长度 50.52 m(包括安装间),主厂房发电机层(高程 926.10 m)布置 3 台 34 MW 立式水轮发电机组,主厂房发电机层上游侧各机组段主排架间布置各机组的励磁、机组测温自动屏、LCU 屏,并留有 1 m 的维护检修通道。发电机主引出线采用 10 kV 铜管母线引出。

2. 副厂房电气设备布置

副厂房电气设备布置在主厂房上游侧,共有五层,第一层(高程 919.50 m)为管道层;第二层(高程 922.80 m)为母线、电缆层;第三层(高程 926.10 m)与发电机同高布置有 10.5 kV 高压成套配电装置、低压配电、厂用变等室;第四层与安装间同高(高程 931.80 m)为母线、电缆层;第五层(高程 935.30 m)为中控室、工程师室及通信等室。

3. 主变器场布置

主变压器场布置两台主变压器,布置在副厂房左侧,主变压器场高程 931.80 m。占地面积 26.4 m×14.9 m。

4. 开关站布置

开关站布置在电站进场公路右侧的阶梯上,距主变器场大约 118 m,高程 958.00 m,占地面积 48.4 m×28 m。

开关站布置有主变压器升高电压 110 kV 到开关站 110 kV 进线二回、110 kV 出线一回、110 kV 进线一回(河边水电站装机 21 MW,高压侧经 110 kV 线路与泥猪河水电站 110 kV 开关站 110 kV 母线连接)和相应的 110 kV 电气设备,站内设有环形运行运输车道和运行巡视小道,以便电气设备的运输及安装电气设备。

8.3.2　主变压器安装

10.5 kV Ⅰ段母线视在功率为 2×34/0.85＝80(MVA)，接线方式为二机一变扩大单元接线；10.5 kV Ⅱ段母线机组视在功率为 1×34/0.85＝40(MVA)接线方式为一机一变单元接线，无穿越功率，主变压器容量按大于或等于发电机视在功率的要求。

2 台主变压器型号分别为 SF10-80000/110、SF10-40000/110，额定电压 121±2×25%/10.5 kV、阻抗电压 10.5%、连接组别 YN，d11、冷却方式为风冷。

1. 主变技术参数

1#主变压器技术参数：

型号与规格：	SF10-90000/110；	额定容量：	90 000 kVA；
电压比：	121±2×2.5%/10.5 kV；	冷却方式：	ONAFN/ONAF；
连接组标号：	YNd11；	器身质量：	5 400 kg；
油重：	15 000 kg；	本体总质量：	71 000 kg；
数量：	1 台；	总重：	82 000 kg。

2#主变压器技术参数：

型号与规格：	SF10-45000/110	额定容量：	45 000 kVA；
电压比：	121±2×2.5%/10.5 kV；	冷却方式：	ONAFN/ONAF；
连接组标号：	YNd11；	器身质量：	32 700 kg；
油重：	11 900 kg；	本体运输质量：	46 500 kg；
数量：	1 台；	总重：	54 300 kg。

2. 变压器到货检查

(1)按变压器铭牌数据对变压器与合同设计图纸相符，所有的技术文件图纸齐全。

(2)到货变压器的主体与配件、部件、组件齐全，无损坏。

(3)检查变压器无渗油现象。

(4)检查冷却系统所用的散热器的数量与尺寸正确。

(5)高压套管试验检查。

3. 零部件安装

(1)低压侧线圈套管安装。

(2)高压侧升高座安装，高压套管经电气试验合格后安装。

(3)储油柜安装，并安装瓦斯继电器，须保证其有 1%～1.5%的倾斜。

(4)中性点套管安装。

(5)挂装散热器。

(6)安装温度计、呼吸器等。

(7)各零部件与变压器本体连接完好后，开始注油。

(8)清扫整个变压器及其周围。

(9)两台主变压器安装结束后，报监理验收，符合规范要求，具备投产条件。

4. 主变压器安装工艺流程

主变压器安装工艺流程见图 8-1。

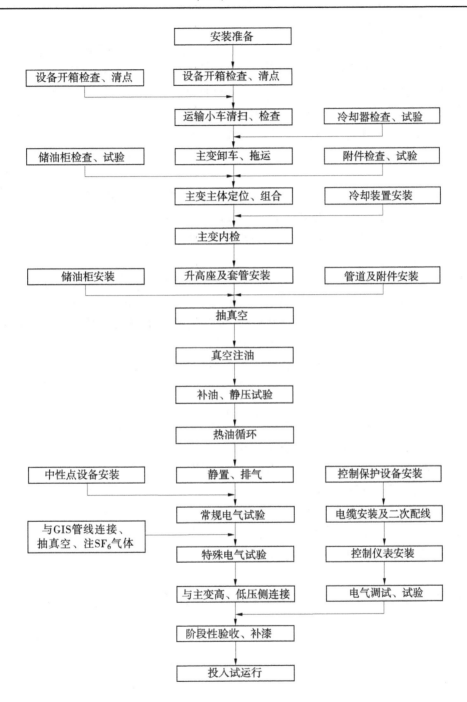

图 8-1 主变压器安装工艺流程

8.3.3 110 kV 断路器安装

泥猪河水电站 110 kV 开关站共装有 4 组六氟化硫断路器,其中一组装在 1# 主变高压侧、一组装在 2# 主变高压侧、一组装在线路出线侧、最后一组装在备用间隔。

8.3.3.1　安装前准备工作

（1）断路器基础混凝土强度达到要求,检查预埋螺栓的尺寸与设计图纸相符。

（2）六氟化硫断路器到达现场后的检查符合下列要求:①开箱前检查包装无损坏;②设备的零件、备件及专用工器具齐全、无锈蚀和损伤变形;③绝缘件无变形、受潮、裂纹和剥落,瓷件表面光滑、无裂纹和缺损,铸件无砂眼;④充有六氟化硫等气体的部件,其压力值符合产品的技术规定;⑤出厂证件及技术资料齐全。

（3）六氟化硫断路器到达现场后,瓷件妥善安置,不得倾倒、互相碰撞或遭受外界的危害。

（4）将六氟化硫断路器的支架吊装到预埋的基础螺栓上,调整支架的水平和高程,达到设计要求,基础的中心距离及高度的误差不大于 10 mm。

8.3.3.2　对六氟化硫断路器制作安装前检查及安装

（1）安装前检查:

①断路器零部件齐全、清洁、完好;②灭弧室或罐体和绝缘支柱内预充的六氟化硫等气体的压力值和六氟化硫的含水率符合产品技术要求;③均压电容、合闸电阻值符合制造厂的规定;④绝缘部件表面无裂缝、无剥落或破损,绝缘良好,绝缘拉杆端部连接部件牢固可靠;⑤瓷套表面光滑无裂纹、缺损,瓷套与法兰的接合面黏合牢固,法兰接合面平整、无外伤和铸造砂眼;⑥传动机构零件齐全,轴承光滑无刺,铸件无裂纹或焊接不良;⑦组装用的螺栓、密封垫、密封脂、清洁剂和润滑脂等的规格符合产品的技术规定;⑧密度继电器和压力表经检验合格。

（2）六氟化硫断路器的安装在无风沙、无雨雪的天气下进行,灭弧室检查组装时,空气相对湿度小于 80%,并采取防尘、防潮措施。

（3）将绝缘件吊到支架上,按设计图纸与支架固定牢靠。

8.3.3.3　六氟化硫断路器的组装

六氟化硫断路器的组装,符合下列要求:

（1）按制造厂的部件编号和规定顺序,并在厂家指导下,进行组装,无混装。

（2）断路器的固定牢固可靠,支架或底架上与基础的垫片不宜超过三片,其总厚度不大于 10 mm,各片间焊接牢固。

（3）同相各支柱瓷套的法兰面宜在同一水平面上,各支柱中心线间距离的误差不大于 5 mm,相间中心距离的误差不大于 5 mm。

（4）所有部件的安装位置正确,并按制造厂规定要求保持其应有的水平或垂直位置。

（5）密封槽面清洁,无划伤痕迹,已用过的密封垫(圈) 不使用;涂密封脂时,不使其流入密封垫(圈) 内侧面与六氟化硫气体接触。

（6）按产品的技术规定更换吸附剂。

（7）按产品的技术规定选用吊装器具、吊点及吊装程序。

（8）密封部位的螺栓使用力矩扳手紧固,其力矩值符合产品的技术规定。

（9）设备接线端子的接触面平整、清洁、无氧化膜,并涂以薄层电力复合脂;镀银部分无挫磨。载流部分的可挠连接无折痕、表面凹陷及锈蚀。

（10）断路器调整后的各项动作参数,符合产品的技术规定。

8.3.3.4 六氟化硫断路器和操作机构的联合动作

六氟化硫断路器和操作机构的联合动作,符合下列要求:

(1)在联合动作前,断路器内充有额定压力的六氟化硫气体。

(2)位置指示器动作正确可靠,其分合位置应符合断路器的实际分合状态。六氟化硫断路器安装符合设计及规范要求,满足投运要求。

8.3.4 110 kV 隔离开关安装

泥猪河水电站 110 kV 开关站共装有 9 组隔离开关,型号:GW5-126ⅡDW,其中 1# 主变、2# 主变高压侧各装二组单接地隔离开关,两回 110 kV 出线母线侧各装一组单接地隔离开关、两回 110 kV 出线线路侧及 110 kV 母线 PT 各装一组双接地隔离开关,另外 1# 主变、2# 主变中性点各安装一台单极隔离开关,其型号:GW5-126ⅡDW。

(1)开箱检查。

①外观检查:

隔离开关接线端子及载流部分清洁,且接触良好;绝缘子表面清洁、无裂纹、破损、焊接残留斑点等缺陷,瓷铁黏合牢固;隔离开关的底座转动部分灵活;操作机构的零部件齐全,所有固定连接部分紧固,转动部分涂以润滑脂。

②装箱清单清点:按装箱单的目录逐一清点,并做好记录;收集产品出厂合格证、说明书及出厂试验记录。

(2)安装及调整。

①隔离开关组装时,相间距离的误差不大于 10 mm,相间连杆在同一水平线上。

②隔离开关的各支柱绝缘子间连接牢固,安装时用金属垫片校正其水平或垂直偏差,使触头相互对准,接触良好。

(3)隔离开关传动装置的安装及调整。

①拉杆校直,其与带电部分的距离符合相关规范的有关规定。

②拉杆的内径与操作机构轴的直径相配合,两者间的间隙不大于 1 mm;连接部分的锥形销子不松动。

③当拉杆损坏或折断有可能接触导电部分而引出事故时,加装保护环。

④延长轴、轴承、联轴器、中间轴轴承及拐臂等传动部件,其安装位置正确,固定牢固,传动齿轮咬合准确,操作灵活。

⑤定位螺钉调整适当,并加以固定,防止传动装置拐臂超过死点。

⑥所有传动装置部分涂以适合当地气候条件的润滑脂。

⑦接地刀轴上的扭力弹簧调整至操作力矩最小,并加以固定;把手涂以黑色油漆。

(4)电动操作机构的安装及调整。

①机构安装牢固,同一轴线的操作机构安装位置应一致。

②电动操作前,先进行手动合分闸,机构动作正常。

③电动机的转向正确,机构分合指示与设备的实际分合位置相符。

④机构动作平稳、无卡阻、冲击等异常情况。

⑤限位装置准确可靠,到达规定开合极限位置时可靠地切除电源。

⑥隔离开关合闸后,触头间的相对位置,备用行程以及分闸状态时触头间的净距或拉开角度符合产品的技术规定。

(5)隔离开关导电部分符合下列规定:

①以 0.05 mm×10 mm 的塞尺检查;对于线接触塞不进去,对于面接触其塞入深度在接触面宽度为 50 mm 及以下时,不超过 4 mm,在接触面宽度为 60 mm 及以上时,不超过 6 mm。

②接触面表面平整、清洁、无氧化膜,并涂以中性凡士林或复合脂,载流部分的可挠连接无折损,载流部分表面无严重的凹陷及锈蚀。

③触头间紧密接触,两侧的接触压力均匀。

(6)隔离开关的闭锁装置动作灵活,准确可靠;带有接地刀的隔离开关,接地刀与主触头间的机械闭锁准确可靠。辅助切换接点安装牢固,并动作准确,接触良好,安装位置便于检查。

8.3.5　110 kV 电压、电流互感器安装

泥猪河水电站 110 kV 开关站共装 4 组电流互感器,型号:1CWB6-110W2,1#主变、2#主变高压侧各安装一组,线路出线侧安装一组,备用间隔安装一组。1#主变、2#主变中性点各安装一台,其型号为:LZW-12。电压互感器 3 组,一组型号:JDCF-110W2,装在 110 kV 母线上。一组型号:TYD110/$\sqrt{3}$-0.01H,装在出线线路上。一组型号:TYD110/$\sqrt{3}$-0.01H,装在备用间隔上。

8.3.5.1　互感器的基础安装

(1)互感器基础安装的混凝土基础及金属结构安装位置正确,立柱应垂直,金属构架焊接符合要求。

(2)互感器基础平整,其垂直度误差不大于 0.15%,水平度误差不超过 0.1%。

8.3.5.2　互感器安装前的检查

(1)外观清洁完整,附件齐全,无锈蚀或机械损伤。

(2)瓷套清扫清洁,无裂纹,瓷釉无剥落和破损等缺陷,瓷铁件黏合牢固。

(3)油浸式互感器油位正常,密封良好,无渗油现象。

(4)运输过程无损伤。

8.3.5.3　互感器安装

(1)互感器安装位置正确,电压互感器放置稳固,本体垂直,电流互感器固定牢固,同一组互感器在同一平面上,各互感器间隔一致并排列整齐,同一组互感器极性朝向一致,接线柱连接牢固。

(2)互感器二次引出线端子接线正确,绝缘良好,标志清晰、正确。

(3)互感器一次接线连接处无氧化层且接触良好、牢靠,接触面涂以电力复合脂。

(4)互感器安装好后接地良好,相色正确。

8.3.6　避雷器的安装

(1)避雷器安装前进行下列检查:

①瓷件无裂纹、破损,瓷套与铁法兰间的黏合牢固。

②组合单元经试验合格,底座和拉紧绝缘子绝缘良好。

③运输时用以保护金属氧化物避雷器防爆片的上、下盖子取下,防爆片完整无损。

④金属氧化物避雷器的安全装置完整无损。

(2)根据设计图纸,将避雷器吊到所要安装的构架上,与基础连接牢固。

(3)避雷器各连接处的金属接触表面,除去氧化膜及油漆,并涂一层电力复合脂。

(4)并列安装的避雷器三相中心在同一直线,铭牌位于易于观察的一侧。避雷器安装垂直,其垂直度符合制造厂的规定,如有歪斜,可在法兰间加金属片校正,但保证其导电良好。

(5)放电记数器密封良好,动作可靠,并按产品的技术规定连接,安装位置一致,且便于观察,接地可靠,放电计数器宜恢复至零位。

(6)金属氧化物避雷器的排气通道通畅,排出的气体不致引起相间或对地闪络,并不得喷及其他电气设备。

(7)避雷器的引线的连接不使端子受到超过允许的外加应力。

8.3.7 软母线的安装

(1)外观检查。

①软母线不得有扭结、松股、断股及其他明显的损伤或严重腐蚀等缺陷,扩径导线不得有明显凹陷和变形。

②采用的金具除有质量合格证外,尚应进行下列检查:规格相符,零件配套齐全;表面光滑、无裂纹、伤痕、砂眼、锈蚀等缺陷,锌层无剥落;线夹船形压板与导线接触面光滑平整,悬垂线夹的转动部分灵活。

(2)绝缘子经试验合格后方可安装。

(3)软母线与金具的规格和间隙必须匹配,并符合现行国家标准。

(4)软母线与线夹连接采用液压压接连接。

(5)软母线和组合导线在档距内不得有连接接头,并采用专用线夹在跳线上连接。

(6)放线过程中,导线不得与地面摩擦,并对导线严格检查。当导线有下列情况之一者,不得使用:

①扭结,断股和明显松股者;

②同一截面处损伤面积超过导电部分总截面面积的5%。

(7)切断导线时,端头加绑扎,端面应整齐,无毛刺,并与线股轴线垂直。压接导线前需要切割铝线时,严禁伤及钢芯。

(8)当软母线采用压接型线夹连接时,导线的端头伸入耐张线夹或设备线夹的长度达到规定的长度。

(9)软母线和各种连接线夹连接时,要符合下列规定:①导线及线夹接触面均清除氧化膜,并用酒精或丙酮清洗,清洗长度不少于连接长度的1.2倍,导电接触面涂以电力复合脂。②软母线线夹与电器接线端子或硬母线连接时,贯穿螺栓连接的母线两外侧均有平垫圈,相邻螺栓垫圈间有3 mm以上的净距,螺母侧装有弹簧垫圈或锁紧螺母,螺栓受力均匀,不使电器的接线端子受到额外应力。

(10)采用液压压接导线时,符合下列规定:①压接用的钢模必须与被压管配套,液压钳与钢模匹配。②扩径导线与耐张线夹压接时,应用相应的材料将扩径导线中心的空隙填满。③压接时必须保持线夹的正确位置,不得歪斜,相邻两模间重叠不小于 5 mm。

(11)母线弛度符合设计要求,其允许误差为+5%～-2.5%,同一档距内三相母线的弛度应一致,相同布置的分支线,宜有同样的弯度和弛度。

(12)母线跳线和引下线安装后,应呈似悬链状自然下垂。与构架及线间的距离符合相关规范要求。

8.3.8　其他电气设备

8.3.8.1　配电装置与设备

1. 高压配电装置

110 kV 高压配电装置选用敞开式电器,对这些设备进行了工作电压、工作电流、开断电流、关合电流、动热稳定电流等校验,所选设备均满足要求。

2. 发电机电压及厂用电配电设备

根据三相短路计算结果和《导体和电器选择设计技术规定》(DL/T 5222—2005)的有关要求,本站 3 台发电机 10.5 kV 电压设备、2 台主变压器 10.5 kV 出线侧和厂用电高压开关柜选择 10.5 kV 电压设备采用户内成套高压开关柜,型号为 XGN2-12 型。

3. 开关站

开关站布置在电站进场公路右侧的阶梯上,距主变大约 118 m。开关站高程(958.00 m)。占地面积 48.4 m×28 m。

开关站布置有主变压器升高电压 110 kV 到开关站 110 kV 进线二回、110 kV 出线一回、预留 110 kV 进线一回(河边水电站装机 21 MW,高压侧经 110 kV 线路与泥猪河水电站 110 kV 开关站 110 kV 母线连接)和相应的 110 kV 电气设备,站内设有环行运行运输车道和运行巡视小道,以便电气设备的运输及安装电气设备。

8.3.8.2　防雷接地

1. 过电压保护

过电压保护主要包括直击雷、感应雷、雷电侵入波的过电压保护等。

直击雷保护根据电站枢纽布置与房屋结构采取一些简单实用的措施。在主、副厂房屋顶四周设一圈避雷带保护,并用多根接地扁铁与厂房接地网连接。户外出线利用构架上架设的 110 kV 出线的避雷线保护。

为防止感应雷的侵害,将主副厂房内的各种设备的金属外壳和构架等可靠接地。

对雷电侵入波过电压保护,在 10.5 kV 母线、110 kV 母线上和主变中性点各设氧化锌避雷器。

在主变压器场和开关站各设置两根避雷针。

2. 接地系统

本电站 110 kV 系统为直接接地系统,根据相关规范要求,工频接地电阻应小于或等于 0.5 Ω。为此,在主变场、110 kV 开关站和厂房尾水渠分别埋入人工接地装置,上述接地装置经接地扁铁连为一体,并充分利用引水钢管、闸门槽等自然接地体降低接地电阻。主副厂房各层接地网均与上述接地网相连。电站内所有高压、低压电气设备、工作接地和安全接地均接在同一接地网上。

电站接地网按均衡电压接地系统考虑,网内设有减少接触电势和跨步电势措施,主要采取在地网边缘,如主厂房入口、主变场入口、开关站入口等地网边缘有人活动的地方均加装帽檐式均压带。使跨步电势限制在规程要求值以内,总接地网的接地电阻应小于或等于 0.5 Ω。

8.3.8.3 大坝供电

1. 供电范围

大坝供电范围包括大坝检修叠梁门和弧形工作闸门、发电机隧洞进口拦污栅、进口工作闸门、照明负荷、检修负荷、监控系统用电负荷等。

2. 供电电源

根据电站的总体布置,大坝的电源引自大坝附近地区 10 kV 系统。由于它可靠性较差,还需配备一台柴油发电机组作为备用电源。等上游河边水电站建成后,从河边水电站发电机电压端引取可靠电源,用 10 kV 线路输送 1 km,向本电站坝区供电,以替代农网供电电源。

3. 供电电压

大坝高压侧电压采用 10 kV,低压侧电压采用 0.4 kV。

8.4 电气二次

8.4.1 计算机监控系统

8.4.1.1 计算机监控系统控制方式

计算机监控系统控制方式分远方、中控室、现地三级,可以进行切换。远方控制指上级主管部门的操作,中控室控制指在监控系统的操作员工作站上的操作,现地控制指在现场 LCU 上的操作。控制权由电厂端(中心控制室)设置,优先顺序为:现地,中控室,远方,通过电厂的运行值班人员可以将控制权移交给上级调度和管理部门。当有事故发生或其他原因需电厂运行值班人员进行干预时,控制权将能自动切换到电厂端。监控系统将保证在进行控制权切换时电厂运行无扰动。

1. 电站主控制级功能

(1)数据采集与处理。

(2)安全运行监视。

(3)实时控制和调节。

(4)监视、记录、报告。

(5)事故追忆和相关量记录。

(6)数据通信。

(7)人机接口与屏幕显示。

(8)电站设备运行维护管理。

(9)系统诊断。

(10)软件开发。

(11)仿真培训。

(12)ON-CALL 系统。

2. 现地控制单元功能

(1)数据采集与处理。

(2)安全运行监视。

(3)实时控制和调节。

(4)事件检测和发送。

(5)数据通信。

(6)系统诊断。

8.4.1.2　系统结构及配置

1. 系统结构方案

依据泥猪河水电站工程计算机监控系统的要求,按照水电站工程计算机监控系统的功能设置,为保证计算机监控系统具有高可靠性、实时性、开放性和可扩充性等技术性能,满足经济实用的要求,实现电站无人值班(少人值守)运行的目标,泥猪河水电站工程计算机监控系统采用全计算机监控方式,系统设计选用开放全分布式结构。为提高监控系统的抗干扰能力,降低电磁干扰,尽量减少设备间的电气联系,防止雷电引入,提高系统的安全可靠性,同时保证系统的先进性和开放性,珠江水利科学研究院推荐计算机监控系统网络采用 10/100 Mbps 自适应交换式光纤以太网结构,采用 TCP/IP 协议。

2. 主控级配置

泥猪河水电站工程计算机监控系统控制中心(电站控制室)设备包括两台厂级计算机兼操作员工作站,两机互为冗余热备用,作为电站的控制中枢;一套工程师工作站、一套通信服务器、二台打印机;电站控制室配置 UPS 一套;电站控制室配置 GPS 卫星时钟一套。

厂级计算机兼操作员工作站,完成主控级监控功能,包括对各 LCU 及外部系统的数据采集与处理,对全厂设备的控制、调整及运行监视,实现人机接口功能,历史数据库及外部数据库功能,报表、操作票、运行指导功能,自动发电控制及自动电压控制、时钟同步系统、通信管理等功能。

泥猪河水电站工程两台操作员工作站采取双机互为热备用方式工作,即任意时刻,一台工作站处于主用工作状态,另一台工作站处于热机备用工作状态,双机通过以太网络实现工作站之间工作状态互检测与监控,当主用工作站故障退出运行时,双机经由以太网络完成自动切换,主用工作站的功能无扰动地自动转移到热备用工作站进行,且正常时可由运行人员在主用工作站上进行双机软切换。

工程师工作站作为工程师进行动态编辑画面、报表编辑、数据库修改、应用软件开发以及系统管理与维护,并负责运行操作培训与系统仿真功能等。

通信服务器负责与地调、现地控制单元等系统的通信,实现计算机系统互联。

系统配置高速激光打印机,供运行操作记录和事件顺序记录用。

系统配置 GPS 同步时钟,使电站监控系统与电力调度中心之间以及电站计算机监控系统内部保持系统时钟同步。

控制中心配置 UPS 一套,根据电站计算机监控系统主控级的统计负荷,并考虑 20% 的裕度供将来负荷需要来决定整个 UPS 的容量规格。

3. 现地控制单元结构方案

根据系统的设计原则,按照功能分布的特性和要求,现地控制单元按电站设备分布设置。电站设置三套机组控制单元,全厂公共设备及开关站各一套控制单元,共计五套现地控制单元。

现地控制单元为开放分布式电站计算机监控系统结构中的智能控制设备,由它完成监控系统与电站设备或装置的接口,数据采集与处理、控制与操作,实现人机接口、单元分布数据库,与现地智能装置和主控级节点计算机通信处理等功能,完成监控系统对电站设备的监控。

现地控制单元可以作为所属设备的独立监控装置运行,当现地控制单元与主控级失去联系时,由它独立完成对所属设备的监控,包括在现地由操作人员实行的监控以及由现地控制单元对设备的自动监控。

现地控制单元采用 PLC,包括采集与处理、顺控、调节、过程输入/输出、数据处理和通信功能,以及所需的 PLC 设备。

为保证机组电气量和温度量采集与处理的实时性、可靠性,机组电气量采用交流采样方式,每台机组及线路配置一台 HC-6000 型交流采样微机电量监测仪;机组温度量采用温度巡检方式,每台机组配置一台微机温度巡检装置(输入 64 点/台,PT100 三线制)。微机电量监测仪和微机温度巡检装置均通过串行口与 PLC 通信。

现地控制单元具有自检功能,对硬件和软件进行经常监视。

每一套机组现地控制单元配有一套微机自动同期装置,它与现地控制单元一起,在同步并网过程中,自动调节机组的频率和电压,满足同步条件时,自动发出合闸脉冲。

每一套现地控制单元配有一套 10.4″彩色触摸屏作为现地人机接口设备。

现地控制单元设有输出闭锁的功能。在维修、调试时,可将输出全部闭锁,而不作用于外部设备。当处于输出闭锁状态时,相应信息上送电站控制中心,以反映现地控制单元的工作状态。

机组电气保护的输出信号和机组其他事件顺序记录 SOE 点中断量采集与处理,SOE 中断处理分辨率小于 10 ms。

机组现地控制单元的 PLC 输出经中间继电器接至现场设备的执行元件。为提高可编程序控制器的输出控制能力,现地控制单元 LCU 的 PLC 输出经驱动能力大、具有多对转换接点的中间继电器接至现场设备的执行元件,中间继电器的接点容量满足现场设备执行元件的容量要求。

为了保证控制的安全可靠,建议对水机保护(主要指轴承温度和转速等)设计由机组 LCU 进行后备,且 LCU 的控制输出直接并联接在相应的输出接点。

现地控制单元上设有远方/现地切换开关和现地控制操作按钮和开关、测量表计等。

8.4.1.3 视频监视系统

1. 系统总体结构要求

视频监视系统采用分布监控系统结构,设置电站监控层和大坝监控层。大坝监控层通过连接于电站和大坝的光纤将多媒体数据远程传输到电站中控室,与电站监控层组成视频监控系统网络。各层的监控系统分别将现场各监视点的多路视频采集信号接至各层的视频服务器,服务器将图像经过处理后送至监控系统网络上,再通过连接于网络上的视频服务器对现场各监视点设备进行远程控制。

2. 系统设备组成

视频监视系统由摄像、传输、控制显示设备等组成。其中,摄像设备主要由摄像机及其辅助设备组成,主要功能是采集各监控点的视频信息;控制设备由大坝视频服务器和电站视频服务器等组成,主要负责将摄像设备采集的视频图像进行压缩、处理、显示、存储、记录、分析和提供远程服务;传输设备主要由视频电缆、控制电缆、电源电缆、光端机及光缆等组成,负责视频信号和控制信号的传输。

8.4.2 继电保护系统

电站继电保护采用全微机保护方式,根据《继电保护和安全自动装置技术规程》(GB 14285—2006)配置要求,具体配置如下所述。

8.4.2.1 发电机保护

本电站有 3 台发电机,单机容量为 34 MW,出口电压为 10.5 kV。

配置纵联差动保护、带记忆的复合电压启动过电流保护、定子一点保护、转子一点保护、过电压保护、过负荷保护、失磁保护。

以上保护分别动作于停机、跳发电机出口断路器及发信号。

8.4.2.2 主变压器保护

本电站配有两台三相二线圈变压器,容量分别为 80 MVA 和 40 MVA,电压比 $121\pm2\times2.5\%/10.5$ kV,接线组别 YN,d11 阻抗电压 $U_k = 10.5\%$。

配置纵联差动保护、带记忆的复合启动过电流保护、瓦斯保护、零序过电流保护、零序电流电压保护、温升保护。

以上保护分别动作于跳主变高压侧断路器、发电机出口断路器及发信号。

8.4.2.3 110 kV 线路保护

电站出线一回:送至贵州省南郊变电站,距离 28 km。

电站进线一回:接至河边水电站,距离 10 km。

110 kV 线路保护配置微机型线路光纤差动测控保护装置(内含分相电流差动、零序电流差动、阶段式距离、阶段式零序及检同期检无压的三相一次重合闸)二套。电站侧及南郊侧各一套。设置故障录波屏。为保证水电站机组的安全运行,本站设有高周切机和远方切机装置。

以上保护动作于跳线路出口断路器及发信号。

8.4.2.4 厂变保护

电站设有二台厂变,容量为 500 kVA,电压等级 10.5/0.4 kV。

在变压器高压侧设置电流速断和过电流保护,保护动作于跳变压器高压侧断路器或熔断器,在低压侧设有备用电源自动投入装置。

8.4.3 测量系统

电站的电气测量按《电测量仪表装置设计技术规程》(SDJ 9—1987)配置,监测对象包括 3 台发电机组、两台主变压器、两台厂用变压器及二回 110 kV 线路等。测量包括电度、电流、电压、功率、频率、功率因数。具体测量方式在下阶段和监控系统中一并考虑。

8.4.4 励磁系统

本电站发电机采用自并激可控硅静止励磁装置方式,该装置可以满足与监控系统的数字通信要求。励磁变压器采用防潮干式变压器,可控硅整流器采用三相全控桥接线,励磁直流回路采用双断口灭磁开关以可靠切断发电机转子回路。发电机正常停机时,采用可控硅逆变灭磁;电气事故停机时,灭磁开关跳闸,非线性电阻灭磁。

8.4.5 直流系统

本电站直流系统采用一组 220 V 铅酸免维护蓄电池,容量为 300 Ah。整流装置采用高频开关整流模块,$N+1$ 个冗余组合,自动地以主充和均充、浮充方式对蓄电池充电。并配有触摸显示屏(用于系统参数修改及设定)、单电池检测仪、微机型绝缘检测仪及 RS-485 通信口(与公用设备 LCU 通信)。

8.4.6 通信系统

8.4.6.1 电站对外通信

泥猪河水电站至贵州省中调和贵州省六盘水地调的通信主用通道采用光纤方式,备用通道采用载波方式。具体路由为:

可渡河泥猪河水电站—南郊 220 kV 变电站新建的 110 kV 电力线路架设 OPGW 光缆,采用 12 芯光纤经南郊 220 kV 变电站光纤通道至六盘水供电局。

至贵州省中调备用通道:泥猪河水电站新建载波 110 kV 至贵州省南郊 220 kV 变电站。

8.4.6.2 电站内部通信

为满足可渡河泥猪河水电站工程的统一管理和调度的要求,拟定在电站设置一台行政与调度合二为一的程控交换机,对外连接有两回通道,一回是通过光纤与中心控制室相连接贵州省六盘水地调,另一回与公网连接,容量按 100 门考虑。以满足电站的生产调度及生产管理的需要。

8.4.7 调度自动化

8.4.7.1 调度组织及管理

根据贵州电网的现行调度管理体制,可渡河泥猪河水电站由贵州电网公司六盘水供电局一级调度。并按照"无人值守少人值班"的原则设计。因此,电站的远动信息,送往贵州电网公司六盘水供电局。另外,水电站装设一套厂站电能量计量计费系统,完成电能量的采集、传送。

8.4.7.2　调度自动功能

根据贵州省电力系统调度自动化的现状,可渡河泥猪河水电站实施:SCADA 功能;当地电气监控功能;以实现调度端对电站的实时安全监视和经济调度管理。

8.4.7.3　远动化范围

按照《电力系统调度自动化设计规程》(DL 5003—1991)和贵州省电力工业局电技字〔1990〕第 1 号《关于印发调度自动化所需基本信息的通知》,以及运行的需要,可渡河泥猪河水电站采集传送以下远动信息。

1. 遥测量

(1)发电机有功功率、无功功率、电流、电压、有功电度、无功电度。

(2)发电站双绕组升压变高压侧有功功率、无功功率、有功电度、无功电度、电流。

(3)站用变有功功率、无功功率、有功电度、无功电度、电流。

(4)110 kV 线路有功功率、无功功率、有功电度、无功电度、电流。

(5)110 kV 母线电压、频率。

(6)水库水位。

2. 遥信量

(1)电气主接线中所有断路器位置信号。

(2)110 kV 线路保护动作信号及重合闸动作信号。

(3)主变压器保护动作信号。

(4)发电机、站用变保护动作信号。

(5)发变组内部故障综合信号。

(6)调度范围内的通信设备运行状况信号。

3. 批次量信息

(1)发电机总有功功率、总无功功率。

(2)发电机总发电量。

(3)事件顺序记录。

(4)事故追忆记录。

8.4.8　电能量计量计费系统

厂内配置一套电能量计量计费系统,并应能准确、可靠地采集可渡河泥猪河水电站内计费(考核)关口点上的电能量数据,存储并送往贵州省调的电能量计量计费主站系统。

电能量计量计费系统一般包括电能量采集装置和电能表。

8.4.8.1　计费关口点设置原则

计费关口点设置如下:

(1)主接线中所有出线侧。

(2)启备变高压侧。

8.4.8.2　电能量采集装置

电能量采集装置是电能量计量计费系统中连接主站系统和电能表的桥梁,起着承上启下的作用,是电能量计量计费系统的一个重要设备,其功能和技术要求如下:

(1)能完成各计费关口点有关数据的采集、处理及远传功能,保证数据的一致性及完整性。

(2)具有一定的预处理能力,可按人工设置的多时段对电能量进行分时累加和存储,要求至少有两种积分周期分别存储电能量数据,且能连续存储 10 d 以上,保证通道中断时不致丢失数据。

(3)数据采集周期 1~60 min 可调。

(4)采集装置平均故障间隔时间(MTBF)≥45 000 h,使用寿命≥15 年。

(5)电能量数据能够转存到可移动的存储介质(如数据存储卡或手提式抄表器),保证在通信中断时主站可通过可移动介质获得数据。

(6)电能量采集装置最大处理能力应满足输入 32 点电能量要求。并能实现脉冲输入、RS-232 或 RS-485 串行输入、或脉冲和串行混合输入的要求。

(7)能够在当地或通过主站进行电能表底数、分时时段的设置,并应有相应安全措施。

(8)应具有自检功能,发生故障或事件(失电、恢复供电等)后可向主站和当地告警。

(9)应具有当地数据显示、打印功能。

(10)应具有内部时钟,该时钟可人工设置,在与主站建立通信连接后能接收主站对时命令,跟踪主站的时钟,并能就地接入 GPS 时钟。

(11)电能量采集装置应具有 3 个及以上通信口,并可以支持多种通信规约,以实现与不同厂商的主站系统通信。电能量采集装置应配置内置式或外置式 MODEM,或路由器,可通过电力数据网络或公用电话自动拨号网与主站通信。

(12)应具有断电保护功能,且有相应的记录,其内存数据应能保存 1 个月。

(13)脉冲量输入为无源接点,应有光电隔离措施,光电隔离电压≥1 000 V,并有滤波措施,以防止接点抖动和干扰误动。

(14)应具有抗电磁干扰能力及抗浪涌的抑制能力,并符合有关国家标准。

8.4.8.3　电能表

电能表是电能量计量计费系统的重要组成部分,其基本功能和技术要求如下:

(1)电能表类型为三相四线多功能电能表。

(2)电能表精度为 0.2 s 级或 0.5 s 级。

(3)具有测量双相或单相有功和无功电能量功能。

(4)具有脉冲和 RS-232 或 RS-485 串口两种输出方式。

(5)具有停电保护功能。

(6)具有失电记录和报警功能。

(7)具有当地窗口显示功能。

8.4.8.4　电能量计量计费系统方案及信息传输网络

电能量计量计费系统方案:

在水电站配一套电能量采集装置,满足不同主站电能量采集需要。

电厂每个关口点配一只电能表,电能表要求 0.2 级、双向、串口输出,有功电能和无功电能组合。

电能量计量计费信息传输网络:

主站和分站的通信方式可采用网络传输方式(即通过计算机通信网络传送)或公用电话自动拨号/应答方式。

8.4.9　坝区闸门电力拖动与控制

泥猪河水电站坝区设有检修叠梁闸门和弧形工作闸门,前者采用单向门机,后者采用集成式液压启闭机驱动。闸门现地控制采用一套可编程控制器,辅以常规继电器组成控制系统。

进水闸进口工作闸门采用固定卷扬式启闭机,固定卷扬式启闭机的电控设备由卷扬式启闭机配套。

进水闸进口拦污栅采用移动式清污机,移动式清污机的电控设备与移动式清污机配套。

8.5　评价与建议

8.5.1　评　价

(1)电气设备(含电站送出变电站设备)的总体布置和设备选型合理,设计符合现行规范的有关规定。电站投产以来运行情况良好。

(2)微机保护系统配置符合《继电保护和安全自动装置技术规程》(GB/T 14285—2006)等有关技术规范的要求。

(3)电气设备的安装制造质量符合设计和现行规范要求。

(4)闸坝供电系统设计具有独立电源,当闸坝变配电站的电源失效时,还可由柴油发电机组供电,符合规范要求。

(5)根据分析和结合电站运行的实际情况,电站的机电设备运行正常。今后的运行中,还需强化管理,加强维护。

8.5.2　建　议

(1)建议每年请有资质的单位复核微机保护装置的整定值和动作值。

(2)建议做好备用电源柴油发电机的定期检修和维护,保证在外来电源消失等极端情况下,能够启动备用电源应急。

(3)建议加强日常维护和管理。

(4)对厂房阀门等金属结构要进行定期防锈、防漏处理。

(5)清理厂房内部杂物,站内物品放置于安全地点,对值班进行规范管理。

(6)升压站位于厂房前左侧角,建议定期清理升压站、变压器周边杂草。

第 9 章　金属结构

9.1　概　述

本工程涉及金属结构部分包括泄水系统溢流坝检修叠梁闸门、弧形工作闸门及启闭设备;引水发电系统进水闸拦污栅及清污机、工作闸门及启闭机。

金属结构设计单位为湖北省水利水电勘测规划设计院;液压启闭机制造单位为武汉力地液压设备有限公司;卷扬式启闭机制造、闸门制造及金属结构设备安装单位为湖北大禹水利水电建设有限责任公司;安装监理单位为广西南宁西江工程建设监理有限责任公司。

本工程金属结构部分包括:①泄水系统金属结构包括溢流坝检修叠梁闸门、弧形工作闸门及其相应的启闭设备;②引水发电系统金属结构包括进水闸拦污栅及清污机,工作闸门及其相应的启闭设备,调压室出口检修闸门及其相应的启闭设备;③2#施工支洞进人孔门;④输水隧洞埋藏式压力钢管,包括主管、岔管和支管;⑤厂房下支洞增容预留岔管;⑥厂房尾水检修闸门及相应的启闭设备。

本电站涉及的金属结构设备有:①拦污栅 2 扇、弧形闸门 3 扇、平面闸门 5 扇,闸槽埋件 11 套。②MQ-2×160 kN 型单向门机 1 台,配机械式自动抓梁 1 台,轨道 1 套;QHYL-2×1 000 kN 液压机 3 套、液压泵站 3 套;100 kN 手拉葫芦 4 套,30 kN 移动耙斗式清污机 1 台,轨道 1 套,污物运输车 1 辆;QPG-2×630 kN 型固定卷扬机 1 台、QPG-2×400 kN 型固定卷扬机 1 台;QT-2×80 kN 型电动台车 1 台,轨道 1 套。③埋藏式输水压力钢管 1 套,包括主管、岔管和支管。

拦污栅、闸门、压力钢管及埋件钢材总质量 2 387.213 t,启闭设备及清污设备 12 台。

9.2　主要设计变更

由于施工过程中发电洞进口底板高程由 1 105 m 提高到 1 108 m,对进水口拦污栅、工作闸门孔口尺寸进行了调整。溢流表孔由 2 孔改为 3 孔。其余无大的设计变更。

9.3　金属结构设计、制造、安装和调试

9.3.1　金属结构设计

9.3.1.1　溢流表孔闸门及启闭机

溢流坝共设 3 个溢流表孔,孔口尺寸 12 m×8.52 m,堰顶高程 1 109.20 m,每孔设 1

扇工作闸门,3 孔共用 1 扇检修闸门。

1. 溢流表孔检修闸门及启闭机

检修闸门孔口尺寸为 12 m×8.52 m(宽×高),底槛高程 1 109.20 m,设计水头 8 m,总水压力 3 800 kN。为叠梁闸门,分 3 节,操作条件为静水启闭,动水提上节门充水,平压后启门。主支承采用自润滑滑块,顶、侧止水为普通橡胶止水,闸门主材为 Q235B,闸门门槽埋件为二期安装,主要材料 Q235B,轨道及止水座板材料为 1Cr18Ni9Ti。门体重 2.66 t,埋件重 4.07 t。主要设计计算成果:面板计算厚度 12 mm;水平次梁正应力 σ_{max} = 126 N/mm² <[σ]=160.0 N/mm²;主梁弯应力 σ_{max} = 155.8 N/mm² <[σ]=160.0 N/mm²,折算应力 σ_{zh} = 139.37 N/mm² <[σ_{zh}]=246.4 N/mm²,主梁刚度 f_{max} = 18.763 mm<[f]=L/600 = 20.66(mm);计算启门力 287.9 kN,闭门力-147 kN。选用布置于高程 1 124.85 m 坝顶的 2×160 kN 单向门机配自动抓梁操作,扬程 18 m,其中轨上扬程 3.5 m,吊点间距 7.2 m,轨距 2.5 m,运行距离约 63 m。门机由门架、主起升机构、运行机构、平衡滑轮装置、荷重传感器、限位开关、高度指示器、行程开关及车挡、缓冲器、操作台及电控柜、电缆卷绳器、梯子走台栏杆、轨道及埋件等组成。控制方式为司机室手动控制。

2. 溢流表孔工作闸门及启闭机

工作闸门孔口尺寸为 12 m×9.0 m(宽×高),底槛高程 1 109.20 m,设计水头 8.0 m,闸门超高 0.5 m,总水压力 5 616.4 kN。本闸门主要功能为泄洪排沙,操作条件为动水启闭,允许局部开启运用。选用双主横梁斜支臂圆柱铰弧形闸门,面板曲率半径 12 m,支铰中心高程 1 119.20 m。门叶、支臂为焊接结构,按运输单元分节制造,整体拼装合格后,现场拼焊成整体。闸门及埋件主材 Q235B,支铰材料为 ZG310-570,支铰轴承采用自润滑滑动轴承。结构设计时,主要材料容许应力调整系数取 0.9,主要设计计算成果:主梁弯应力 σ_{max} = 91.29 N/mm² <[σ]=144 N/mm²,面板折算应力 σ_{zh} = 164.28 N/mm² <[σ_{zh}]=246.4 N/mm²;支臂正应力 σ_{max} = 85.69 N/mm² <[σ]=144 N/mm²,支臂弯矩作用平面内稳定应力 σ = 79.09 N/mm² <[σ]=144 N/mm²,支臂弯矩作用平面外稳定应力 σ = 68.75 N/mm² <[σ]=144 N/mm²;主梁与支臂单位刚度比 K_0 = 3.5;计算启门力 1 578.1 kN。选用 QHLY-2×1 000 kN 液压启闭机操作,额定启门容量为 2×1 000 kN,工作行程 5.8 m,最大行程 5.855 m,启门速度约 0.8 m/min,闭门速度约 0.5 m/min。吊点设在底主梁侧面的边梁处,吊点间距 11.1 m。液压机上铰中心布置在闸墩上,高程 1 123.114 m。启闭机由油缸总成、液压泵站总成、液压管道、埋件和电气设备等组成,每台液压启闭机均有一套独立的液压泵站。三个液压泵站设置在坝后悬挑的启闭机房内。

9.3.1.2　生态放水管工作闸阀

生态放水管为坝内埋管,管中心高程 1 109.5 m,内径 0.7 m。放水管出口设 1 台生态放水工作阀门,规格为 DN0.7 m,PN=1 MPa,动水启闭的手动蝶阀,阀门与钢管采用法兰连接。

9.3.1.3　进水闸进口拦污栅、闸门及启闭机

发电引水进水闸进口设拦污栅、工作闸门及启闭机。

1.拦污栅、清污机及启闭设备

拦污栅平面、倾斜布置,倾角 80°,共 2 孔。孔口尺寸 6.2 m×8.5 m(宽×高),底槛高程 1 108.00 m。设计水位差 3 m,操作条件为静水启闭,采用机械清污,提栅检修。拦污栅分 5 节,节间销轴连接,主梁为焊接组合工字梁,主要材料为 Q235B;主支承采用钢基铜塑自润滑滑块。埋件为二期安装。主要设计计算成果:主梁正应力 σ_{max} = 100.039 N/mm^2 < [σ] = 144 N/mm^2,主梁刚度 f_{max} = 9.19 mm < [f] = 12.8 mm;栅条整体稳定 K = 93.2;计算启栅力 360 kN。选用 4 台 100 kN 手拉葫芦进行启闭操作,选用 1 台悬挂于进水口排架梁下 1 130.00 m 高程的移动耙斗清污机进行清污,清污机额定清污能力 30 kN,耙斗最大行程 21 m,现地控制。清污机由移动耙斗装置、起升机构、行走机构、安全保护装置、电控柜、轨道及埋件等组成。拦污栅检修平台高程 1 125.00 m。

2. 进水闸进口工作闸门及启闭机

进口工作闸门孔口尺寸 8.2 m×4.0 m(宽×高),底槛高程 1 108.00 m,设计水头 14.82 m,总水压力 4 233.99 kN,操作条件为动水启闭。选用利用水柱下门的平面定轮闸门,门叶为焊接结构,分 2 节制造、运输,现场拼焊成整体。主支承为简支定轮,轮轨材料 ZG35CrMo。门体主材 Q345B。门槽埋件为二期安装,止水座板材料为 1Cr18Ni9Ti,其余材料为 Q235B。结构设计时,主要材料容许应力调整系数取 0.9,主要设计计算成果:面板厚度 12 mm,主梁弯曲应力 σ_{max} = 154.7 N/mm^2 < [σ] = 218.5 N/mm^2,面板折算应力 σ_{zh} = 149.7 N/mm^2 < [σ] = 356 N/mm^2,主梁刚度 f_{max} = 11.18 mm < [f] = 11.60 mm;水平次梁弯应力 σ_{max} = 51.86 N/mm^2 < [σ] = 218.5 N/mm^2;计算启门力 1 229.9 kN。选用布置在高程 1 134.50 m 启闭机室内的 QPQ-2×630 kN 固定卷扬式启闭机操作,额定启门力 2×630 kN,扬程 18 m。启闭机由卷筒装置、钢丝绳、主滑轮组、吊具、减速器、负荷限制安全装置、高度指示器、电控柜、机架、埋件等组成。闸门检修平台高程 1 125.00 m。

9.3.1.4　金属结构供电、控制、照明

泄洪闸工作闸门启闭机具有一回主供电电源,另在坝区设置 1 台 400 kW 和 1 台 160 kW 柴油发电机组作为大坝应急电源,供电电源满足安全运行要求。各闸门启闭设备采用现地控制,满足运行要求。照明满足运行要求。

9.3.1.5　金属结构设计评价

各部位闸门及启闭机的选型、布置基本合理,闸门材料选择合适,结构设计符合规范。启闭机的各项性能参数满足运行要求。供电、控制、照明设计满足运行要求。

9.3.2　闸门及拦污栅制造及安装和调试

闸门、启闭设备制造单位具有相应的资质和生产许可证,有较完善的质量保证体系。主要钢材选用武汉钢铁集团,焊接材料选用天津金桥焊材;止水橡皮选用南京东润特种橡塑有限公司的产品,并有产品质量证明书或检验报告、产品合格证。结构件焊缝外观未发现裂纹等缺陷,一、二类焊缝检测合格率 97.0% 以上,缺陷经返修合格。各项金属结构设备由业主、设计院代表组成联合组进行了出厂验收,抽检结果满足设计要求,制造质量总体合格。

9.3.2.1　闸门、拦污栅及埋件制造

闸门、拦污栅及埋件在湖北大禹水利水电建设有限责任公司水工机械制造厂内进行制作、拼装、施焊、整形、调试及防腐工作,经监理工程师或业主代表检验合格后采用汽车

陆运的方式运至施工安装现场进行安装。

1. 闸门门叶、拦污栅体制作

1）单构件制作

依据图纸要求，按《水利水电工程钢闸门制造安装及验收规范》（DL/T 5018—1994）规范进行施工，制定相应的工艺卡片，焊缝工艺及焊接工艺评定试验，合格后方可进行下料。利用数控机床或半自动割枪，切割出各构件，对接焊缝处严格按工艺及一、二类焊缝要求进行打坡口。

工字梁拼装工序如下：各构件下料→校正→翼板铺设→放出腹板中心线、边线→腹板拼装→上翼板放线→上翼板拼焊→检测尺寸→施焊（埋弧自动焊）→校正（翼缘板校正机）→复测→编号→归类；其他构件类同（各构件均按各焊接型式放收缩余量）。

2）面板的铺设及整体拼装工序

依据闸门门叶或栅体的宽度、高度，选定相应的板材尺寸，按规范及分节要求进行下料，面板需对接时，利用半自动割机切边，角磨机除对接处除锈蚀并拼接，再利用手工焊机进行施焊。

拼装工工艺过程如下：

复测各构件尺寸及允许偏差值，测量并校正平台→面板铺设→各梁的中心线及翼板边线放样→主梁与面板点焊→纵梁与主梁、面板点焊拼装→水平次梁与面板、纵梁的点焊→纵梁与面板、次梁点焊→顶梁与面板、纵梁点焊拼装→边梁与主梁、顶梁、面板点焊拼装→底梁与边梁、纵梁、面板点焊拼装→吊耳板定位点焊→筋板点焊、拼装点焊后进行整体检测→施焊复测（校正）→验收→防腐。

3）大坝弧形工作闸门及进水口事故检修门制作

因大坝弧形工作闸门及进水口事故检修门制作的外形尺寸较大，考虑到施工运输道路和条件，闸门门叶部分在车间制作时采取分节或分段的方式制作对运输及吊装、安装质量都很难保证，故采用在公司制造车间只加工生产各单元构件体后，运至施工现场搭设平台现场进行拼装、施焊、组装、防腐的方案进行。

2. 闸槽或栅槽埋件制作

闸门或栅槽埋件包括底坎、主轨、反轨，考虑到安装及运输情况，按照分节工艺其制作工艺如下（不需分节的情况相同）。

（1）底坎制作遵循：下料→拼装→初测→施焊→整形→复检等工艺步骤，各项金属结构的加工、拼装、焊接应随时进行检测，严格控制焊接变形和焊缝质量，对焊接变形和不合格焊缝，应逐项进行处理，直至合格后才能进行下一道工序。

（2）主、反轨及门楣制作。

主、反轨的制作遵循下料、拼装、施焊、检测等工艺程序。主轨制作重点应检测如下参数，任一横断面的止水座板与主轨轨面的距离控制在±0.5 mm 之内，止水座板中心至轨面中心距离控制在±2.0 mm 内。

门楣构件毛坯的制作与主、反轨制作类似，重点要注意止水不锈钢的焊接，质量控制，确保工作面的直线度，局部平面度控制在误差范围内。

闸门、拦污栅及埋件外露部分的防腐采用先喷砂表面除锈，再利用氧气-乙炔火焰枪进行喷锌,然后再涂刷封闭涂料及面漆。

闸门、拦污栅及埋件车间制造及安装采用的主要施工设备包括各种型号的电焊机、自动化埋弧焊机、半自动切割机、5~15 t 桁车吊、移动式起重塔吊、整形液压机、汽车吊、平板拖车、各种检测工具仪器等。

主要施工程序:原材料采购→下料、整形→拼装、焊接→整形→调试→检验合格→分节或分段→转场防腐→吊装运输→吊装安装→调试、验收。

闸门、拦污栅及埋件制造及安装严格按照水利水电工程钢闸门制造安装及验收规范《水电水利工程钢闸门制造安装及验收规范》(DL/T 5018—2004)的要求执行。

9.3.2.2　闸门、拦污栅及埋件的防腐

本工程闸门及埋件处于一定深度的水中工作,采取有效的防护工艺,是控制闸门锈蚀、使用寿命和运转周期的重要措施。根据设计及招标文件的技术要求,闸门防腐处理采用喷锌防腐。

(1)表面的基底处理,采用喷砂法:通过喷砂装置的压缩空气将砂粒、砂渣、磨料或钢丸等喷射到钢材表面以清除氧化皮、铁锈及其他污物,并按照《金属和其他无机物覆盖层锌、铝及其合金》(GB/T 9793—1997)实施。达到《涂装前钢材表面锈蚀等级和除锈等级》(GB 8923—1988)规定的除锈等级 Sa2.5 级,粗糙度应在 Ry40~70 μm 内。

(2)喷锌处理是采用压缩空气将粉雾状的熔化金属喷至物体表面而形成金属保护层的方法。喷锌最关键的要点是锌层与构件材料基底的黏附性,其黏附质量取决于基底表面的状况。其施工标准应符合《金属结构防腐蚀规范》(SL 105—2007)、《涂装前钢材表面锈蚀等级和除锈等级》(GB 8923—1988)。

(3)涂料施工主要施工程序:采用喷砂处理钢结构表面,然后用喷枪喷涂。构件基本喷砂的粗糙度,用千分仪检测,达到 40~70 μm,锌层的外观质量检查主要用肉眼或借助于 25 倍放大镜观察。附着检查采用拉力法测试,厚度利用测厚仪,锌层每 1 m² 基准内测五个点,喷镀层最小厚度不得小于设计厚度的 85%,再在表面涂环氧涂料,复合层厚度应达到 300 μm。

(4)构件在运输、安装过程中,漆面破损部位待安装后再补刷。

闸门、拦污栅及埋件车间制造采用的主要施工设备包括各种型号的电焊机、半自动切割机、5~15 t 桁车吊、移动式起重塔吊、整形液压机、25 t 汽车吊、25 t 平板拖车、各种检测工具仪器等。

闸门、拦污栅及埋件制造严格按照《水电水利工程钢闸门制造安装及验收规范》(DL/T 5018—2004)的要求执行。

9.3.2.3　闸门、拦污栅及埋件安装

1. 埋件安装

闸门及拦污栅的埋件主要包括底槛、主轨、反轨、门楣,埋件运至工地且土建具备安装条件后即可进行埋件安装工序。将埋件由现场仓库运至安装地后,卸至闸槽顶部前面工作场地上,进行复测,接着进行一期混凝土深凿毛,用高压水将碎屑、浮尘清理干净、调整预埋插筋或基础螺栓,清理门槽内渣土、积水、设置孔口中心、门槽或栅槽中心及高程控制点等基准线。之后,逐节将配套埋件转至门槽或栅槽内,再在门槽或栅槽顶部搭设脚手

架,设置安全围栏、埋件安装样架及着力点,采用手拉葫芦吊埋件进行安装。

为避免误工,确保安装质量,安装过程中应注意以下几点:

(1)埋件安装前应对一期混凝土预留槽尺寸进行检测,对一期插筋位置进行检查。

(2)门槽构件和安装单元的连接,应按照施工详图进行,采用现场焊接,焊接前应制定稳妥的焊接工艺措施。

(3)用水准仪、经纬仪、吊线锤等配套检测工具设置各控制点,严格控制安装精度。

(4)分节埋件及接合处焊后应磨平并进行防腐处理。

(5)二期混凝土浇筑过程中应对门槽构件工作面进行必要的保护,避免碰伤和污物吸附。

(6)严格遵照施工顺序和施工详图及《水电水利工程钢闸门制造安装及验收规范》(DL/T 5018—2004)进行安装、检测。

2. 闸门门体、栅体安装

(1)闸门、栅体安装采用25 t汽车吊配合事先已安装完好的临时起吊设备进行吊装安装,待闸门、栅体安装后进行闸门、栅体启闭试验,闸门、拦污栅安装严格按照《水电水利工程钢闸门制造安装及验收规范》(DL/T 5018—2004)安装的规定执行。

(2)安装技术要求:

①闸门、拦污栅的安装,应按施工图纸的规定进行。

②闸门、拦污栅主支承部件(滚轮及侧轮)的安装调整工作应在门叶结构拼装焊接完毕,经过测量校正合格后方能进行。所有主支承面应当调整到同一平面上,其误差不得大于施工图纸的规定。

③闸门、拦污栅安装完毕后,应清除门叶、栅体上的所有杂物,吊耳轴孔处应涂注润滑脂。

④经工程师检查合格的,进行涂装修补和涂装最后一道面漆。

⑤闸门、栅体安装完毕后,为保证门体、栅体检修时锁定,必须保证距闸槽顶部500 mm范围内,闸槽、栅槽侧面、顶面平整光滑。

3. 闸门调试

闸门的调试项目包括如下内容。

(1)无水情况下全行程启闭试验。试验过程中检查滑道的运行无卡阻现象。在闸门全关位置,水封橡皮无损伤,漏光检查合格,止水严密。在本项试验的全过程中,必须对水封橡皮与不锈钢水封座板的接触面采用清水冲淋润滑,以防损坏水封橡皮。

(2)静水情况下的全行程启闭试验。本项试验应在无水试验合格后进行。试验、检查内容与无水试验相同(水封装置漏光检查除外)。

(3)动水启闭试验。工作闸门应按施工图纸要求进行动水条件下的启闭试验,试验水头应尽可能与设计水头相一致。动水试验前,承包人应根据施工图纸及现场条件,编制试验大纲报送监理人批准后实施。

9.3.3　启闭机安装和调试

9.3.3.1　固定卷扬式启闭设备安装

为便于快捷的施工,固定卷扬式启闭设备运至工地安装现场后,按照招标文件技术要求进行安装,安装采用25 t汽车吊配合手拉葫芦转运至启闭机安装房内相应位置进行安装。

安装施工主要程序:复测安装基础尺寸,测量放线,包括主、反轨门槽中心,底槛门槽中心线→测量放出启闭机安装基础吊点中心线、高程等→启闭机吊装转移到位→测量高程确定机架高程、水平度→连接器连接安装→注机油、润滑→安装电控柜、接通工作电源→粗调、空载调试→与闸门吊点连接精调定位→联门调试→验收。

安装使用主要机具包括25 t汽车吊,电焊机、气割装置、角磨机、手拉葫芦、液压顶、专用机具等。

9.3.3.2　2×1 000 kN 液压启闭设备安装、调试

1. 安装前的准备

(1)对照装箱清单清点所有零部件是否齐全,是否有损坏。验收不合格产品不得安装。

(2)安装前施工人员必须熟悉和了解油缸总成、液压系统、电气原理、管道布置等。

(3)油箱内部不得有锈蚀,安装前应仔细检查油箱、油缸、油管内壁是否清洁。加油之前,将油箱清洗干净,用不带棉绒的布擦,不允许使用棉纱。

(4)管道与油缸连接应在液压系统空运转试验合格后进行。

2. 埋件安装

泵站埋件、油管埋件等应按图纸要求调整好高程以及位置并且定位牢固后,方可浇筑二期混凝土。

3. 结构件安装

按图纸要求预埋安装。机架中心线(顺流水方向中心线)对孔口中心线的水平距离偏差±1.5 mm,高程偏差±2.0 mm。

4. 油缸安装

油缸安装前应确认油缸内腔及所有管道均清洁而无杂质污物,油缸的所有螺栓装配符合要求。有杆腔应加满经过过滤后的液压油。油缸与机架连接必须对正,保证图纸油口方向,轴连接牢固,螺栓紧固可靠,吊装油缸时必须注意两支油缸安装位置的不同。

5. 泵站安装

将泵站整体吊起,置于泵站设备上,并与地脚螺栓对正,最后拧上螺栓,安装牢固。

6. 管路安装与清洗

(1)管路安装在泵站及油缸安装完毕后进行。

(2)需要在工地切割的油管,可根据图纸上的参考尺寸按实际长度切割配管,并应清除毛刺。切口平面与管子垂直公差为管子外径的0.1%。

(3)管子弯曲加工时,弯曲的部分的内侧不允许有扭坏或压坏、凹凸不平等缺陷。管子弯曲后的椭圆率(最大外径和最小外径之差与最大外径之比)不超过8%。管子的弯曲应用弯管机进行冷弯。

(4)需对接焊的管子,其端部应成对开35°的坡口。与法兰焊接的油管,焊接时应与法兰对正,使两者轴线重合。所有焊缝不得有气孔、夹渣、裂纹、未焊透等缺陷。

(5)管道连接时不得用强力对正、加热、加偏心垫等方法来消除接口端面的空隙、偏

差、错口或不同心等缺陷。不得使污物进入管内,管子安装间断期间,应将管口严密封闭。

(6)高压软管安装后不得有相对扭转。

(7)法兰用螺栓螺母的拧紧应成对逐步进行。

(8)全部管路应进行二次安装。一次安装后拆下管道进行清洗。清洗时建议采用20%浓度的硫酸或盐酸溶液或其他清洗液,再用10%的苏打水充分中和,磷化后干燥。二次安装时,不得有沙子、氧化皮、铁屑等污物进入管道。

(9)二次安装完毕后,必须尽快对管道进行循环冲洗。

7. 管路安装与清洗

(1)按照行程开度检测装置装配图纸和产品说明书进行安装,需要在工地焊接的部位应保证焊接牢固。

(2)行程开度装置安装后应保持自由伸缩状态,并须调整上下限位行程开关的位置。

8. 油漆涂装

(1)设备组装检测合格后方可涂装油漆,涂漆的表面应彻底除锈,并消除氧化皮、焊渣、油污、灰尘、水分等使其露出金属光泽并有一定粗糙度。涂漆现场应通风良好,气温在5 ℃以上,避免尘土飞扬或暴晒等情况。

(2)油缸、管道等部件的具体涂装(补漆)按招标文件、合同文件及有关图纸的要求执行。

9. 液压启闭机的调试与试运转

1)准备工作

启闭机的调试与试运转前,必须检查下列各项:

(1)电机的旋转方向与油泵的进油口、出油口方向是否相符。油泵和电机安装是否牢固,泵内空气是否排净,泵吸油口是否漏气,油泵壳体内是否灌满油液。

(2)装入油箱的液压油必须经过滤油小车过滤,精度不得低于 20 μm。

(3)油箱内的油量是否在允许范围内。

(4)检查各压力表、压力继电器、阀件是否完好、动作可靠、各手动球阀是否按照系统图的要求开、闭到位。

(5)检查电气线路接线是否正确,电压、频率是否正常。

2)空运转

(1)将液压管道连成一个闭合的管路系统,将液压缸从循环回路中隔离出去。

(2)将压力继电器的接头拆开,拧松溢流阀的调节螺杆,使其控制压力处于能维持油液循环时克服管道阻力的最小值。

(3)接通电源,点动油泵电机,检查电源是否接错,电机旋向是否正确,然后连续点动电机,延长启动过程。如在启动的过程中压力急剧上升,需检查溢流阀失灵的原因,排除后继续点动电机直至正常运转。

(4)空运转时应密切注视过滤器前后压差的变化,若压差增大,则应随时更换或清洗滤芯。

(5)空运转时的油温应在正常的工作油温范围内。

(6)检查电动机工作是否正常,有无过热或异常噪声。

3) 压力试验

(1) 系统在空运转合格后方可进行压力试验。

(2) 系统的试验压力由主溢流阀调定。

(3) 试验压力应逐步升高,每档 2 MPa,每升高一挡应稳压 2~3 min,达到试验压力后,持压 10 min,检查液压系统所有焊缝和连接口应无漏油且管道无永久变形为合格。

(4) 系统中出现不正常声响时,应立即停止试验,如有焊缝需要重焊,必须将该油管拆卸下来,并在除净油液后方可焊接。

(5) 压力试验期间,不得锤击,且在试验区域的 5 m 范围内不得同时进行明火作业。

(6) 试验完毕后应填写《系统压力试验记录》。

4) 调试与试运转

(1) 压力阀与压力继电器的调试:

①分支回路的各种压力阀、压力继电器。

②调试时其压力值应逐步升高,每档 2 MPa,每升高一档应稳压 2~3 min,直到压力阀和压力继电器的调定值。

(2) 空载试验(油缸不连闸门)。

①试验前油缸排气一次。

②将各手动球阀按液压原理图上所示的常开、常闭方式开、关到位。将泵组的排量调为 50% 满排量。

③接通电源,按闭门按钮,进入闭门工况,检查是否正常伸出活塞杆,并记录压力、时间、活塞杆行程等数据。当活塞在下限位时打开排气阀进行一次排气。

④接通电源,按启门按钮,进入启门工况,检查是否工作正常,同样记录有关数据。当活塞在上限位时打开排气阀进行一次排气。

⑤启、闭门过程中检查闸门开度装置的动作以及显示是否准确。

(3) 带载试验(油缸与闸门连接)。

①空载试验未发现异常现象后进行带载试验。先将各溢流阀按初调值调整好,再启动启闭机,以 50% 额定流量和 100% 额定流量分别启、闭门各三次,记录每次的压力、行程、启闭时间等数据。

②当活塞在上极限位时打开排气阀进行一次排气。

③必须使闸门能达到全开和全关位。

④带载试验后须检查下列项目:液压系统(包括泵组、阀组、油缸、管道)有无异常情况;吊头、支铰、软管等零部件有无异常情况;闸门开度装置所设定和显示的位置是否正确,行程开关触点动作是否可靠;停机悬吊闸门 30 min,检查闸门是否有下滑现象。

(4) 失压试验。

①将油缸上下腔的常开球阀关闭,将溢流阀的调定压力设为正常调定压力的一半左右。

②接通电源,按启门按钮,此时,压力油经溢流阀回油箱。

③逐步调低溢流阀的设定压力,同时观察缸旁的压力表显示的数值,当压力表显示到预定值时,检查继电器是否发讯使系统停机。

（5）超压试验。

①将油缸上下腔的常开球阀关闭，将溢流阀的调定压力设为正常调定压力的一半左右。

②接通电源，按启门按钮，此时，压力油经溢流阀回油箱。

③逐步调高溢流阀的设定压力，同时观察缸旁的压力表显示的数值，当压力表显示设定值时，检查继电器是否发讯使系统停机。

9.3.3.3　2×160 kN 单向门机设备安装、调试

1. 轨道安装

轨道安装应符合施工图纸要求，在安装前，应对钢轨的形状尺寸进行检查，发现有超值弯曲、扭曲等变形时，应进行矫正，并经监理人检查合格后方可安装。

吊装轨道前，应测量和标定轨道的安装基准线。轨道实际中心线与安装基准线的水平位置偏差就不超过 2 mm，轨距偏差应不超过±3 mm，距道顶面在全行程上最高点与最低点之差应不大于 10 mm，同跨两平行轨道在同一截面内的标高相对差应不大于 2 mm，同时平时轨道的接头位置应错开，其错开距离不应等于前后车轮的轮距，接头用连接板连接时，两轨道接头左右偏移和轨面高低差均不大于 1 mm。在轨道安装符合要求后，应全面复查各螺栓的紧固情况等。

2. 门机安装

1）门机主要设备安装方法

（1）首先将大车行走机构 4 个台车分别吊装就位后，用 4 台 5 t 千斤顶调整。台车顶面的水平和 4 个支座板相互间距及对角线差，以及平面都合格后，用角钢将车轮组和地面支撑牢固，并用楔子板将大车轮架的边界前后顶死，以防窜位。

（2）门腿下横梁吊装时先吊上游侧，后吊下游侧，下横梁吊装就位后连接组合螺栓、调整梁面，调整门腿支承面的中心、高程，检查合格后，上、下游横梁用两根箱形钢梁进行加固连成框架结构。门腿吊装后应用缆绳临时固定，并用导链调整其垂直度达到 $H/2\,000$。

（3）上、下游支腿按顺序运至高程泄水闸上游部位进行拼装，验收合格后，用 50 t 汽车吊吊至安装部位与下横梁进行螺栓连接。门腿与下横梁接合面螺栓紧固力应达到相关规范的要求。

（4）主梁吊装。

主梁由主梁及上、下游两端梁组成（主梁、端梁吊装前组合接头的高强螺栓组合面及连接面应进行除锈、并按厂家说明书涂刷涂料）。主梁采用 50 t 汽车吊或 30 t 塔吊吊装就位，吊装顺序是先吊右侧主梁后吊左侧主梁；主梁吊装完后再吊上下游端梁。主梁与门腿连接按图纸要求进行。主梁与上横梁组合螺栓紧固，主梁轨顶平面度及轨道对角线差满足设计要求后才能进行主梁与门腿顶面组合缝的焊接（或螺栓连接）。

（5）小车架运至进水口平台后进行行走轮及传动机构组装，具备吊装条件后，用 50 t 汽车吊或 30 t 塔吊吊装。

（6）主梁与端梁、小车架分瓣组合接头的高强螺栓组合面及连接板应进行彻底除锈，按厂家说明书涂刷涂料，然后才能进行组合，高强螺栓的紧固力应符合《水利水电工程钢

闸门制造安装及验收规范》(DL/T 5018—1994)的要求。

（7）起升机构吊装。

先吊装减速箱,减速箱调整就位后,吊装卷筒、电机及其他机械、电气设备。

（8）小车防雨罩吊装。

2）电气设备安装

首先将设备转运到安装现场,要求必须在安装单位、业主单位、监理单位、厂家 4 家单位在场,共同开箱,对所到设备进行检查,确认所到设备符合设计要求,外观漆层完整,无损伤和任何变形,经各方确认,才可以进入安装程序。

在厂家指导下将控制盘柜、配电柜安装至基础上,在搬运过程中要轻起、轻放。严禁翻滚、摔撞或倒立等。安装就位后,检查盘顶的水平度,单块要求偏差小于 2 mm。成列盘偏差小于 5 mm。检查盘的垂直度,要求偏差小于 1.5 mm。检查盘面平直度,要求成列盘面偏差小于 5 mm。检查完毕后,可将盘固定。固定方式采用焊接,焊接采用断焊,在焊接过程中,接地线必须靠近焊接处,以免损坏柜内电子设备。焊接完后,将焊接处补漆。所有的安装过程中必须严格按照厂家的要求进行,如有疑问可向厂家或技术员提出,施工人员不得擅自更改施工方案。

安装完毕后,提供检查数据,报监理进行阶段性验收。

电缆敷设过程中,必须排列整齐,垂直段每隔 1 m 用扎带固定好。拐弯处的弯曲半径必须大于电缆直径的 10 倍。

电缆接线必须严格按照接线工艺接线,要做到横平竖直,端子号正确,接线无错误,固定牢靠。每根电缆必须挂电缆牌。

接地线路安装严格按照图纸和安装规程施工,保证各个设备接地连接可靠,接地电阻符合图纸及规范要求。

所有电气设备、线路安装完毕后,首先进行检查核对无误后通电,模拟各项操作功能应正确可靠。

3）门机试运转、调试

（1）准备工作。

动负荷试验配重块为辅助试验吊架和配重块。试验配重块的运输以及施工现场的组装、堆放按试验载荷安装进行配备。静载荷试验采用设计布置的试验装置。

试验场地设明显标记,严禁一切无关人员进入试验场地。试验前,做好试验用风、水、电、照明的准备工作。

（2）试运转前的检查。

①门机机械设备和电气设备都安装完毕并经检查调整合格。

②检查所有机构部件、连接部件、各种保护装置及润滑系统等的安装,注油情况,其结果应合乎要求,并清除轨道两侧所有杂物。

③检查钢丝绳端的固定应牢固,在卷筒、滑轮中缠绕方向应正确。

④各轴承和齿轮箱已注油并无渗漏现象,制动器已调整好间隙。

⑤各传动部件、制动器、保护装置、信号装置、闭锁回路、限位装置,经模拟操作试验,动作正确无误,电机及回路绝缘良好。

（3）空载试运转、调试。

空载试运转起升机构和行走机构(大车和小车)应分别在行程的上、下往返三次,并检查机械和电气设备各部分应动作可靠、运行平稳、无冲击声和其他异常现象。

（4）荷载试验、调试。

门机空载试验完成后,各机构运转正常,才能进行荷载试验,荷载试验先进行静荷载试验,再进行动荷载试验。在试验过程中再次调整各运转机构,调整运行参数,记录相应的试验数据,调整荷重限制器。

门机试验的试件用汽车吊吊入吊架内,并核定其重量,按载荷所需计算总重进行各种工况下的荷载试验。

（5）静荷载试验、调试。

静荷载试验的目的是检验门机各部件和金属结构的承载能力,试验荷载依次分别采用额定载荷的70%、100%和125%。

试验过程中,检查门机性能应达到设计要求,门架不应产生永久变形,历时 10 min。当小车卸载后,检查实际上拱值应不小于 $0.7L/1000$ 和相关规范或设计要求。必要时,采用应力应变片进行监测。

上述静荷载试验结束后,检查门机各部分不能有破裂,连接松动或损坏等影响性能和安全的质量问题出现。

（6）动荷载试验、调试。

动荷载试验的目的是检查门机及其制动器的工作性能。试验荷载依次分别采用额定载荷的100%和110%,试验时,按设计要求的各机构组合进行试验。载荷使用吊架配重块施加。

试验时,主钩将荷载吊离地面 100 mm,同时开动两个机构做重复的起动、运转、停车、正转、反转等动作延续至少应达到 1 h,各机构应动作灵敏,工作平衡可靠,高度显示器,荷重显示器须准确,各限位开关、安全保护连锁装置、防爬装置应动作正确可靠,各零部件应无裂纹等损坏现象,各连接处不得松动。

试验荷载依次分别采用额定载荷的100%和110%。试验时,门机吊试验荷载全行程行走三次。

9.4　评价与建议

本工程选用设备均具备相关生产许可证的正规厂家生产的合格品。监理单位严格按照设计要求和相关规范的规定对涵、闸等埋件的安装、启闭设备的安装进行把关,相关金属结构设备验收合格。闸门及启闭机的运行、试验,各项要求均达到国家相关规范的要求。闸门、启闭设备安装单位具有相应的资质,有较完善的质量保证体系,安装工艺合理。各部位闸门及启闭机安装、调试完成,经验收,安装质量合格。

（1）闸门、拦污栅的布置选型合理,设计参数的取值均符合相关规范的有关规定,主要构件的强度、刚度等主要指标均符合相关规范的有关规定,启闭机的选型也符合相关设计要求及规范的有关规定。

（2）金属结构设备的制造质量符合设计和规范要求。制造、安装单位具有相应资质，设备制造进行了出厂验收，闸门、启闭机等设备具有出厂合格证，制造质量总体合格。安装工艺合理，闸门及启闭机安装质量合格。

（3）泄洪闸工作闸门启闭机具有一回主供电电源，并有柴油发电机作为应急电源，供电电源满足安全运行要求。

（4）水电站工程金属结构符合竣工验收的标准。建议在工程运行期加强安全监测和定期检查，及时发现问题，采取有效措施，以确保各项金属结构设备的正常运行。

第 10 章　劳动安全与工业卫生

10.1　概　述

为了贯彻"安全第一,预防为主"的方针,工程按照《水利水电工程劳动安全与工业卫生设计规范》(GB 50706—2011),并结合本工程的特点和具体情况,对工程建成投入运行后,在生产过程中,可能直接危及劳动者人身安全和身体健康的各种因素,采取符合相关规范要求的工程防护措施,做到保障劳动者在劳动中的安全和健康的要求。主要的措施有:劳动安全措施、工业卫生措施和运行卫生措施。

10.2　劳动安全措施

劳动安全方面主要做好工程防火、防爆、防电气伤害、防机械伤害、防坠落伤害、防洪、防淹等防范措施。

为避免和减少对人员的伤害,贯彻"安全第一、预防为主"的方针,应采取各种防范措施,从根本上杜绝事故的发生。

10.2.1　防火防范措施

水电站内各建筑物中布置大量机电设备,其中有易燃易爆等危险情况的存在。主要危险来自以下几个方面。

(1)油系统及含油设备,如透平油库、油处理室、含油电气设备等,当温度超过油的闪点时,会发生火灾危险;由于布置空间的限制,不能采用增加间距来满足防火、防爆要求的办法,而采用防火防爆隔墙的办法并设置消防设施,从而避免对周围其他设备的影响。

(2)电气设备短路、过电流或散热不良等引起绝缘物的燃烧。如发电机、电动机、干式变压器、控制盘、开关柜、电缆等。主要采取防火隔断及配备消防设施防止事故的扩大。此外,所有的 10.5 kV 电力电缆和动力电缆均采用阻燃型。

10.2.2　防火防范措施执行

本枢纽的防火设计按现行的《水利水电工程设计防火规范》(SL 329—2005)执行。

(1)对所有工作场所,严禁采用明火取暖方式。

(2)压力容器的设计与选型,应符合现行的《固定式压力容器安全技术监察规程》(TSG 21—2016)、《钢制压力容器》(GB 150—2011)的规定。

(3)蓄电池及油系统房间的通风系统应符合《水力发电厂厂房采暖通风和空气调节设计规程》(DL/T 5165—2002)的相关规定。

（4）厂外独立的易燃材料仓库应在直击雷保护范围内，其建筑物或设备上严禁设置避雷针，应用独立避雷针保护，并应采取防止感应雷和防静电的措施。

（5）为避免静电危害，采取以下措施：①油罐室、油处理室的油罐、油处理设备、输油管和通风设备及风管均应接地；②移动式油处理设备在工作位置应设临时接地点；③防静电接地装置的接地电阻，不宜大于 30 Ω；④防静电接地装置应与工程中的电气接地装置共用。

在各生产场所和主要机电设备处配备专用的消防设施，水电站内同时设置公用消防系统，作为辅助灭火手段。灭火介质以水为主，同时配置一些泡沫、干粉、CO_2 手提与移动式灭火器材等。

10.2.3　防爆防范措施

（1）选择的压力容器，符合现行压力容器有关规定的产品。

（2）压力油、气罐设置泄压装置，泄压面避开运行巡视工作的部位。

（3）蓄电池室及油处理系统房间的通风系统满足相关标准和规程的规定，减少引起爆炸及火灾物质的浓度。

（4）对厂区的独立的易燃材料仓库采取直击雷、感应雷和防静电措施。防静电设施应符合《水利水电工程劳动安全与工业卫生设计规范》（GB 50706—2011）的规定。

10.2.4　防电气伤害

本电站主要电气设备，包括发电机以及 10 kV 以下厂内、坝区供电设备。发电机出线采用铜母线接入 10 kV 高压配电室，再由铜母线接入泥猪河 110 kV 变电站。为防止电气伤害，采取如下措施：

（1）所有可能发生电气伤害的电气设备可靠接地，工程接地网的设备满足相关规程、规范的要求。

（2）对于可能遭遇雷击的建筑物、设备等采取避雷带或避雷针保护。

（3）发电机电压母线的防护罩采取可靠的接地方式，使其外壳及构架的最大感应电压小于 50 V。

（4）开敞式电气设备的基座距地面的高度不低于 2.5 m，对不同电压等级的设备根据设计规程的规定满足带电体对周围的净距。对带电设备周围需设置围栏时按规程的要求设置，围栏的门上装锁并设置安全标志牌。

（5）高压开关柜有"五防"措施。

（6）厂用电系统干式变压器设防护等级不低于 IP2X 的防护外罩。

（7）各类桥机均选用安全滑线。

（8）潮湿部位的照明，当灯具安装高度低于 2.4 m 时，采用安全电压照明或加装防触电措施。

（9）在工程发电初期，对施工设备和人员可能触及的带电部位设置相应的防护围栏和安全标志。

10.2.5　防机械伤害

本工程主要机械设备有空压机、风机、厂房内桥机等,电站内机械修配厂也有一些机械设备。为防止机械伤害,采取如下一些措施:

(1)采用的机械设备符合国家安全卫生有关标准的要求。

(2)起重机、启闭机用钢丝绳、滑轮、吊钩等符合《起重机械安全规程》(GB 6067—1985)的有关规定。

(3)所有机械设备防护安全距离,机械设备防护罩和防护屏的安全要求,以及设备安全卫生要求,均符合有关标准的规定。

(4)机修车间的机床之间及与墙柱之间的净距离大于 0.8 m,对于切削机械的布置还应避免甩出的切削物伤人。

10.2.6　防坠落伤害

(1)凡坠落高度在 2 m 以上的工作平台、人行通道(部位)在坠落面侧设置防护墙或固定式防护栏杆,以保证通行时安全。

(2)靠近陡坡或高边坡侧的通行道均设置防护墙或防护栏杆,一方面防止滚石伤人,另一方面保证通行时的安全。

(3)水工建筑物的闸门(门库)的门槽、集水井、吊物孔、竖井等处,在坠落面侧设固定(或活动)式防护栏杆。当防护栏杆影响工作时,则在孔口上设盖板。盖板能承受 2 000 N/m² 均布荷载。

(4)凡检修时可能形成的坠落高度在 2 m 以上的孔、坑,设置固定临时防护栏杆用的槽孔等措施。

(5)厂内桥机轨道梁的门设置安全标志。沿桥机轨道设置的走道设防护扶手。

(6)桥机、门机轨道两端均设置可靠的缓冲器。

(7)水电站建筑物的通气孔,在其孔口设置防护栏杆或设置钢筋网孔盖板,网孔应能防止人坠入。

(8)使用固定式钢直梯或固定式钢斜梯的场所,钢直梯当高度超过 3.5 m 时设置护笼,并根据高度需要和布置场所条件设置带有防护栏杆的梯间平台;钢斜梯设计有防护栏杆的梯间平台。

(9)楼梯、钢梯、平台均采取防锈、防滑措施。

(10)所有建筑物的顶面均设置女儿墙或栏杆。

10.2.7　防洪、防淹、防渗漏

水电站内防洪、防淹、防渗漏的主要部位是厂房低于水面部分,主要采取如下措施:

(1)建立水情自动测报系统。

(2)整个枢纽设施地面均有排水设施;对各种孔洞、管沟、通道、电缆层的出口,其位置应高于厂房下游洪水位,否则采取防洪措施。

(3)机械排水系统的水泵管道出水口高程低于下游洪水位的,均在排水管道上装设

逆止阀。

(4)厂房机组检修排水系统的设计考虑防止水淹厂房的措施。

防洪、防淹设施有两个独立电源供电,互为备用,任一电源均能满足工作负荷的要求。

10.3 工业卫生措施

工业卫生主要包括防噪声、防振动、防尘、防污、防腐蚀、防电磁辐射及温度、湿度控制、采光、照明等。

10.3.1 防噪声、防振动

由于水轮机、发电机、空压机、风机等机电设备均布置在封闭厂房内,在运行中产生大量噪声无法向外界散发。因此,噪声和振动对运行人员的危害较大,需对噪声、振动采取如下防护措施:

(1)工作场所的噪声应符合噪声限制值的要求。

(2)工作场所的噪声测量满足《工业企业噪声测量规范》(GBJ 122—1988)的有关规定;设备本身的噪声测量符合相应设备有关标准的规定。

(3)选用噪声和振动水平符合国家有关标准规定的设备,必要时,对设置提出允许的限制值,或采取相应的防护措施,如在建筑上采用降噪材料等。

(4)水轮发电机组的盖板、进人门、引出线洞均设减振、隔音措施,水车室与外界也设隔音设施。

(5)空压机布置在单独房间内,风机设备布置在单独风管内,并采取减振、消声措施。

(6)励磁盘中冷却风扇选用低噪声风机。

(7)设置在副厂房内的中控室、通信室、计算机室和主要办公场所均采取消声、减振措施。

(8)为运行人员配备临时隔音的防护用具。

10.3.2 防尘

(1)对水轮发电机的机械制动装置采取防止尘埃扩散的措施,制动瓦选用尘埃较少的材质。

(2)户内配电装置地面采用坚硬的、不起尘埃的材料。

(3)机械通风系统的进风口位置,设置在户外空气比较洁净的地方,并设在排风口的上风侧。对进入厂房通风系统的新风设置过滤器,采取除尘措施。

(4)对整个电站范围内的环境采取绿化措施。

10.3.3 防污

(1)透平油事故油池及透平油罐的挡油槛内的油水,经油水分离后排入地面水体。

(2)生活污水经过处理后排入地面水体。

10.3.4　防腐蚀

（1）蓄电池选用免维护铅酸蓄电池，对有腐蚀物质的房间内的建筑材料选用耐腐蚀材料，其房间内通风系统通风管路选用防腐材料，选用的风机也是在耐腐蚀性能好的。

（2）金属结构、设备支撑构件、水管、气管、油管和风管根据不同的环境采取经济合理的防腐蚀措施。除锈、涂漆、镀锌、喷塑等防腐处理工艺按国家的有关规定进行。电缆桥架采用热镀锌处理。

10.3.5　防毒

易发生火灾的部位均设置事故排烟设施并配备部分火灾防毒面具。

10.3.6　温度与湿度控制

水电站工程各类工作的室内空气数按相关标准的规定设计。对水轮发电机层、主阀室等水下部位，采取以排湿为主的通风方式，对主、副厂房室均采取防潮措施。

10.3.7　采光与照明

对地面建筑物充分利用自然采光，对建筑物主要依靠人工照明，各类工作场所人工照明的照度标准满足有关标准的规定。

10.3.8　安全标志

根据泥猪河水电站工程的具体情况，从防患于未然和事故后便于快速疏散为目的，对容易导致安全事故的场所或发生事故后做好疏散的通道等部位设立安全标志。

10.4　运行卫生措施

运行卫生措施主要包含：按照《水利水电工程劳动安全与工业卫生设计规范》（DL 5061—1996）的有关规定合理布置电站主厂房、副厂房，拦河闸启闭机室和取水上下闸首；涵闸室、油库油处理室；综合办公楼；生产待工楼、职工宿舍及配套设施用房等辅助用室；按照《水利水电工程劳动安全与工业卫生设计规范》（DL 5061—1996）规定，设置安全卫生管理机构，配备充足的管理人员，加强枢纽运行期的安全卫生管理。

10.5　运行安全生产管理

运行安全生产管理，在发生意外情况下，根据意外事故的种类采取如下措施：

（1）本工程需要考虑事故疏散的场所，厂房以及副厂房的主要对外通道，各功能室的进出通道，按规范达到一定距离的电缆廊道等，需设置一个或多个通道。

（2）人身事故。

为最大限度地减少人身伤亡事故，所有运行值班人员均需进行急救培训。对人身事故的抢救采用如下措施：①在电站管理楼配备一些急救用具及药物；②配备交通工具，必要时送较近的医疗单位或其他医疗条件较好的县、市医疗单位急救。

10.6　评价与建议

（1）对于泥猪河水电站工程范围内，影响建筑物本身的危险因素，通过治理均可以保证主体建筑物的安全运行。

（2）劳动安全及工业卫生有关安全措施、设备和装备均已建成并投入生产使用。

（3）安全生产管理措施已落实到位，安全生产规章制度健全。

第 11 章　工程安全监测

11.1　监测项目与布置

按照《混凝土坝安全监测技术规范》(SL 601—2013)和《混凝土重力坝设计规范》(SL 319—2005)的要求,观测项目根据泥猪河水电站水库大坝的工程规模和现场实际情况确定。泥猪河水电站水库枢纽工程监测范围主要集中在大坝及高压埋管,与蓄水安全有关的监测项目主要在大坝。

大坝监测项目包括坝体变形、渗流渗压(含绕坝渗流)监测。

环境量监测项目包括坝上水位、水力学和下游冲刷监测等。

11.1.1　大坝表面变形监测

表面变形监测包括坝顶水平位移和大坝垂直位移变形监测等内容。

11.1.1.1　水平位移

水平位移采用前方交会法观测。设计在坝顶 1 124.85 m 高程布置 8 个综合位移标点,大坝下游两岸布置 2 个工作基点和 2 个校核基点,组成水平位移监测网。水平位移监测网和坝顶水平位移观测应按《水利水电工程测量规范》(SL 197—2013)中二等测量精度要求执行。

11.1.1.2　大坝垂直位移

坝顶垂直位移采用国家二等精密水准法进行观测。设计在大坝下游布置一组水准基点,水准基点由 3 个点组成;坝顶水准点布置在水平位移标点处,以组成综合位移标点,共8 个。

设计水准工作基点与水平位移工作基点(TB1)、校核基点(TBX1~2)采用同一综合测墩不合适,建议在两坝肩各布置独立的水准工作基点。

11.1.2　渗流渗压监测

坝基扬压力监测采用埋设渗压计的方法进行。设计在溢流坝坝段布置一个监测断面,顺水流向布置 6 支渗压计,上游防渗铺盖布置 2 支,坝基布置 2 支,下游消力池布置 2 支。

设计仅考虑一个横向监测断面,结合本工程规模建议在纵向(坝轴线下游)增设监测断面。由于本工程施工过程中未按设计要求同步完成现场仪器(测点)的安装和埋设,鉴于目前大坝已建成运行,横向监测断面上的坝基渗压计尽量布置在防渗帷幕线或防渗铺盖下游,可适当减少测点并采用钻孔完成仪器的安装;纵向监测断面上的渗压计可在非溢流坝段坝顶帷幕线下游各布置一支渗压计,采用钻孔完成仪器安装,钻孔深入基岩 0.5~

1.0 m 为宜。

11.1.3　环境量监测

环境量监测项目包括坝上水位站、水力学和下游冲刷监测等。

原设计未布置环境量监测项目,不符合现行规范要求。建议增设坝上水位雨量遥测站、坝下水位站,并在电站管理房设置水情中心站。

11.2　监测仪器安装埋设与观测

11.2.1　施工过程监测设备的布置与埋设

施工过程中建设单位委托贵州省有色金属和核工业地质勘查局二总队负责实施泥猪河水电站大坝安全监测工程,由于该单位不具备大坝安全监测相应资质,且监测单位完成的大坝表面变形监测项目不符合设计和规范要求,建议建设单位重新委托具有相应资质及经验的监测单位严格按设计和规范要求完成泥猪河水电站大坝安全监测工程。

(1)坝基渗压计的安装埋设:①取下仪器端部的透水石,在钢膜片上涂一层黄油或凡士林以防生锈;②安装前将仪器在水中浸泡 2 h 以上,使其达到饱和状态,在测头上包上装有干净饱和细砂的砂袋,使仪器进水口通畅,并防止水泥砂浆进入渗压计内部;③在设计位置钻 1 个集水孔,孔径 50 mm,孔深 1 m,经渗水试验合格后,将准备好的包有沙袋的渗压计埋入,周围回填砾石,上部注入水泥砂浆或水泥膨润土球,并采用水泥砂浆回填钻孔。

(2)位移测点的浇筑与埋设:位移测点采用 C20 混凝土浇筑;测墩埋设时,应保持立柱铅直,仪器基座水平并使各测点强制对中盘对中误差小于 0.2 mm,基点的强制对中误差小于 0.1 mm,底座调整水平,倾斜度不得大于 4′。

11.2.2　监测设备的整改与监测

由于施工过程中建设单位委托贵州省有色金属和核工业地质勘查局二总队负责实施泥猪河水电站大坝安全监测工程,该单位不具备大坝安全监测的相应资质,且监测单位完成的大坝表面变形监测项目不符合设计和规范要求,在大坝蓄水安全鉴定论证后,运行管理单位重新委托具有相应资质及经验的监测单位重庆永渝检验检测技术有限公司,对泥猪河水电站大坝外部变形监测设施改造,严格按设计和规范要求对泥猪河水电站大坝安全进行监测。

11.2.3　监测观测初始值的获得

重庆永渝检验检测技术有限公司于 2018 年 3 月 2 日对大坝安全监测,完成空库观测,大坝观测成果资料作为大坝安全监测作初始值。

11.2.3.1 水平位移

1. 监测设施改造

根据实际情况,水平位移采用视准线观测,在左岸布设一个工作基点(TB_L)和一个校核基点($TB_{L'}$),右岸同时也布设一个工作基点(TB_R)和一个校核基点($TB_{R'}$),在坝顶EL1 124.85 m 高程上游侧设置 6 个综合位移点(LT_1、LT_2、LT_3、LT_4、LT_5、LT_6),水平位移的观测墩按要求与大坝混凝土浇筑结合为一体,基点的观测墩按要求坐落在新鲜的基岩或原状土上。

2. 观测成果

本次观测在 TB_L 观测墩上设站,在 TB_{LR} 上安放固定觇标,用活动觇标分别架设于 TB_R、LT_6、LT_5、LT_4、LT_3、LT_2、LT_1 观测墩上,测取本观测墩相对视准线的初始值,独立观测两次,取平均值作为初始值。

水平位移基准点实测精度为:视准线测回差 1.28 mm,规范允许值为 3.0 mm。水平位移初始观测值成果见表 11-1。

表 11-1　水平位移初始观测值成果　　　　　　（单位:mm）

点名	TB_R	LT_6	LT_5	LT_4	LT_3	LT_2	LT_1
第一次	10.89	11.38	11.22	11.18	10.53	10.45	10.43
第二次	10.81	11.20	11.36	10.88	10.67	10.31	10.67
互差	0.08	0.18	0.14	0.30	0.14	0.14	0.24
初始值	10.85	11.29	11.29	11.03	10.6	10.38	10.55

11.2.3.2 垂直位移

垂直位移采用国家二等精密水准法,在大坝坝顶布置 6 个测点(LT_1、LT_2、LT_3、LT_4、LT_5、LT_6),测点与水平位移测点采用同一综合观测墩;大坝左岸上游公路侧布设一组水准工作基点(LS_1、LS_2、LS_3),在两坝端视准线工作基点处设置水准工作基点,对坝顶垂直位移进行往返闭合水准测量,独立观测两次,取两次合格观测值的平均值为初始值。

观测方法:由水准基点 LS_1、LS_2、LS_3 经工作基点 TB_1、TB_2 至坝顶 $LT_6 \rightarrow LT_5 \rightarrow LT_4 \rightarrow LT_3 \rightarrow LT_2 \rightarrow LT_1$ 做往返观测。按照《国家一、二等水准测量规范》(GB/T 12897—2006)中的二等技术要求执行,并记录气温等数据,以供垂直位移分析之用。水平与垂直位移均做两次独立观测,以设计坝顶高程 1 124.85 m 作起算高程数据。

水准基准网实测精度为:实测高差闭合差-0.23 mm,规范允许值为±1.00 mm;实测每站高差中误差 0.136 mm,规范允许值为 0.30 mm;实测最弱点高差中误差 0.11 mm,规范允许值为 1.00 mm。

垂直位移观测点实测精度为:实测高差闭合差-0.10 mm,规范允许值为±1.20 mm;实测每站高差中误差 0.05 mm,规范允许值为 0.30 mm;实测最弱点高差中误差 0.05 mm,规范允许值为 1.00 mm。

根据《国家一、二等水准测量规范》(GB/T 12897—2006)和《工程测量规范》(GB 50026—2007)中的二等技术要求,满足相关规范要求。大坝垂直位移观测初始值见表 11-2。

表 11-2　大坝垂直位移初始观测值成果

点名	第一次高程（m）	第二次高程（m）	二次之差（mm）	平均高程（m）
LT$_1$	1 124.850 01	1 124.850 27	-0.26	1 124.850 14
LT$_2$	1 124.873 45	1 124.873 59	-0.14	1 124.873 52
LT$_3$	1 124.999 91	1 124.999 99	-0.08	1 124.999 95
LT$_4$	1 124.980 50	1 124.980 63	-0.13	1 124.980 56
LT$_5$	1 124.921 64	1 124.921 77	-0.13	1 124.921 70
LT$_6$	1 124.931 45	1 124.931 48	-0.03	1 124.931 47

11.3　监测资料整编与成果分析

重庆永渝检验检测技术有限公司于 2018 年 3 月 15 日对大坝安全监测，为大坝外部变形监测设施改造并进行初始值测定后的第一次观测，观测时气温 18 ℃，水位依然为空库状态。

11.3.1　水平位移

本次观测在 TB$_L$ 观测墩上设站，在 TB$_{LR'}$ 上安放固定觇标，用活动觇标分别架设于 TB$_R$、LT$_6$、LT$_5$、LT$_4$、LT$_3$、LT$_2$、LT$_1$ 观测墩上，测取本次观测墩相对视准线的差值与初始值比较，得出位移值。

水平位移基准点实测精度为：视准线测回差 1.36 mm，规范允许值为 3.0 mm。本次观测误差满足规范要求，成果合格，大坝水平位移成果统计见表 11-3。

表 11-3　水平位移观测值成果　　　　　　　　（单位：mm）

点名	TB$_R$	LT$_6$	LT$_5$	LT$_4$	LT$_3$	LT$_2$	LT$_1$
初始值	10.85	11.29	11.29	11.03	10.60	10.38	10.55
观测值	10.97	11.12	11.45	11.12	10.48	10.50	10.46
互差	0.12	-0.17	0.16	0.09	-0.12	0.12	-0.09

注：水平位移量向下游为"+"，向上游为"-"。

监测单位认为本次观测时大坝情况较初始值观测时变化不大，大坝水平位移不明显，最大值为 LT$_6$ 测点，为向上游 0.17 mm，位移量及变化量均极小，大坝水平位移无异常现象。

11.3.2　垂直位移

与观测初始值一致，大坝垂直位移观测亦采用国家二等精密水准法，由水准基点 LS$_1$、LS$_2$、LS$_3$ 经工作基点 TB$_1$、TB$_2$ 至坝顶 LT$_6$→LT$_5$→LT$_4$→LT$_3$→LT$_2$→LT$_1$ 做往返观测。与初始值比较得出沉降位移情况。

垂直位移观测点实测精度为:实测高差闭合差 0.23 mm,规范允许值为±1.20 mm;实测每站高差中误差 0.08 mm,规范允许值为 0.30 mm;实测最弱点高差中误差 0.06 mm,规范允许值为 1.00 mm。

本次观测误差满足规范要求,成果合格,大坝垂直位移成果统计见表 11-4。

表 11-4   大坝垂直位移观测值成果

点名	TL_1	TL_2	TL_3	TL_4	TL_5	TL_6
初始值 (m)	1 124.850 14	1 124.873 52	1 124.999 95	1 124.980 56	1 124.921 70	1 124.931 47
观测值 (m)	1 124.850 05	1 124.873 45	1 124.999 88	1 124.980 43	1 124.921 65	1 124.921 41
位移量 (mm)	0.09	0.07	0.07	0.13	0.05	10.06

注:垂直位移量向下沉为"+",反之为"-"。

监测单位认为本次观测时大坝情况较初始值观测时变化不大,大坝沉降不明显,最大值为 TL_6 测点,值为向上游 10.06 mm,垂直位移量及变化量均极小,大坝垂直位移无异常现象。

11.3.3   监测结论

重庆永渝检验检测技术有限公司于 2018 年 3 月 15 日对大坝安全监测,得出本次观测误差在规范规定允许限差内,精度满足相关规范要求,大坝在本次观测时较初始值测量时情况变化不大,变形亦不明显,位移量及变化量均极小,大坝位移无异常现象。

11.4   评价与建议

11.4.1   评   价

(1)大坝安全监测项目布置基本合理,选用的监测仪器设备基本合适,采用的观测方法、精度基本满足相关要求。

(2)监测单位完成的大坝表面初次变形监测数据符合设计和规范要求。

(3)大坝在初期运行监测频次不足。

11.4.2   建   议

(1)增设坝上水位雨量遥测站、坝下水位站等环境量监测设施。

(2)大坝初次获得空库初始观测值后,建议按规范要求进行监测,以便发现异常变化及时处理,保证大坝安全运行。

(3)严格按规范(计划)要求开展大坝安全监测和资料整编分析工作。

第 12 章　专项验收遗留问题落实情况

12.1　建设征地与移民安置

泥猪河水电站 1 117.2 m 蓄水线下不涉及移民淹没搬迁,只有电站施工区有 7 户 22 人在可研设计中规划为直接搬迁安置,已于 2009 年 9 月全部安置完毕。2015 年 6 月 19 日,贵州省水库和生态移民局在贵阳市主持征地补偿与移民安置专项验收,同意该工程征地补偿与移民安置,通过验收。

12.2　环境保护工程

经环境保护主管部门审查批复的本工程环境影响报告书,就工程对环境的影响提出了相应的对策,主要是工程施工期及运行期的环境保护措施,包括污染防治措施和环境监测措施两个方面。

施工期水环境保护措施:为保护工程所在河段水质,对施工期产生的所有污水、废水进行处理后达标排放。

2016 年 9 月 6 日,泥猪河水电站工程已完成竣工环境保护验收,同意通过竣工环境保护验收。

12.3　水土保持

2015 年 8 月 28 日,贵州省水利厅在水城县召开了可渡河泥猪河水电站水土保持设施竣工验收会议,同意该工程水土保持设施通过竣工验收。

12.4　消防设施

2012 年 2 月 21 日,水城公安消防大队以水公消(验)字〔2012〕第 01 号通过了该水电站的消防验收。

12.5　工程建设档案

贵州省档案局委托六盘水市档案局组织对可渡河泥猪河水电站项目档案的专项验收,2019 年 7 月 1 日,由六盘水市档案局、水城县档案局及项目主管部门委派人员组成验收组对该工程档案进行专项验收。验收组成员按照国家有关工程档案管理的要求,对本工程档案进行评议,一致同意通过项目档案验收,六盘水市档案局 2019 年 7 月 2 日出具《贵州省重大建设项目档案验收意见书》。

项目档案前期管理、设计、施工、监理、设备、试运行、竣工验收等文件基本齐全且内容完整,主要归档材料为原件,签章手续齐全,竣工图清晰、图章签字手续完备,档案分类、组卷基本合理,排列有序,装订规范,档号编制规范。

前期管理文件中环境预测、移民材料较少,施工技术文件中无单独的施工许可证、设计交底、基础处理、预决算等材料,监理材料无监理周报和档案管理相关监理的内容,声像材料收集不足。部分档案为复印件,有涂改痕迹,部分档案卷内目录和备考表填写不完整,部分案卷卷标题编制不规范。

验收组在抽查中发现,本工程档案仍存在一些不足,希望在今后进一步做好应归档文件的收集工作,该项目档案部分案卷目录、编号、备考表等还需进一步完善,待全部单项验收结束后,将全部单项验收工作材料以及项目总体验收材料补充进项目档案中,并按规范整理归档。后续维护及公司其他项目实施期间,希望认真总结经验,不断改进和完善项目档案管控措施,进一步提高项目档案管理水平,做好项目档案登记管理工作,将档案管理纳入合同管理内容,同步做好项目档案管理工作,并为项目的运行、维护和管理提供优质的档案服务。

第 13 章　工程初期运用评价

13.1　运行管理机构及制度建设

13.1.1　运行管理机构设置

2004 年 12 月,上海汇通水利水电开发有限责任公司在贵州省水城县成立了泥猪河水电开发有限责任公司作为项目法人对泥猪河水电站项目进行开发建设。为提前做好项目运行管理的准备工作,建设后期公司逐步转入到运行管理期,2012 年 2 月,公司成立了生产管理机构——泥猪河水电站。

泥猪河水电站设站长 1 人,副站长 1 人,进行现场管理工作。电站采用五班三运转模式,每值编制 3 人,其中值长 1 人,副值 1 人,值班员 1 人。设备维护技术部负责电站设备检修维护工作。大坝采用四班三运转模式,每值编制 2 人,巡坝值守负责人 1 人。

电站管理人员全部来自甘肃大通水电开发有限责任公司,均具有十年以上相关运行及管理实践经验,主要技术部门负责人均参加泥猪河水电站机电安装调试工作,从实践中掌握设备运维知识。运维人员均具有高压电工特种作业操作证和电工作业资格证。值长和副值均参加了省调举办的调规培训,取得了调度资格证。

13.1.2　制度建设情况

自全面投入运行以来,运行管理单位不断建立健全各项安全生产和运行管理制度,逐步建立了主要设施设备的运行、维护、检修等制度,为工程安全管理和运行使用提供了有力的保障机制。依据相关法律、法规,编制完成了《防洪度汛预案》《运行和调度制度》等。

13.1.3　运行管理

(1)水工建筑物运行管理。运管单位根据有关技术规程,做好水工建筑物的安全监测和维护工作。定期对水工建筑物进行巡视检查及安全监测,发现问题,迅速落实整改措施。

(2)机电设备维护检修。运管单位严格执行机电设备运行、维护和检修规章制度以及行业规程规范,定期对本工程机电设备和监控设备进行维护保养,对存在缺陷的零部件及时进行维修、更换,确保机电设备的正常运行。

(3)劳动安全及工业卫生。运管单位按规范要求及时为职工配备劳动防护用品,并严格督促从业人员按规定佩戴及使用劳动防护用品,保障职工身体健康。

(4)消防设备设施日常管理。运管单位按规范消防安全管理,落实消防安全责任制。加强对配备消防设施的泄水闸室、节制闸室等消防器材的日常维护保养,强化消防安全宣传教育,组织开展消防安全知识培训和消防演练,提高干部职工的消防安全意识和消防技能。自工程投入运行以来,未发生过一起消防安全责任事故。

(5)水土保持设施的日常管理。工程投入运行后,为巩固本工程水土保持治理成果,使其能充分发挥效益,本工程水土保持设施齐全完好,水土保持植物措施覆盖率高,植物生长茂盛,整个自然生态环境良好。

13.1.4　维修养护

工程建成后,工程维修养护主要包括对水库枢纽水工建筑物、闸门与启闭设备、监测设施、防汛交通和通信设施、备用电源等的检查、测试及养护和修理,以及对影响大坝安全的生物破坏进行防治。

针对工程后期维护和检修,管理单位制定了《泥猪河水电站检修规程》,大坝运行时出现的各类问题均参照检修规程执行。

工程管理单位每年均制订工程维修养护计划:

(1)对设备进行定期、全面检查试验,掌握设备异常规律,提前对设备进行检修维护,预防事故发生,坚持"应修必修,修必修好"的原则。

(2)养成文明检修习惯,做到检修后"工完、料尽、场地清"。

(3)在枯水期集中力量检修维护,丰水期集中力量做好生产运行,做到检修生产两不误。

(4)做好检修前准备工作,确保维修养护人员、技术和设备工具齐备,做好维护后设备的试运行,确保设备功能正常,不留隐患。

管理单位针对大坝枢纽主要日常维修养护工作为:弧形闸门、启闭机、拦污栅、进水口钢闸门、闸阀、起吊设备、钢栏杆等金属结构的防锈除尘,上油润滑,零件更换;坝体混凝土局部破损修补;边坡及防洪墙修补加固;电路测试检修,备用电源储备;监测系统观测检修;危险提示标牌损坏更换;管理房及设备检查维修等。

大坝运行近6年时间,运行中出现的问题均得到及时解决,未发生影响大坝安全运行的较大问题,工程运行和调度管理情况等正常。

13.2　工程调度运用方案

13.2.1　防洪调度

泥猪河水电站工程建设主要任务是发电。梯级电站水库实行统一调度管理,在汛期实施兴利调度,蓄泄兼顾,在枯水期根据用电户需要实施计划放水发电,做好流域水情、雨情测报工作,使梯级电站枢纽工程发挥更大的社会效益、兴利效益。

13.2.1.1　防洪调度管理

(1)因水电站为无调节引水式电站,工程无灌溉和防洪等任务,而且基本没有库容调节,挡水坝均采用坝顶自由溢流,多余的洪水可从坝顶溢流。

(2)当电站发生故障停机时,可关闭压力管进水阀门或关闭前池压力管进水闸门。

等故障修复后再开闸引水发电。

（3）做到加强工程巡查工作，密切监视水工建筑物的安全情况，发现问题及时处理。并注意有关的水文气象预报信息，做好防洪的人力、物力准备。在汛前、汛期和汛后进行全面检查，做好挡水坝、引水渠、前池等水工建筑物的日常维护管理工作。

13.2.1.2　防洪调度任务

泥猪河水电站防洪调度的任务是：当发生 50 年（设计洪水标准）、500 年（校核洪水标准）一遇洪水时，在确保枢纽工程安全度汛和保障上、下游人民群众生命财产安全的前提下，充分发挥水库的综合效益。当发生超标准洪水时，应首先保障大坝安全，并尽量减轻下游的洪水灾害。

当发生 20 年一遇重现期洪水时，洪峰流量由天然 1 773 m³/s 调减为 1 773 m³/s，削峰比例为 0，对下游防洪没有影响。

泥猪河水电站防洪调度的原则是：①调度方案的制定必须遵循水库设计方案的原则。②防洪与功能相比，必须优先满足防洪的原则。③优化调度方案，水库在安全运行的前提下尽可能满足发电要求。按水库上游小寨水文站水位数据作为依据进行水库调洪。充分利用水文、气象预报信息，在超标准洪水入库前，提前预泄腾库，严禁全开闸门，造成下游河道人为洪峰。④水库运行期间优先保坝的原则。⑤严格执行水城县防汛抗旱指挥部的调度指令。

13.2.1.3　防洪调度运用

（1）水库汛限水位：1 117.20 m。

（2）调度程序规定：由水城县防汛办下达调度指令，水库管理所负责操作，调度中如发生重大问题（包括 50 年一遇以上洪水时及时向水城县防汛指挥部报告）。

（3）泥猪河水电站流域暴雨洪水在汛期内具有明显季节性变化规律，5 月为前汛期，6~9 月为主汛期，10 月为后汛期。

（4）发生 50 年一遇以上（含 50 年）大洪水时，水库在保证大坝安全的条件下，最大限度地减轻洪水对下游造成的损失，在洪水来临前，提前将水位预泄水位至 1 117.20 m 以下，尽量减轻洪水对大坝的威胁。

（5）汛期水库允许最高水位为设计洪水位 1 120.15 m，若超出此水位，下游群众应执行防汛抢险应急预案。

（6）超标准洪水的判断条件是校核洪水位 1 122.82 m，若超出此水位，应执行水库安全管理应急预案中的保坝措施。

13.2.2　运行方式

13.2.2.1　发电运行方式

本电站水库运行方式，上、下游水电站均无限制条件。在保证泄放生态基流量要求前提下，汛期水库在正常蓄水位运行，遇洪水时泄流排沙，以保证机组运行安全；枯水期一般在正常蓄水位运行，遇来水流量不稳定时，利用其有效库容进行短时间调节，水库在正常蓄水位-死水位间运行。

泥猪河水电站为低坝引水式电站，河道生态流量 2.0 m³/s，左岸 2# 坝段生态基流管按相关法规应常年开启,确保河道生态流量。

13.2.2.2 泄洪排沙运行方式

当来水流量小于发电引用流量 65.2 m³/s 时,来水量全部用于电站发电,当来水量大于发电引用流量 65.2 m³/s 小于 653 m³/s 时,降低水位至排沙水位(死水位)1 115.0 m 运行,首先开启 2# 中孔泄洪排沙(局开至全开),当来流量大于 340 m³/s 时,2# 中孔全开时泄流能力仍将不足,此时需再逐步对称开启 1#、3# 边孔,直至全开 3 孔闸泄洪,控制库水位 1 115.0 m。

当洪水流量大于 653 m³/s 且小于 1 211 m³/s 时,除电站满发外,3 孔闸全开敞泄,库水位在死水位 1 115.0 m 至正常蓄水位 1 117.2 m 之间。

当洪水流量大于 1 211 m³/s 且小于 3 520 m³/s 时,除电站满发外,3 孔闸全开敞泄,多余水量由滚水坝下泄,库水位在正常蓄水位 1 117.2 m 至校核洪水位 1 122.82 m 之间。

当库水位降至 1 117.20 m 时,各闸门逐步关闭挡水发电。

13.2.3 厂房及升压站调度运用

电站职工经安全技能培训合格后,持证上岗。要求对机电设备原理熟悉、操作熟练、工作责任心强,在水机和电机等出现紧急情况时能及时进行处理,并通知主管人员,做好记录工作。

13.3 工程初期运用情况

13.3.1 主要建筑物初期运行情况

泥猪河水电站主要枢纽建筑物为挡水、泄洪、消能和引水发电建筑物等。自 2012 年 4 月电站首台机组并网发电进入运行期以来,运行管理单位高度重视、精心组织,严格按照《水库大坝安全管理条例》《水电站大坝运行安全管理规定》等国家、行业法律法规及标准规范的要求,结合电站实际情况建立健全水工建筑物运行维护管理制度体系,并在该制度体系的指导下开展巡视检查、维护消缺和防洪度汛等工作,确保了大坝及泄洪设施、厂房、引水隧洞等水工建筑物始终处于稳定受控状态,未出现影响建筑物安全运行的重大缺陷或隐患。

自机组发电至 2018 年 6 月 30 日,泥猪河水电站累计发电用水量 47.936 亿 m³,期间最大入库流量为 1 000 m³/s(2016 年 8 月),最大出库流量 1 000 m³/s(2016 年 8 月),最高运行水位高程 1 117.30 m,因泥猪河水电站设计为径流式电站,泄洪闸门操作频繁,泄洪表孔运行状况良好,未发生闸门运行故障和操作事故。经近期对上下游坝面、引水隧洞及尾水流道检查,未见明显裂缝、冲刷坑、洞,未发现重大缺陷和异常,混凝土质量整体状况良好。

13.3.2 挡水构筑物初期运行情况

泥猪河水电站大坝为混凝土重力坝,坝顶高程 1 125.5 m,建基面高程 1 098.0 m,最大坝高 27.5 m,坝顶总长度 137.00 m,由 9 个坝段组成,分别为左、右连接坝段,靠左岸为泄洪冲砂坝段。电厂按照《水工建筑物管理标准》定期开展大坝巡视检查工作。截至2018 年 6 月,电站枢纽投运六年半时间经历了六个汛期考验,大坝实现了成功挡水和安全度汛的重要目标,各类监测数据显示大坝整体处于安全稳定状态,未发现影响其结构安全的重大缺陷或异常。

13.3.3　泄洪消能建筑物初期运行情况

泄洪设施直接关系到电站安全度汛目标的实现,电厂认真组织编写《泥猪河水电站大坝运行操作规程》,指导电站闸门启闭工作,并严格按照公司闸门操作指令进行水库调度。汛前认真组织泄洪闸门及其控制系统、备用电源的专项检查和隐患排查治理,完成泄洪设施的检修维护,并仔细检查表孔、底孔溢流面混凝土冲刷情况,确保了汛期闸门启闭正常、电源供应可靠。

泥猪河水电站投运以来,每年汛前均会对泄洪闸弧形工作闸门进行启闭试验,经受了六个完整汛期检验。

13.3.4　引水发电系统初期运行情况

有压引水洞线总长 7.58 km,主要由进水闸、输水暗涵、压力隧洞、调压室和压力(含钢内衬)管道等组成。

泥猪河水电站每年在枯水期全线停水,安排专业技术人员对进水闸、输水暗涵、压力隧洞和压力管道平管段及机组流道进行检查,仔细记录流道运行现状,编制流道检查报告,为今后维护消缺做准备。分别在 2016 年 3 月、2017 年 1 月先后完成 3 台机尾水锥管连接口的焊接修复和注浆工作。其他未发现重大缺陷和异常。

13.3.5　水库及库岸边坡初期运行情况

根据大坝的设计标准和工程情况,泥猪河水电站水库上、下游没有重要城镇及工矿企业、大片良田的防洪要求,主要是大坝本身的安全,不承担下游的防洪任务的水库,可采用敞泄的方式进行调洪。

电站制订了库区管理制度,每年汛前、汛后开展库区巡视检查,高度重视水库生态,定期开展库区水面漂浮物清理,营造干净整洁的库区环境。蓄水初期库岸边坡稳定,库岸稳定。通过监测、巡查坝肩边坡整体稳定。经六个完整汛期运行,水库库区运行状况与设计要求相符合。

13.3.6　机组运行情况

机组自投产运行以来历年发电量统计见表 13-1。

表 13-1　机组自投产运行以来历年发电量统计　　　　　　(单位:亿 kW·h)

年度	2012 年	2013 年	2014 年	2015 年	2016 年	2017 年	2018 年	累计
发电量	2.66	2.15	4.071 7	3.76	3.90	3.62	4.075	24.237
上网电量	2.618	2.12	4.002	3.694	3.833 3	3.555	4.006	23.828

13.3.7　水轮发电机组运行性能测试值数据统计

根据泥猪河水电站运行分析管理制度要求,电站每年定期进行水轮发电机组运行性能测试值统计分析,根据几年统计数据显示以下内容。

13.3.7.1　水轮机组功率、效率及调节值

在枯水期尾水水位较低,单机或两台机运行时机组有功负荷可达到 36.5~38 MW,在丰水期由于尾水水位上升,3 台机运行水头在 183~185 m,机组有功负荷在 35.5~37 MW,3 台水轮机功率均能达到 36.08 MW,效率达到 93%。在几年的运行中,因雨季直击雷多次出现 110 kV 凤泥线接地跳闸事故,造成 3 台机甩满负荷,因机组调节有保证,没有出现因过速、过电压造成设备损坏,调取 3 台机甩负荷时相关数据,1#机转速上升率 31.8%,蜗壳水压上升率 21.6%,2#机转速上升率 31.5%,蜗壳水压上升率 21.5%,3#机转速上升率 33.6%,蜗壳水压上升率 21.6%。

2012~2018 年机组运行性能测试值统计数据(丰水期 3 台机满发)见表 13-2。

表 13-2　2012~2018 年机组运行性能测试值统计

机组	水头（m）	水轮机功率（MW）	水轮机效率（%）	3 台机甩负荷时	
				转速上升率	蜗壳水压上升率
1#	184.5	36.3	94	31.8%	21.6%
2#	184.6	36.4	94	33.5%	21.5%
3#	184.5	36.3	94	33.6%	21.6%

13.3.7.2　机组运行温度、振动和摆度值

泥猪河水电站机组技术供水采用循环水池尾水冷却方式,在丰水期气温上升时冷却水温度可达到 35 ℃,所以机组轴瓦温度较高,推力 45 ℃、上导 59 ℃、下导 60 ℃、水导 64 ℃,定子线圈最高温度 68 ℃。机组的振动值最高达到 180 μm、摆度最高达到 250 μm,均为瞬时值,因机组流道进入杂物造成。正常运行最高值:振动 38 μm、摆度 120 μm。

2012~2018 年机组运行温度、振动和摆度测试值统计数据(最高值)见表 13-3。

表 13-3　2012~2018 年机组运行温度、振动和摆度测试值统计

机组	上机架振动值（μm）		下机架振动值（μm）		水导摆度（μm）		瓦温（℃）				定子线圈（℃）
	水平	垂直	水平	垂直	X	Y	推力	上导	下导	水导	
1#	35	30	28	29	100	110	42	58	56	59	67
2#	29	31	32	27	96	88	45	59	60	62	68
3#	35	38	32	22	120	100	43	57	59	64	66

3 台机多年运行性能测试值数据统计分析,各项性能指标符合相关规范和设计要求,运行情况良好,3 台机均具备连续安全运行条件。

13.3.8　洪水期机组运行时间及运行情况

可渡河流域洪水期主要集中在6~9月,由于上游植被破坏严重,水中含沙量大,再加流域周边居民生产、生活垃圾较多,洪水期大量的泥沙和垃圾进入库区,造成进水口拦污栅堵塞,2017年年底投资500万元在原有拦污栅前面加装7组旋转式拦污栅,解决进水口拦污栅堵塞问题,从2018年运行情况来看效果明显。

洪水期大量的泥沙进入机组造成水轮机底环、顶盖、转轮、导叶磨损严重,机组大修周期缩短,2016~2017年已完成3台水轮机磨损件的更换工作。

泥猪河水电站3台水轮发电机组在洪水期运行情况总体良好,安全、可靠,运行稳定。2012~2018年机组洪水期机组运行时间(6~9月)统计见表13-4。

表 13-4　2012~2018年机组洪水期机组运行时间统计　　　　（单位:h）

机组	2012 年	2013 年	2014 年	2015 年	2016 年	2017 年	2018 年	累计
1#	1 621	2 230	2 773	2 053	2 824	2 400	2 722	16 623
2#	915	2 088	2 389	2 522	2 592	2 808	1 800	1 5114
3#	1 599	528	2 400	1 080	1 848	1 752	2 640	11 847

13.3.9　机组进相试验

根据六盘水电网公司要求,泥猪河水电站委托贵州创星电力科学研究院有限责任公司,于2017年10月17日完成了泥猪河水电站3台发电机进相运行试验,通过发电机进相运行试验,测取机组最大实际进相深度,并根据最大进相深度整定励磁调节器低励限制曲线,在系统电压过高时,机组能安全、灵活地调节无功功率,维持系统和机组运行在安全的电压水平。

13.4　工程初期运用中出现的主要问题及处理情况

13.4.1　水轮机运行情况

发现问题:丰水期水中含沙量大,3台水轮机在运行过程中多次发生顶盖排水管漏水现象。

解决方法及结果:2016年3月和厂家沟通在顶盖增加排水减压腔,加大排水减压腔钢板的厚度和材质,由原来5 cm改为20 mm厚的不锈钢钢板焊接,同时加大顶盖排水直管管壁厚度由5 mm改为10 mm。目前未发现顶盖排水管漏水。

泥猪河水电站水轮机运行情况总体良好,安全、可靠。由于可渡河流域在丰水期水中含沙量大,水轮机导叶、转轮、底环、顶盖磨损严重,水轮机检修周期缩短,2016~2017年已完成3台水轮机导叶、转轮、底环、顶盖的更换工作。机组检修过程中未发现其他影响安全运行的缺陷。

13.4.2　发电机运行情况

发现问题 1:3 台机转子磁极连线固定压板存在缺陷,从 2012 年 4 月试运行以来 3 台机时常出现转子一点接地故障,影响机组的安全运行。

解决方法及结果:2013 年 4 月,对 3 台机转子磁极连线固定压板先后进行了改造,将原有的压板更换为钢板制作压板,在垂直连接线端增加一套用钢板制作的 T 形压板,为了防止压板损坏连线绝缘,并在所有的压板下加装厚度为 5 mm 的胶木板,其形状和压板一致。将原有压板设计为 M8 的紧固螺栓改为 M12×80 mm 8.8 级螺栓。从改造后到现在没有发生转子一点接地故障。

发现问题 2:机组轴瓦测温电阻多点出现断线故障。

解决方法及结果:2013 年 4 月,更换 3 台机轴瓦测温电阻,推力瓦测温电阻更换为铠装丝保护测温电阻,并对测温电阻连线进行了重点固定。更换到现在没有出现测温电阻断线故障。

泥猪河水电站发电机运行情况总体良好、安全、可靠。自投产以来,定子、转子运行正常,未出现放电、过热等现象;制动气管路未发生脱落。发现的设备缺陷已彻底处理。

13.4.3　调速器运行情况

泥猪河水电站水轮机的调速系统(额定油压 4.0 MPa、主配压阀直径 80 mm),该系统包括调速器电气部分;机械液压部分,调速器采用机电合一柜,柜体上部布置电气部分,下部布置机械部分。调速器采用电子调速器+电液随动系统的系统结构,调节运算功能由 PLC 完成,电液随动系统实现功率放大,推动导叶开大或关小,从而调节机组频率和负荷。

泥猪河水电站调速系统运行情况总体良好、安全、可靠。

13.4.4　蝶阀运行情况

发现问题 1:3 台机蝶阀由于磨损严重而漏水,影响机组的检修。

解决方法及结果:2016 年 3 月 21~30 日,共计 10 d,完成了 3 台机蝶阀的更换工作(包括液压站)。新更换的蝶阀运行可靠。

发现问题 2:在更换蝶阀后发现旁通阀也有漏水现象。

解决方法及结果:2016 年 5 月 12 日完成了 3 台机手动旁通阀的更换,新更换后的手动旁通阀运行可靠。

泥猪河水电站 2016 年更换的蝶阀相比以前液压蝶阀运行更可靠、更安全,在两年的运行中没有出现异常现象,和机组自动化监控系统配合更简单,上位机自动开、关阀稳定可靠,在机组事故停机过程中出现剪断销时能根据机组自动化监控系统指令关闭蝶阀,及时截断水流,保证机组安全,在几年运行中没有出现机组过速现象,但在每年做传动试验,机组转速大于 140%时蝶阀均关闭。3 台机蝶阀各项运行指标均符合相关规程要求。

13.4.5　辅助设备运行情况

泥猪河水电站各辅助系统包括技术供水系统、气系统、油系统、排水系统、调速器液压系统。

13.4.5.1　技术供水系统

电站技术供水泵有 4 台,其中 1 台为备用,型式为管道离心泵,在几年运行中除定期更换轴密封外,没有出现其他异常现象,运行稳定可靠。

13.4.5.2　调速器液压系统

调速系统还包括:油压装置(含自动补气装置)及其自动化元件、油压装置控制柜;漏油箱及其自动化元件、漏油箱控制等。

发现问题:3#机调速器压力罐通过 2#油泵组合阀漏气,造成频繁调整油气比例。

解决方法及结果:2#油泵工作油管压力管内延伸部分脱落,造成空气进入组合阀漏气,重新焊接管内延伸油管。处理后没有出现漏气现象。

3 台机调速器液压系统运行情况总体良好、安全、可靠。

13.4.5.3　油系统、气系统、排水系统运行情况

在几年运行中油、气及排水系统没有出现异常现象,设备没有进行更换,一些小的问题及时得到处理,没有缺陷和隐患存在,设备运行良好。

泥猪河水电站辅助设备运行情况总体良好、安全、可靠。

13.4.6　电气一次系统运行情况

发现问题 1:当厂房 110 kV 母线主供电源、外接 10 kV 农变电源同时停电后导致全厂失电,威胁电站的生产安全。

解决方法及结果:在 2013 年 3 月,购买 400 V 柴油发电机作为厂房第二套备用电源,确保厂房供电。

发现问题 2:大坝 10 kV 农网提供电,在雷雨天气容易出现线路事故跳闸,影响泄洪闸的正常操作,同时也影响大坝的清污工作。

解决方法及结果:在 2012 年 12 月,大坝配备一台 160 kW 的柴油发电机作为坝区第一套备用电源,2015 年 3 月,又在坝区配备了第二台 400 kW 的柴油发电机作为坝区第二套备用电源,确保坝区供电。

投产至今,主接线和厂用电接线运行情况总体良好、安全、可靠。

13.4.7　主变压器运行情况

根据中国南方电网有限责任公司企业标准《电力设备预防性试验规程》(Q/CSG 114002—2011),每年对主变进行预防性试验,试验结果正常。两台主变运行温度满足相关规范要求,运行情况良好、安全、可靠。

13.4.8　厂用变及励磁变运行情况

自投运以来,泥猪河水电站厂用变及励磁变,每年根据中国南方电网有限责任公司企业标准《电力设备预防性试验规程》(Q/CSG 114002—2011),进行预防性试验,试验结果正常。运行中温升限值没有超过 60 K,运行情况良好、安全、可靠。

13.4.9　六氟化硫高压断路器设备运行情况

根据中国南方电网有限责任公司企业标准《电力设备预防性试验规程》(Q/CSG

114002—2011），对 SF_6 断路器进行预防性试验，并定期开展 SF_6 微水检测，试验结果正常，无漏气，微水含量满足要求，SF_6 断路器分合闸正常，所有设备运行安全、可靠。

13.4.10　发电机配电设备运行情况

自投产以来，发电机出口断路器动作正常，传动试验正常，操作机构灵活。母线未出现放电、发热严重现象。发电机出口电压设备运行正常、安全、可靠。

13.4.11　防雷、接地系统运行情况

电站接地网按均衡电压接地系统考虑，网内设有减少接触电势和跨步电势措施，主要采取在地网边缘，如主厂房入口、主变场入口、开关站入口等地网边缘有人活动的地方，均加装帽檐式均压带。使跨步电势限制在规程要求值以内。

为保证电站安全运行，电站每年检测接地网的接地电阻，测量值在 $0.41 \sim 0.46\ \Omega$，小于 $0.5\ \Omega$，满足设计和规范要求。

13.4.12　坝区闸门电力拖动与控制系统运行情况

泥猪河水电站坝区设有检修叠梁闸门和弧形工作闸门，前者采用单向门机，后者采用集成式液压启闭机驱动。闸门现地控制采用一套可编程控制器，辅以常规继电器组成控制系统。

进水闸进口工作闸门采用固定卷扬式启闭机，固定卷扬式启闭机的电控设备由卷扬式启闭机配套。

进水闸进口拦污栅采用移动式清污机，移动式清污机的电控设备与移动式清污机配套。

发现问题：进水闸进口拦污栅在洪峰期，因渣量过多容易出现堵塞现象。

解决方法及结果：2018 年 5 月，完成了进水闸进口拦污栅的改造工程，在原有拦污栅前面（挡砂坎）安装 7 台回转式拦污栅，从今年第一场洪峰回转式拦污栅的运行情况来看，效果明显，拦污栅没有出现严重的堵塞现象。

泥猪河水电站坝区闸门电力拖动与控制系统运行情况总体良好、安全、可靠。

13.4.13　继电保护及安全自动装置投运以来正确动作的情况

本电站继电保护采用全微机保护方式，根据《继电保护和安全自动装置技术规程》（GB 14285—2006）配置以下装置。

13.4.13.1　发电机保护

配置纵联差动保护、带记忆的复合电压启动过电流保护、定子一点保护、转子一点保护、过电压保护、过负荷保护、失磁保护。

以上保护分别动作于停机、跳发电机出口断路器及发信号。

13.4.13.2　主变压器保护

配置纵联差动保护、带记忆的复合起动过电流保护、瓦斯保护、零序过电流保护、零序电流电压保护、温升保护。

以上保护分别动作于跳主变高压侧断路器、发电机出口断路器及发信号。

13.4.13.3　110 kV 线路保护

110 kV 线路保护配置微机型线路光纤差动测控保护装置（内含分相电流差动、零序电流差动、阶段式距离、阶段式零序及检同期检无压的三相一次重合闸）二套。电站侧及凤凰变侧各一套。设置故障录波屏。为保证水电站机组的安全运行,本站设有高周切机和远方切机装置。

以上保护动作于跳线路出口断路器及发信号。

13.4.13.4　厂变保护

在变压器高压侧设置电流速断和过电流保护,保护动作于跳变压器高压侧断路器或熔断器,在低压侧设有备用电源自动投入装置。

电站投产至今,未发生保护设备误动和拒动情况,设备完好率 100%、保护及自动装置的投入率 100%、设备保护正确动作率 100%。

13.4.14　直流系统运行情况

发现问题 1:2014 年 4 月直流系统 1# 电池柜 25 号电瓶出现漏酸现象。

解决方法及结果:由于在安装或运输过程中,电瓶外壳碰到尖锐物,造成电瓶外壳出现一个小孔而漏液,更换 1# 电池柜 25 号电瓶,更换后运行正常。

发现问题 2:2018 年 3 月 20 日,整流屏微机型绝缘监察装置损坏,回路绝缘异常报警。

解决方法及结果:更换微机型绝缘监察装置,更换后运行正常。

泥猪河水电站直流系统运行情况良好、安全、可靠。直流系统配置经济合理,蓄电池容量选择合理。

13.4.15　励磁系统运行情况

本电站发电机采用自并激可控硅静止励磁装置方式,该装置可以满足与监控系统的数字通讯要求。励磁变压器采用防潮干式变压器,可控硅整流器采用三相全控桥接线,励磁直流回路采用双断口灭磁开关以可靠切断发电机转子回路。发电机正常停机时,采用可控硅逆变灭磁;电气事故停机时,灭磁开关跳闸,非线性电阻灭磁。

根据六盘水电网公司要求,泥猪河水电站委托贵州创星电力科学研究院有限责任公司,于 2012 年 4 月 17 日完成了泥猪河水电站 3 台机励磁系统电力系统稳定器（PSS)试验现场调整试验。

泥猪河水电站励磁系统运行情况良好、安全、可靠,在生产过程中未发生过威胁机组安全运行的隐患。

13.4.16　同步系统、测量系统、工业电视系统运行情况

发现问题:2017 年 6 月同步系统 GPS 不能正常同步时间。

解决方法及结果:经检查由于接收器蘑菇头损坏,和厂家联系重新购买接收器蘑菇头天线更换,更换后运行正常,并定期对同步系统进行监测。

泥猪河水电站同步系统、测量系统、工业电视系统情况良好、安全、可靠。

13.4.17 机组检修维护情况

泥猪河水电站机组自 2012 年 4 月投产至今,在每年的枯水期(1~5 月)对机组均进行检修,具体检修情况见表 13-5。

表 13-5 2012 年 4 月投产以来机组检修情况

机组	检修等级	检修时间	主要检修项目
1 号	C 级	2013 年 4 月 23 日至 5 月 5 日	1. 转子磁极连线的加固;2. 测温电阻及连线的检查更换;3. 水轮机转轮磨损检查;4. 主轴密封装置检查
		2014 年 3 月 25 日至 4 月 1 日	1. 水轮机顶盖排水管破裂漏水处理;2. 蜗壳杂物清理;3. 集电环抛光、测圆找中处理;4. 各部件紧固螺栓的检查
		2015 年 4 月 27 日至 4 月 29 日	1. 水轮机顶盖排水管加固改造;2. 更换水轮机顶盖抗磨环固定螺栓;3. 水导油盆漏油处理
	A 级	2016 年 3 月 21 日至 5 月 24 日	1. 水轮机磨损部件(顶盖、转轮、底环、导叶、转轮止漏环)的更换;2. 水轮机顶盖排水管漏水改造;3. 机组上导、下导、水导备用轴瓦的研刮
2 号	C 级	2013 年 5 月 5 日至 5 月 17 日	1. 转子磁极连线的加固;2. 测温电阻及连线的检查更换;3. 水轮机转轮磨损检查;4. 主轴密封装置检查
		2014 年 4 月 2 日至 4 月 15 日	1. 水轮机顶盖排水管破裂漏水处理;2. 蜗壳杂物清理;3. 主阀伸缩节漏水处理;4. 各部件紧固螺栓的检查;5. 下导油盆漏油处理
		2015 年 1 月 14 日至 2 月 2 日	1. 水轮机顶盖排水管加固改造;2. 更换水轮机顶盖抗磨环固定螺栓;3. 水导轴瓦温度偏高处理;4. 集电环抛光、测圆找中处理
	A 级	2016 年 11 月 15 日至 2017 年 1 月 7 日	1. 水轮机磨损部件(顶盖、转轮、底环、导叶、转轮止漏环)的更换;2. 调速器接力器检修;3. 尾水锥管补焊及注浆
3 号	C 级	2013 年 5 月 18 日至 5 月 28 日	1. 转子磁极连线的加固;2. 测温电阻及连线的检查更换;3. 水轮机转轮磨损检查;4. 主轴密封装置检查
		2014 年 4 月 16 日至 4 月 25 日	1. 水轮机顶盖排水管破裂漏水处理;2. 蜗壳杂物清理;3. 集电环抛光、测圆找中处理;4. 各部件紧固螺栓的检查;5. 锁定电磁阀漏油处理
		2015 年 4 月 29 日至 5 月 2 日	1. 水轮机顶盖排水管加固改造;2. 更换水轮机顶盖抗磨环固定螺栓;3. 水轮机法兰保护罩检查、加固
	A 级	2017 年 12 月 2 日至 2018 年 1 月 8 日	1. 水轮机磨损部件(顶盖、转轮、底环、导叶、转轮止漏环)的更换;2. 调速器接力器检修;3. 尾水锥管补焊及注浆;4. 检修 3# 机调速器油压装置
蝶阀	A 级	2016 年 3 月 21 日至 30 日	更换 3 台机蝶阀

13.5　评价与建议

（1）运行管理机构设置合理,人员结构和数量配备均能满足要求。

（2）运行管理各项规章制度细致齐全,并能得到贯彻执行,经评定,安全生产达到安全生产标准化水平。

（3）工程调度运用方案已按相关标准要求编制完成。

（4）工程初期运行情况良好,运行初期发现的主要问题得到了较好的解决。

（5）建议运行管理单位进一步加强水土保持设施的管理和维护,保证其水土保持功能的正常发挥。

（6）建议工程投入使用后,加强建筑消防设施维护保养,保证完好有效;建立健全消防安全制度,落实消防安全责任制,确保安全。

第 14 章　鉴定总体评价意见与建议

14.1　主要建设内容及工程形象面貌

可渡河泥猪河水电站工程包括拦河坝、溢流坝、消力池、下游护岸及海漫、引水隧洞进口导墙、进水闸、发电厂房、调压井、压力管道、变电站、金结工程等,工程于 2007 年 5 月开工,2012 年 4 月工程已完工并网运行。所有单位工程均已按核准的初步设计建设内容全部建成并验收合格投入运行,工程形象面貌满足竣工验收要求。

14.2　设计变更及审批情况

在工程实施阶段,针对外部边界条件、现场地形地质条件变化以及参建单位提出需要修改的内容等,设计变更/修改均按规定实施,符合建设管理程序。

14.3　工程防洪度汛与调度运用

(1)工程建设符合现行国家和行业有关标准的规定。水库库容、电站装机规模,枢纽工程等别属 Ⅲ 等,工程规模为中型。主要建筑物拦河闸坝、电站进水口、引水发电建筑物和电站厂房等永久性主要建筑为 3 级建筑物;次要建筑物为 4 级建筑物。

(2)本工程防洪标准设计符合相关标准和规范规定。水库大坝和电站进水口按 50 年一遇洪水设计,500 年一遇洪水校核。厂房按 50 年一遇洪水设计,200 年一遇洪水校核。防冲消能按 30 年一遇洪水设计。

(3)工程调度运用方案已按建设任务、核准的初步设计及国家相关标准要求编制完成,洪水调度及度汛方案符合工程特点,是合适的。需进一步完善调度运用。

14.4　工程地质

(1)工程所处区域地震动峰值加速度为 0.10g,地震动反应谱特征周期 0.40 s,相应地震基本烈度为 Ⅶ 度,区域构造稳定性较差。水库抬高水头小,无活动性断层分布,水库诱发地震的可能性很小。

(2)两岸边坡总体稳定,水库蓄水后,有小规模坍塌的可能,运行期应加强对水库库岸的稳定观测。

(3)坝址基岩工程地质条件能满足建低坝地质要求。

14.5　工程设计

（1）本工程挡水、泄水建筑物设计布置和结构型式合理。水工建筑物结构强度、稳定、变形、渗流安全等基本符合相关规定。

（2）拦河闸坝消能防冲构筑物型式基本合理，基本能满足枢纽泄流能力和相应消能要求。

（3）引水建筑物型式基本合理，基本能满足电厂发电引水设计要求。

（4）电站厂房布置和结构型式合理。结构强度、稳定安全等基本符合相关规定。

（5）工程设计没有明确设计合理使用年限。

（6）闸室底板和滚水坝过流表面混凝土采用 C25，强度等级偏低，不符合抗冲耐磨要求，运行期加强检查维护。

14.6　土建工程施工

（1）土建工程等已按批准的设计及设计变更内容完成，并通过了单位工程验收，工程质量合格。

（2）工程的原材料及中间成品质量合格，所有分部工程、单元工程验收合格。

（3）系统接入工程按批准的设计内容完成，并通过了验收投入使用，工程质量等级为合格。

（4）土建工程的主要施工方法合理。

14.7　机　电

（1）机组台数选择合理。水轮机的机型及有关技术参数选择合适。水机附属设备满足机组特性的要求，水机辅助系统及设备的选择和布置符合有关规程、规范的要求。

（2）机组设计、制造、试验等符合有关规程、规范的要求。机组性能参数指标满足合同要求。

（3）机组及机电设备，安装质量满足有关规程、规范要求。机组及机电设备均按有关规程、规范要求进行相关试验，机组启动试运行顺利，各项技术参数复核设计要求，机组经启动运行试验合格并通过了验收。

（4）电气一次系统设备选型合理，质量合格。电站投产以来运行稳定。

（5）电气二次系统设备自动化程度较高、达到少人值班目标。各系统的设备采购、集成、安装满足设计技术要求，运行情况良好。

（6）机电设备竣工验收资料较齐全，具备竣工验收条件。

14.8　金属结构

（1）闸门、拦污栅的布置选型合理，设计参数的取值均符合规范的有关规定，主要构件的强度、刚度等主要指标均符合规范的有关规定，启闭机的选型也符合设计要求及规范的有关规定。

（2）金属结构设备的制造质量符合设计和规范要求。

（3）制造闸门、拦污栅的原材料均有产品质量合格证，选用的启闭设备均具备相关生产许可证的正规厂家生产的合格品。钢闸门的制造、安装及验收符合规范的有关规定，启闭设备的制造、安装及验收符合规范的有关规定。

（4）水电站工程金属结构符合竣工验收的标准。

14.9　工程安全监测

（1）大坝安全监测项目布置基本合理，选用的监测仪器设备基本合适。

（2）监测单位完成的大坝表面初次变形监测数据符合设计要求。

（3）大坝在初期运行监测频次不足。

14.10　专项验收

2015年6月19日，贵州省水库和生态移民局在贵阳市主持征地补偿与移民安置专项验收，同意该工程征地补偿与移民安置，通过验收。

2016年9月6日，泥猪河水电站工程已完成竣工环境保护验收，同意通过竣工环境保护验收。

2015年8月28日，贵州省水利厅在水城县召开了可渡河泥猪河水电站水土保持设施竣工验收会议，同意该工程水土保持设施通过竣工验收。

2012年2月21日，水城公安消防大队以水公消（验）字〔2012〕第01号通过了该水电站的消防验收。

本电站已编制完成了枢纽蓄水安全鉴定报告，但未组织蓄水安全鉴定验收。

2019年7月1日，由六盘水市档案局、水城县档案局及项目主管部门委派人员组成验收组对该工程档案进行专项验收。

14.11　工程初期运用评价

（1）运行管理机构设置合理，人员结构和数量配备均能满足枢纽拦河闸、水库调度、电站运行的要求。

（2）运行管理各项规章制度细致齐全，并能得到贯彻执行，安全生产达到安全生产标准化。

（3）工程调度运用方案已按建设任务、已批准的初步设计确定的原则及国家相关标准要求编制完成，竣工后工程调度运用原则及方案基本应与核准的初步设计相一致。

（4）工程初期运行情况良好，运行初期发现的主要问题大部分得到了较好的解决。

14.12　鉴定结论和建议

14.12.1　鉴定结论

可渡河泥猪河水电站于 2007 年 5 月开工，2012 年 2 月 10 日工程完工，2012 年 4 月 16 日正式并网运行。所有单位工程均已按核准的初步设计建设内容全部建成并验收合格投入运行，工程形象面貌基本满足竣工验收要求。

（1）工程的防洪潮标准符合现行规范的防洪标准要求。工程初期运行期间基本能按照设计要求进行防洪排涝。

（2）建设程序规范。工程建设符合建设管理程序，工程布置紧凑，各主要水工建筑物布置、型式合理，结构设计符合规范要求。工程原材料和各单位工程施工质量总体基本满足工程设计要求，机电、金属结构能满足工程安全运行要求。施工期及运行期间各主要建筑物工作性态正常，满足设计和工程运行要求，工程已发挥正常效益。

（3）工程形象面貌满足竣工验收条件。工程已按批准的设计及设计变更内容完成，各阶段验收，征地补偿与移民安置、环境保护、水土保持、大坝安全鉴定等专项验收已完成，验收遗留问题蓄水安全鉴定未组织验收，其他专项已处理完毕。工程管理机构和人员已落实，管理制度健全。工程满足竣工验收条件，运行状态良好，可竣工验收。

14.12.2　建　议

（1）组织蓄水安全鉴定验收，完善工程竣工验收手续。

（2）加强安全监测工作，及时分析整理监测资料，确保工程安全。

附　件

附件1　工程特性表

可渡河泥猪河水电站工程特性表

序号	名称	单位	数量	说明
一	水文			
1	流域面积			
	全流域	km²	3 088	可渡河
	坝址以上	km²	2 975.8	
2	利用的水文系列年限	年	50	1963~2013 年
3	坝址多年平均年径流量	亿 m³	11.04	
4	坝址代表性流量			
	多年平均流量	m³/s	35	
	正常运用(设计)洪水标准	P%	2	
	相应流量	m³/s	2 260	
	非常运用(校核)洪水标准	P%	0.2	
	相应流量	m³/s	3 520	
	施工导流标准	P%	20	
	相应流量	m³/s	46.8	12 月 1 日至 4 月 20 日
5	泥沙			
	多年平均悬移质年输沙量	万 t	384	
	多年平均含沙量	kg/m³	2.91	
	多年平均推移质年输沙量	万 t	38	
二	水库			
1	水库水位			
	校核洪水位	m	1 122.89	$P=0.2\%$
	设计洪水位	m	1 120.17	$P=2\%$
	正常蓄水位	m	1 117.20	
	死水位	m	1 116.00	

续表

序号	名称	单位	数量	说明
2	正常蓄水位时水库面积	km²	0.07	
3	回水长度	km	1.10	
4	水库容积			
	总库容	万 m³	141.4	
	调节库容	万 m³	8	
	死库容	万 m³	18.0	
5	调节特性			径流式
6	水量利用系数	%	70.40	
三	下泄流量及相应下游水位			
1	设计洪水位时最大泄量	m³/s	2 260	
	相应下游水位	m	1 118.50	天然断面
2	校核洪水位时最大泄量	m³/s	3 520	
	相应下游水位	m	1 120.72	天然断面
四	工程效益指标			
1	电站发电效益			
	装机容量	MW	102	
	保证出力($P=80\%$)	MW	11.4	
	多年平均发电量	亿 kW·h	3.179 9	
	年利用小时数	h	3 118	
五	主要建筑物及设备			
1	挡水建筑物			
	型式			混凝土重力闸坝
	地基特性			岩基
	地震基本烈度/设防烈度	度	Ⅶ	
	坝顶高程	m	1 124.85	
	最大坝高	m	26.85	
	坝顶长度	m	137.5	
2	泄水建筑物			
	型式			无闸控制 WES 堰（冲沙闸）
	堰顶高程	m	1 117.2(1 109.2)	
	溢流段宽度	m	28.5(36)	

续表

序号	名称	单位	数量	说明
	闸孔宽度	m	3×9.5(3×12)	
	消能方式			底流
	设计泄量	m^3/s	1 979(281)	冲沙闸（泄洪闸）
	校核泄量	m^3/s	2 781(739)	冲沙闸（泄洪闸）
	消能标准	$P\%$	3.33	
	消能设计泄量	m^3/s	1 990	
3	冲沙闸工作闸门型式			弧形闸门
	工作闸门尺寸(宽×高)/数量	m/扇	12.0×8.5/3	
	工作闸门启闭机型式			液压启闭机
4	放空建筑物			
	型式			闸阀
	放空管管径	m	0.7	
	最大放水流量	m^3/s	2.22	
5	引水建筑物			
	设计引用流量	m^3/s	63	
	最大引用流量	m^3/s	65.19	
	进水口型式			岸塔式
	地基特性			岩基
	底槛高程	m	1 108	
	拦污栅尺寸(宽×高)	m×m	6.2×8.5	
	拦污栅槽数	槽	2	
	事故检修门型式			平面钢闸门
	事故检修门尺寸(宽×高)/数量	m/扇	8.2×4/1	
	事故检修门启闭机台数及型式	台	1	固定卷扬式启闭机
6	引水隧洞			
	引水道型式			圆形有压隧洞
	地基特性			岩基
	长度	m	7 580	
	隧洞直径	m	5.8~6	内径
	衬砌型式			钢筋混凝土衬砌+喷锚+钢管衬砌
	最大水头	m	219	

续表

序号	名称	单位	数量	说明
7	压力管道型式			埋藏式压力钢管
	主管内径	m	5	
	支管内径	m	2.2	
	最大水头	m	228	
8	厂房			
	型式			岸边地面厂房
	地基岩性			岩基
	主厂房尺寸(长×宽×高)	m×m×m	50.52×16.7×38.82	
	水轮机安装高程	m	917	
9	尾水闸门			
	尾水闸门型式			平面钢闸门
	尾水闸门扇数	扇	1	
	尾水闸门孔口尺寸(宽×高)	m×m	3.503×2.976	
	尾水闸门启闭机台数及型式	台	1	2×80 kN 电动台车
10	升压站			
	型式			地面
	地基特性			岩基
	面积(长×宽)	m×m	48.4×28	
11	主要机电设备			
	水轮机台数	台	3	
	型号		HLC436-LJ-180	
	额定出力	MW	35.052	
	额定转速	r/min	500	
	吸出高度	m	-2.66	
	最大工作水头	m	199	
	最小工作水头	m	178	
	额定水头	m	182	
	额定流量	m³/s	20.997	
	发电机台数	台	3	
	型号		SF34-12/3900	
	额定容量	MVA	34.0	

续表

序号	名称	单位	数量	说明
	发电机功率因数		0.85(滞后)	
	额定电压	kV	10.5	
	主变压器台数	台	2	
	型号		SF10-80 000/110 SF10-40 000/110	各1台
	额定电压	kV	$121 \pm_1^3 \times 2.5\%/10.5$	
	厂内起重机台数	台	1	
	型号		100/20 t 电动双钩桥式 起重机,$L_K = 14.5$ m	
	输电线			
	电压	kV	110	
	回路线回路	回	1	
	输电目的地			
	输电距离	km	28	
六	施工			
1	施工导流与度汛			
	导流方式		坝区分期导流	
	导流标准及流量($P=10\%$)	m³/s	141	时段10月16日至 次年4月15日
	度汛方式		大坝临时断面挡水,导流明渠泄洪	
	度汛标准及流量($P=1\%$)	m³/s	2 500	全年
2	施工期限			
	准备工期	月	12	
	投产工期	月	36	
	总工期	月	42	
七	经济指标			
1	静态总投资	万元	34 660	含线路投资1 878万元
2	总投资	万元	39 968	含线路投资1 878万元

附件2　竣工验收技术鉴定工作大纲

可渡河泥猪河水电站工程
竣工验收技术鉴定
工作大纲

珠江水利委员会珠江水利科学研究院

2018 年 9 月

1. 鉴定工作任务

依据《水利水电建设工程验收技术鉴定导则》(SL 670—2015)的要求,对可渡河泥猪河水电站工程项目法人、设计、施工、监理、运管和检测等相关单位是否完成工程建设任务,各阶段验收遗留问题以及工程建设和初期运行涉及工程安全问题的落实处理情况,可渡河泥猪河水电站专项建设验收、施工度汛与运用调度等进行评价,评估工程建设内容及工程质量是否达到《水利水电建设工程验收规程》(SL 223—2008)和有关规范、规程的要求,对建设阶段的工程设计、工程施工质量和工程运行情况做出评价,提出工程竣工建设鉴定意见,明确是否具备竣工验收条件,为工程竣工验收提供技术支持。

2. 工作内容

本次竣工验收技术鉴定的工作内容包括引水设施及配套的各类闸门和启闭机等金属结构,机电设备,工程安全,征地补偿和移民安置、环境保护、水土保持、消防设施、工程档案等专项工程验收和遗留问题的处理情况,以及与工程验收有关的工程项目。

技术鉴定工作在蓄水安全鉴定、各阶段验收和专项验收的基础上开展。对已经鉴定有明确结论并在初期运行中未出现新问题的,仍维持原结论;对蓄水安全鉴定中未包括的项目和安全鉴定后建成的项目给出安全评价意见;对原结论中所遗留的涉及工程安全的问题,以及初期运行过程中出现的可能影响工程安全的问题,根据工程运行情况、安全监测资料分析成果和设计复核成果进行评价。

3. 工作原则和基本要求

竣工验收技术鉴定工作按照《水利水电建设工程验收技术鉴定导则》(SL 670—2015)及有关规程、规范进行,其基本要求如下所述:

(1)检查工程形象面貌是否满足竣工验收的条件。

(2)检查设计依据和标准是否符合国家现行有关技术标准(包括工程建设标准强制性条文),检查设计变更是否按建设程序经有审批权的单位批准。

(3)检查土建工程施工、机电工程和金属结构制造、安装、调试及运行是否符合国家现行有关技术标准、规程、规范;检查工程施工质量是否满足国家现行的有关技术标准、规程、规范;对土建工程、机电设备、金属结构及启闭设备的缺陷和质量事故的处理情况提出评价。

(4)检查工程运行管理、调度运用方案是否符合国家现行有关技术标准、规程、规范:根据设计复核成果,对工程初期运用的安全性进行评价。

(5)检查各阶段验收中遗留问题的处理情况,并进行评价。

(6)检查移民安置,环境保护、水土保持、工程档案等专项工程验收情况和遗留问题的处理情况,并进行评价。

(7)检查工程是否具备验收条件。

(8)建设各方所提供的资料必须真实、准确、可靠;鉴定单位的技术鉴定结论必须客观、公正、科学。

4. 主要检查和评价项目

本次竣工验收技术鉴定的主要检查和评价项目包括以下各方面:

1）工程形象面貌

（1）了解工程勘测设计与审批过程、审批文件、工程建设竣工验收前应达到的形象面貌要求。

（2）检查工程形象面貌是否符合竣工验收要求，并提出评价意见。

2）工程调度运行方案

（1）检查工程设施的防洪能力及设施的安全可靠性。

（2）检查工程调度运行方案的符合性，并提出评价意见。

3）工程设计施工

检查工程的设计及施工质量是否符合要求，并提出评价意见。

4）土建工程

（1）对土建工程布置的合理性进行评价。

（2）对工程地质条件变化以及对设计采用地质参数的影响进行评价，对不良地质问题的处理措施进行评价。

（3）对设计变更的合理性进行评价。

（4）对各类建筑材料试验成果、中间产品及鉴定资料进行评价。

（5）对土建工程的施工质量及质量缺陷处理情况进行调查和评价。

5）机电工程

（1）对设计变更的合理性进行评价。

（2）对辅助设施和机电产品等的设计、制造安装、调试质量及运行安全可靠性进行评价。

（4）对公用设备控制、通信的设计、安装、调试质量及运行安全可靠性进行评价。

（5）对主要机电设备消防设施设计、安装调试质量及运行安全可靠性进行评价。

（6）对初期运用期间出现的安全问题进行分析研究和评价。

6）金属结构工程

（1）对引水设施等建筑物各类闸门设计、制造、安装、调试质量及运行的安全可靠性进行检查和评价。

（2）对各类闸门的启闭机、检修、制造安装、调试质量及运行的安全可靠性进行检查和评价。

（3）对各类启闭设备的供电、照明、控制系统设计质量及运行安全可靠性进行评价。

7）工程安全监测

根据施工期、运行初期工程安全监测成果，对照有关设计成果，对工程初期运用的安全性进行评价。

8）竣工验收条件

（1）检查工程历次验收的资料、程序及质量评定情况，历次验收中遗留问题的处理情况，并做出评价。

（2）检查工程形象面貌及竣工验收所需资料的准备情况，并做出评价。

5.需准备的资料

《水利水电建设工程验收技术鉴定导则》（SL 670—2015）附录 B 的相关竣工验收技

术鉴定准备的资料。

6. 工作进度安排

根据工程竣工验收技术鉴定工作内容,竣工验收技术鉴定工作包括下列 4 个阶段:工作大纲编制、竣工报告编制、现场鉴定和鉴定报告编写。

1)工作大纲编制阶段

(1)珠江水利科学研究院组织相关专业的专家成立专家组,进行现场调研,听取项目法人、设计、监理、施工及检测等参建各方的情况介绍。收集工程建设有关文件和初步设计、设计变更、施工记录等相关资料。

(2)确定鉴定工作重点和要求,明确鉴定任务、工作范围和主要内容。

(3)分析设计、施工等方面可能存在的影响工程安全问题,编制技术鉴定工作大纲。

(4)确定参建各方应为鉴定工作所需准备的资料,以及应补充的计算复核工作任务,明确参建各方竣工报告编制应包括的内容。

2)竣工报告编制阶段

(1)项目法人、设计、监理、施工、设备制造、运行管理等单位应根据竣工验收技术鉴定工作大纲要求,分别编写竣工报告有关内容。

(2)报告经各单位项目负责人审定,并加盖报告编制单位公章后,提交给技术鉴定单位。

3)现场鉴定阶段

(1)专家组赴工程现场进行调查,查阅各类资料,与参建各方座谈,听取项目法人、设计、施工、监理及检测等建设各方及运行单位的情况介绍,全面了解工程建设情况。

(2)根据国家现行有关技术标准的规定,对施工度汛、调度运行方案和土建工程的设计、施工、工程质量进行评价;对机电工程和金属结构的设计、施工、安装、调试及运行情况进行评价。

(3)对现场鉴定中发现的有关设计、施工质量问题,要求有关单位进行必要的补充复核和现场检查或检测。

4)鉴定报告编写阶段

(1)经专家组共同研究,编写并提出竣工验收技术鉴定报告初稿。

(2)专家组在征询参建各方意见后,对报告初稿进行修改完善,并经专家组全体成员签字认可后送鉴定单位负责人。

(3)竣工验收技术鉴定报告经鉴定单位负责人审定后正式提交项目法人。

7. 专家组组成

竣工验收技术鉴定专家组名单

序号	姓名	单位	职称/职务	专业
1				
2				
3				
4				

附件 3 竣工验收技术鉴定报告主要依据资料清单

（1）可渡河泥猪河水电站工程初步设计报告（代可行性研究报告），湖北省水利水电勘测设计院，2008.1.

（2）可渡河泥猪河水电站工程竣工验收建设管理工作报告，水城汇通水电开发有限责任公司，2017.10.

（3）可渡河泥猪河水电站工程竣工验收设计工作报告，湖北省水利水电规划勘测设计院，2018.10.

（4）可渡河泥猪河水电站工程竣工验收施工管理工作报告，四川省水利电力工程局，2017.8.

（5）可渡河泥猪河水电站工程竣工验收工程建设监理工作报告，广西南宁工程建设监理有限责任公司贵州省水城泥猪河水电站工程监理部，2018.10.

（6）可渡河泥猪河水电站工程竣工验收生产运行管理报告，水城汇通水电开发有限责任公司，2018.7.

（7）可渡河泥猪河水电站工程发电引水隧洞施工自检报告，四川道隧集团华蓥隧道工程有限公司泥猪河水电站项目部，2017.2.

（8）泥猪河水电站工程金属结构制安工程自检报告，湖北大禹水利水电建设有限责任公司，2016.6.

（9）泥猪河水电站压力钢管工程施工报告，首钢水城钢铁（集团）赛德建设有限公司，2017.3.

（10）水城县泥猪河水电站大坝蓄水安全鉴定报告，贵州省水利水电勘测设计研究院，2017.11.

（11）泥猪河水电站大坝安全评价报告，六盘水市水利水电勘测设计研究院，2018.3.

（12）水城泥猪河水电站大坝外部变形监测初始测定报告，重庆永渝检验检测技术有限公司，2018.3.

（13）水城泥猪河水电站大坝外部变形观测报告，重庆永渝检验检测技术有限公司，2018.3.

附件4 竣工验收技术鉴定报告附图

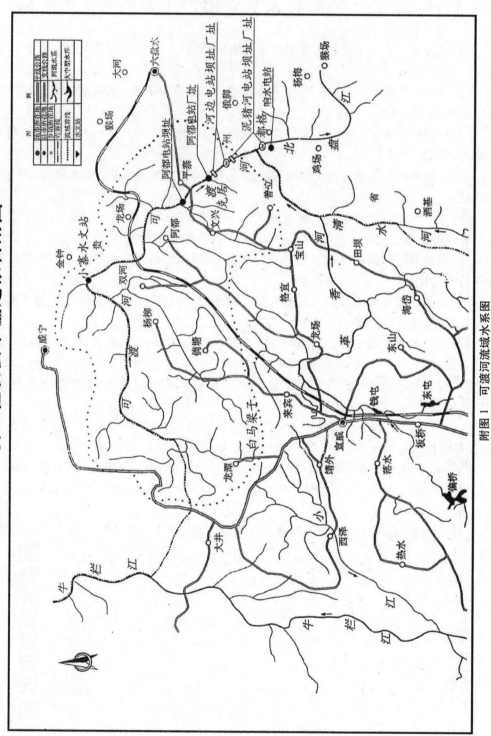

附图1 可渡河流域水系图

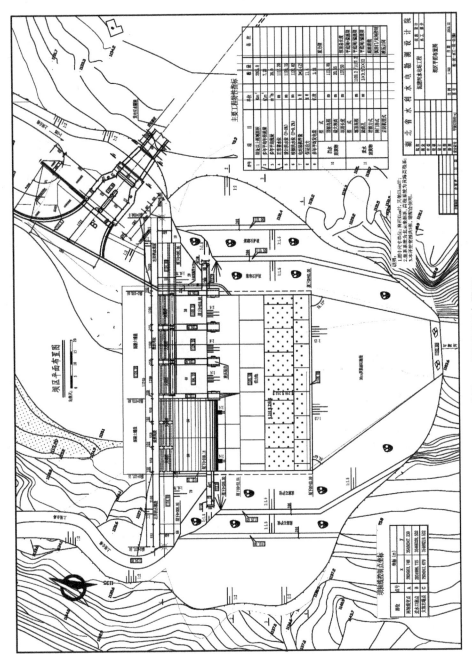

附图 2　坝区平面布置图

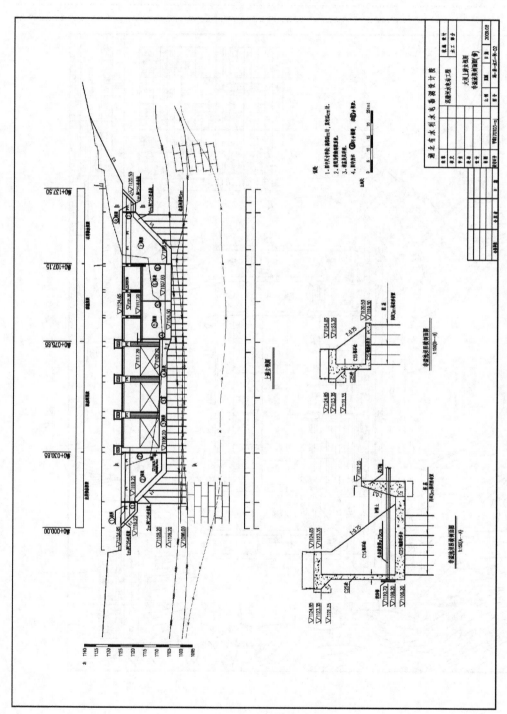

附图 3　大坝上游立视图非溢流坝剖面图（修）

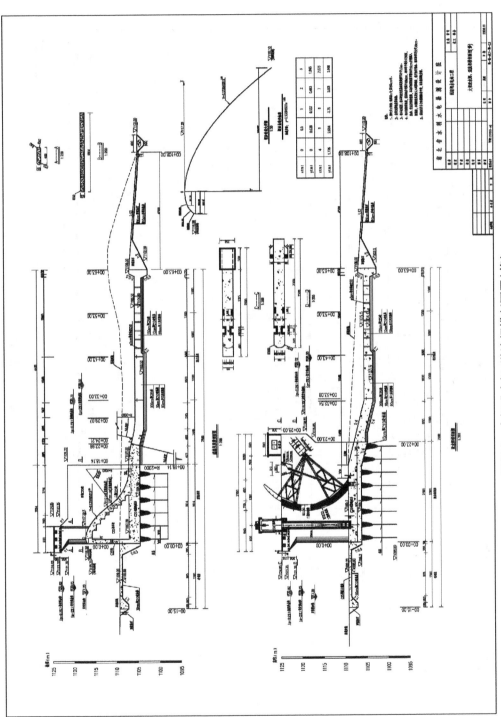

附图 4 大坝泄水闸、溢流坝横剖面图(修)

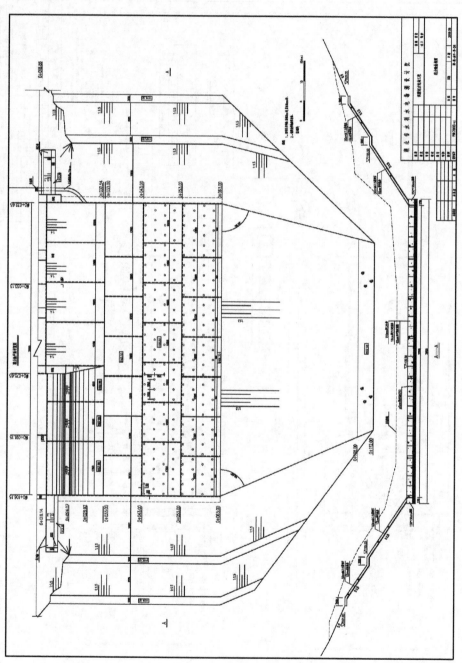

附图 5　消力池结构图

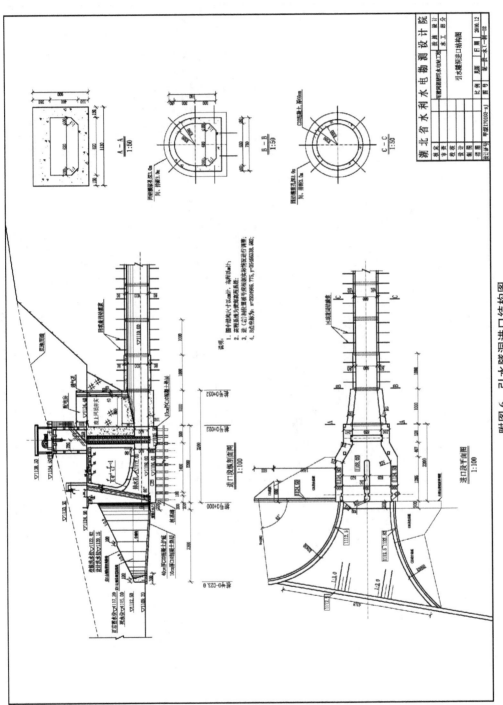

附图6　引水隧洞进口结构图

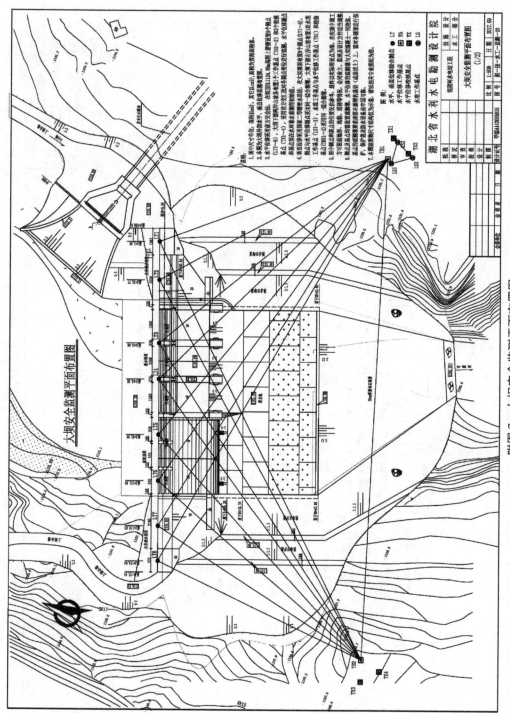

附图7　大坝安全监测平面布置图